实战11 长方体：制作书桌模型 26页

- 视频名称　实战11 长方体：制作书桌模型.mp4
- 学习目标　掌握"长方体"工具的使用方法

实战12 29页

- 视频名称　~~
- 学习目标　掌握　圆柱体

实战 14 切角长方体：制作双人沙发模型 35页

- 视频名称　实战14 切角长方体：制作双人沙发模型.mp4
- 学习目标　掌握"切角长方体"工具的使用方法

实战 15 切角圆柱体：制作圆形沙发模型 38页

- 视频名称　实战15 切角圆柱体：制作圆形沙发模型.mp4
- 学习目标　掌握"切角圆柱体"工具和"弯曲"修改器的使用方法

实战 16 线：制作栏杆模型 40页

- 视频名称　实战16 线：制作栏杆模型.mp4
- 学习目标　掌握"线"工具的使用方法

实战 17 文本：制作墙饰模型 44页

- 视频名称　实战17 文本：制作墙饰模型.mp4
- 学习目标　掌握"文本"工具和"线"工具的使用方法

实战 19 车削：制作罗马柱模型 50页

- 视频名称　实战19 车削：制作罗马柱模型.mp4
- 学习目标　掌握"车削"修改器

实战 20 扫描：制作背景墙模型 53页

- 视频名称　实战20 扫描：制作背景墙模型.mp4
- 学习目标　掌握"扫描"修改器

实战 24 VRay毛皮：制作地毯模型 64页

- 视频名称　实战24 VRay毛皮：制作地毯模型.mp4
- 学习目标　掌握"VR-毛皮"工具制作毛发类模型

实战 25 Cloth：制作桌布模型 67页

- 视频名称　实战25 Cloth：制作桌布模型.mp4
- 学习目标　掌握"Cloth"修改器制作布料模型

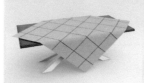

精彩案例展示

效果图的场景建模

实战 31 墙面装饰建模   87页
- 视频名称   实战31 墙面装饰建模.mp4
- 学习目标   根据AutoCAD立面图纸建立墙面装饰

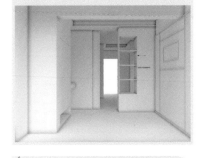

实战 32 布置家居模型   90页
- 视频名称   实战32 布置家居模型.mp4
- 学习目标   导入家居模型并进行布置

课外练习 为客厅空间导入家居模型   94页
- 视频名称   课外练习32.mp4
- 学习目标   导入家居模型并进行布置

摄影机技术

实战 34 物理摄影机：为卧室空间创建物理摄影机
- 视频名称   实战34 物理摄影机：为卧室空间创建物理摄影机.mp4
- 学习目标   掌握物理摄影机的使用方法   99页

实战 35 安全框：横向构图   102页
- 视频名称   实战35 安全框：横向构图.mp4
- 学习目标   掌握安全框的使用方法

实战 36 景深：制作特写的景深效果   105页
- 视频名称   实战36 景深：制作特写的景深效果.mp4
- 学习目标   掌握目标摄影机制作景深效果的方法

灯光技术

实战 37 VRay灯光：制作台灯的灯光效果   110页
- 视频名称   实战37 VRay灯光：制作台灯的灯光效果.mp4
- 学习目标   掌握"VR-灯光"工具的使用方法

课外练习 制作环境光效果   114页
- 视频名称   课外练习37.mp4
- 学习目标   掌握"VR-灯光"工具的使用方法

实战 38 VRayIES：制作射灯的灯光效果   114页
- 视频名称   实战38 VRayIES：制作射灯的灯光效果.mp4
- 学习目标   掌握"VRayIES"工具的使用方法

实战 39 VRay太阳：制作咖啡厅的阳光效果
- 视频名称   实战39 VRay太阳：制作咖啡厅的阳光效果.mp4
- 学习目标   掌握"VR-太阳"工具的使用方法   117页

课外练习 制作浴室的阳光效果   119页
- 视频名称   课外练习39.mp4
- 学习目标   掌握"VR-太阳"工具的使用方法

实战 40 产品布光：制作汽车展示灯光效果 119页
- 视频名称   实战40 产品布光：制作汽车展示灯光效果.mp4
- 学习目标   掌握产品布光方法

实战 41 开放空间布光：制作别墅的灯光效果

- 视频名称　实战41 开放空间布光：制作别墅的灯光效果.mp4
- 学习目标　掌握开放空间的布光方法　　122页

实战 42 半封闭空间布光：制作客厅的灯光效果

- 视频名称　实战42 半封闭空间布光：制作客厅的灯光效果.mp4
- 学习目标　掌握半封闭空间的布光方法　　125页

实战 43 封闭空间布光：制作电梯厅的灯光效果

- 视频名称　实战43 封闭空间布光：制作电梯厅的灯光效果.mp4
- 学习目标　掌握封闭空间的布光方法　　129页

实战 45 标准材质：制作装饰品的材质　137页

- 视频名称　实战45 标准材质：制作装饰品的材质.mp4
- 学习目标　熟悉"标准材质"工具的基本用法

实战 46 多维/子对象：制作魔方材质　140页

- 视频名称　实战46 多维/子对象：制作魔方材质.mp4
- 学习目标　熟悉"多维/子对象"工具的基本用法

实战 47 VRayMtl材质：制作玻璃杯材质　142页

- 视频名称　实战47 VRayMtl材质：制作玻璃杯材质.mp4
- 学习目标　掌握"VRayMtl"材质工具的使用方法

实战 48 VRay灯光材质：制作屏幕材质　147页

- 视频名称　实战48 VRay灯光材质：制作屏幕材质.mp4
- 学习目标　掌握"VR-灯光材质"工具的使用方法

实战 49 位图贴图：制作挂画材质　150页

- 视频名称　实战49 位图贴图：制作挂画材质.mp4
- 学习目标　掌握"位图"贴图的使用方法

课外练习 制作布纹材质　151页

- 视频名称　课外练习49.mp4
- 学习目标　使用"位图"贴图制作布纹材质

实战 50 衰减贴图：制作绒布材质　152页

- 视频名称　实战50 衰减贴图：制作绒布材质.mp4
- 学习目标　掌握"衰减"贴图的使用方法

实战 51 噪波贴图：制作水面材质　154页

- 视频名称　实战51 噪波贴图：制作水面材质.mp4
- 学习目标　掌握"噪波"贴图的使用方法

实战 53 VRay法线贴图：制作砖墙材质　159页

- 视频名称　实战53 VRay法线贴图：制作砖墙材质.mp4
- 学习目标　掌握"VR-法线贴图"工具的基本用法

灯光技术

材质和贴图技术

效果图的常用材质

实战56 金属类材质

166页

- 视频名称 实战56 金属类材质.mp4
- 学习目标 掌握金属类材质效果图的制作方法和设置要点

高光不锈钢　　　哑光不锈钢　　　拉丝不锈钢　　　金　　　银　　　铁

实战57 液体类材质

169页

- 视频名称 实战57 液体类材质.mp4
- 学习目标 掌握液体类材质效果图的制作方法和设置要点

水　　　牛奶　　　咖啡　　　冰

实战58 布纹类材质

172页

- 视频名称 实战58 布纹类材质.mp4
- 学习目标 掌握布纹类材质效果图的制作方法和设置要点

普通布料　　　绒布　　　丝绸　　　纱布

实战59 透明类材质

175页

- 视频名称 实战59 透明类材质.mp4
- 学习目标 掌握透明类材质效果图的制作方法和设置要点

清玻璃　　　磨砂玻璃　　　有色玻璃　　　花纹玻璃　　　水晶

实战60 木质类材质

178页

- 视频名称 实战60 木质类材质.mp4
- 学习目标 掌握木质类材质效果图的制作方法和设置要点

布纹　　　木漆　　　木质　　　原木

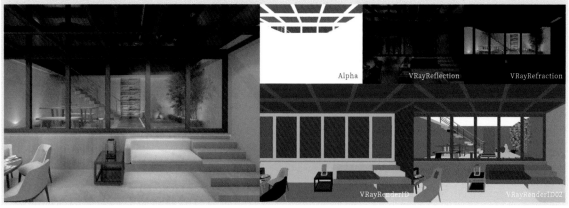

渲染技术

后期处理技术

后期处理技术

实战72 色彩平衡：调整画面冷暖

- 视频名称　实战72 色彩平衡：调整画面冷暖.mp4
- 学习目标　掌握"色彩平衡"工具的使用方法

实战73 多边形套索：制作体积光效果

- 视频名称　实战73 多边形套索：制作体积光效果.mp4
- 学习目标　掌握"多边形套索"工具的使用方法

实战74 镜头模糊：制作景深效果

- 视频名称　实战74 镜头模糊：制作景深效果.mp4
- 学习目标　掌握"镜头模糊"工具的使用方法

实战75 快速选择：制作环境背景

- 视频名称　实战75 快速选择：制作环境背景.mp4
- 学习目标　掌握"快速选择"工具的使用方法

商业综合实战

实战77 家装：北欧风格客厅空间表现

- 视频名称　实战77 家装：北欧风格客厅空间表现.mp4
- 学习目标　掌握家装效果图的制作思路及方法

实战 78 家装：简欧风格卧室空间的夜景表现 236页

- 视频名称　实战78 家装：简欧风格卧室空间的夜景表现.mp4
- 学习目标　掌握夜晚家装效果图的制作思路及方法

实战 80 工装：工业风格会议室空间的日景表现 258页

- 视频名称　实战80 工装：工业风格会议室空间日景表现.mp4
- 学习目标　掌握工装效果图的制作思路及方法

商业综合实战

实战 79 家装：新中式风格浴室空间的日景表现　　246页

- 视频名称　实战79 家装：新中式风格浴室空间的日景表现.mp4
- 学习目标　掌握家装效果图的制作思路及方法

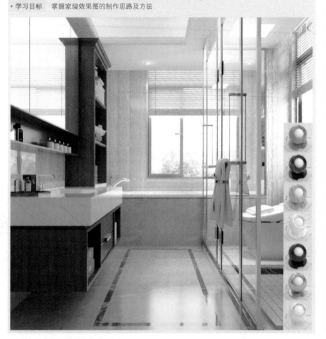

实战 82 建筑：写字楼外观的日景表现　　278页

- 视频名称　实战82 建筑：写字楼外观的日景表现.mp4
- 学习目标　掌握建筑效果图的制作思路及方法

实战 81 工装：现代风格咖啡厅夜景表现　　268页

- 视频名称　实战81 工装：现代风格咖啡厅夜景表现.mp4
- 学习目标　掌握工装效果图的制作思路及方法

任媛媛 编著

中文版

3ds Max 2016/VRay

效果图制作实战基础教程

1090分钟
教学视频

人民邮电出版社

北京

图书在版编目（CIP）数据

中文版3ds Max 2016/VRay效果图制作实战基础教程 /
任媛媛编著. -- 北京：人民邮电出版社，2020.6
ISBN 978-7-115-52772-1

Ⅰ．①中… Ⅱ．①任… Ⅲ．①三维动画软件－教材
Ⅳ．①TP391.414

中国版本图书馆CIP数据核字(2019)第268447号

内 容 提 要

本书介绍了中文版 3ds Max 2016 结合 VRay 渲染器和 Photoshop 软件制作效果图的方法与技巧，包括效果图的建模、摄影机、灯光、渲染、材质和后期。本书主要面向零基础读者，帮助其快速而全面地掌握效果图的制作。

全书以各种重要技术为主线，通过"工具剖析"和"步骤演示"帮助读者快速上手，熟悉软件功能和制作思路。"课外练习"可以拓展读者的实际操作能力，做到举一反三。"商业实战"都是实际工作中经常会遇到的类型，既达到了强化训练的目的，又可以让读者更多地了解实际工作中的问题和处理方法。另外，本书所有内容均以中文版 3ds Max 2016、VRay 3.50.04（后简称"VRay"）和 Photoshop CC 为基础进行编写，建议读者使用此版本进行学习。

本书配套学习资源中包含书中所有案例的场景文件和实例文件。同时，为了方便读者学习，本书还配备了所有案例、课外练习和工具演示的在线教学视频。另外，为了方便教师教学，本书还配备了 PPT 课件、课程配套测试题、教学规划参考、教学大纲、上机作业、拓展练习场景等丰富的教学资源，任课老师可直接拿来使用。

本书适合作为院校和培训机构相关专业课程的教材使用，也可以作为初学者学习效果图制作技术的自学教程使用。

◆ 编　著　任媛媛
　责任编辑　张丹阳
　责任印制　马振武

◆ 人民邮电出版社出版发行　　北京市丰台区成寿寺路 11 号
　邮编　100164　电子邮件　315@ptpress.com.cn
　网址　https://www.ptpress.com.cn
　北京九州迅驰传媒文化有限公司印刷

◆ 开本：787×1092　1/16　　　　彩插：4
　印张：18.75　　　　　　　　　2020 年 6 月第 1 版
　字数：633 千字　　　　　　　2024 年 8 月北京第 10 次印刷

定价：59.00 元

读者服务热线：(010)81055410　印装质量热线：(010)81055316
反盗版热线：(010)81055315
广告经营许可证：京东市监广登字 20170147 号

前言

Autodesk公司的3ds Max是广泛应用于效果图制作的软件之一，除了3ds Max之外，Chaos Software公司的VRay渲染器也被业界广泛认可。在实际工作中，3ds Max用于创建场景，VRay则用于渲染输出，二者各司其职，完美配合。

VRay渲染器是一款性能优异的全局光渲染器，其优点是操作较为简单，渲染效果真实，速度也较快，并且与3ds Max的兼容性良好。基于这些优点，尽管VRay只是一款独立的渲染插件，但依然获得了业界的一致认可，成为当前主流的渲染器之一。

为了给读者提供一本好的效果图制作教材，我们精心编写了本书，并对图书的体系做了优化，按照"工具剖析——实战介绍——思路分析——步骤演示——经验总结——课外练习"这一顺序进行编写，力求通过工具剖析的讲解使学习者快速掌握软件功能；通过思路分析使学习者理解案例制作的精髓；通过步骤演示使学习者掌握案例制作的过程和工具的使用方法；通过经验总结，使学习者了解一些拓展知识和技术难点；通过课外练习拓展学习者的实际操作能力。在内容编写方面，我们力求通俗易懂、细致全面；在文字叙述方面，我们注意言简意赅、突出重点；在案例选取方面，我们强调案例的针对性和实用性。

本书配套学习资源中包含本书所有案例的场景文件和实例文件。同时，为了方便学习者学习，本书还配备了所有案例、课外练习和工具演示的大型多媒体教学视频，这些录像也是我们请专业人士录制的，详细记录了案例的每一个步骤，尽量让学习者一看就懂。另外，为了方便教师教学，本书还配备了PPT课件（即PowerPoint课件）类丰富的教学资源，任课老师可直接拿来使用。

本书参考学时为64课时，其中教师讲授环节为42课时，学习者实训环节为22课时，各章的参考学时如下表所示。

章	课程内容	学时分配	
		讲授	实训
第1章	认识3ds Max 2016	2	
第2章	建模技术	6	4
第3章	效果图的场景建模	4	2
第4章	摄影机技术	4	2
第5章	灯光技术	4	2
第6章	材质和贴图技术	4	2
第7章	效果图的常用材质	4	2
第8章	渲染技术	4	2
第9章	后期处理技术	4	2
第10章	商业综合实战	6	4
课时总计		42	22

本书所有学习资源均可在线获得。扫描封底或资源与支持页上的二维码，关注我们的微信公众号，即可获得资源文件的下载方式。

由于作者水平有限，书中难免会有一些疏漏之处，希望读者能够谅解，并欢迎批评指正。

编者
2020年3月

资源与支持

本书由"数艺设"出品，"数艺设"社区平台（www.shuyishe.com）为您提供后续服务。

学习资源

140 个案例视频＋41 个云课堂视频（共1090分钟）　　实战案例和课外习题的实例文件和场景文件

50 个高动态HDRI 贴图+34 个IES文件+435 张高清贴图　　QQ 学习群在线答疑

教师专享资源

教学PPT课件　　课程配套测试题+教学规划参考+教学大纲　　6 套上机作业+10 套拓展练习场景

资源获取请扫码

"数艺设"社区平台，为艺术设计从业者提供专业的教育产品。

与我们联系

我们的联系邮箱是szys@ptpress.com.cn。如果您对本书有任何疑问或建议，请您发邮件给我们，并请在邮件标题中注明本书书名及ISBN，以便我们更高效地做出反馈。

如果您有兴趣出版图书、录制教学课程，或者参与技术审校等工作，可以发邮件给我们；有意出版图书的作者也可以到"数艺设"社区平台在线投稿（直接访问 www.shuyishe.com 即可）。如果学校、培训机构或企业想批量购买本书或"数艺设"出版的其他图书，也可以发邮件联系我们。

如果您在网上发现针对"数艺设"出品图书的各种形式的盗版行为，包括对图书全部或部分内容的非授权传播，请您将怀疑有侵权行为的链接通过邮件发送给我们。您的这一举动是对作者权益的保护，也是我们持续为您提供有价值的内容的动力之源。

关于"数艺设"

人民邮电出版社有限公司旗下品牌"数艺设"，专注于专业艺术设计类图书出版，为艺术设计从业者提供专业的图书、U书、课程等教育产品。出版领域涉及平面、三维、影视、摄影与后期等数字艺术门类，字体设计、品牌设计、色彩设计等设计理论与应用门类，UI设计、电商设计、新媒体设计、游戏设计、交互设计、原型设计等互联网设计门类，环艺设计手绘、插画设计手绘、工业设计手绘等设计手绘门类。更多服务请访问"数艺设"社区平台www.shuyishe.com。我们将提供及时、准确、专业的学习服务。

目录

第 1 章
认识 3ds Max 2016

本章将介绍 3ds Max 2016 的软件界面和一些基础操作以及 AutoCAD 图纸的基础操作。本章内容可以让读者对效果图的制作软件有一个基本的认知。

本章技术重点

» 熟悉 3ds Max 2016 的软件界面
» 掌握 3ds Max 2016 的文件操作
» 掌握 3ds Max 2016 的对象操作
» 掌握 AutoCAD 图纸的基础操作
» 掌握 VRay 渲染器的相关配置

场景位置	无
实例位置	无
视频名称	实战 01 认识界面结构 .mp4
学习目标	熟悉 3ds Max 2016 的软件界面

01 安装好3ds Max 2016后，在"开始"菜单中执行"所有程序>Autodesk>Autodesk 3ds Max 2016 > 3ds Max 2016 -Simplified Chinese"命令，如图1-1所示。

02 在启动3ds Max 2016的过程中，可以观察到3ds Max 2016的启动画面，如图1-2所示，此时将加载软件所要求的文件。启动3ds Max 2016后，其工作界面如图1-3所示。这是启动3ds Max 2016中文版的方法。

图1-1

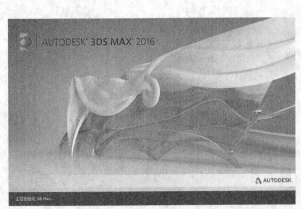

图1-2

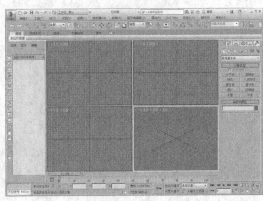

图1-3

提示 3ds Max 2016的工作界面分为标题栏、菜单栏、主工具栏、视口区域、命令面板、时间尺、状态栏、时间控制按钮、视口导航控制按钮、Ribbon和场景资源管理器共11大部分，如图1-4所示。

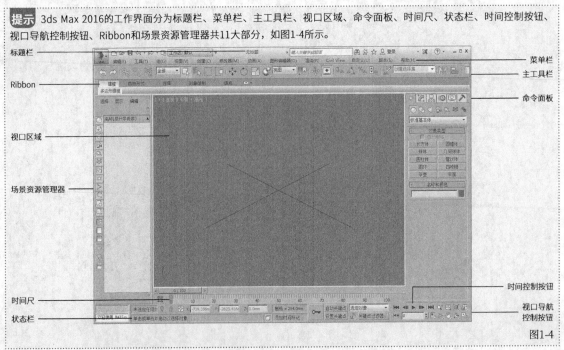

图1-4

下面对软件常用部分进行简单介绍。

标题栏：标题栏位于界面的最顶部，显示当前编辑的文件名称、软件版本信息（如果没有打开文件，则显示为无标题），包含应用程序"MAX"图标按钮 ![]、快速访问工具栏和信息中心3个非常人性化的工具栏，如图1-5所示。

应用程序　　快速访问工具栏　　　　　　　　　　　　　　　　　　信息中心

图1-5

菜单栏：菜单栏包含编辑、工具、组、视图、创建、修改器、动画、图形编辑器、渲染、Civil View、自定义、脚本和帮助，共13个主菜单，如图1-6所示。

编辑(E)　　工具(T)　　组(G)　　视图(V)　　创建(C)　　修改器(M)　　动画(A)　　图形编辑器(D)　　渲染(R)　　Civil View　　自定义(U)　　脚本(S)　　帮助(H)

图1-6

命令面板：场景对象的操作都可以在该面板中完成，包含创建面板按钮 ![]、修改面板按钮 ![]、层次面板按钮 ![]、运动面板按钮 ![]、显示面板按钮 ![]和实用程序面板按钮 ![]，如图1-7所示。

主工具栏：集合了最常用的一些编辑工具按钮，图1-8所示为默认状态下的"主工具栏"。某些工具的右下角有一个三角形图标，单击该图标就会弹出下拉工具列表。

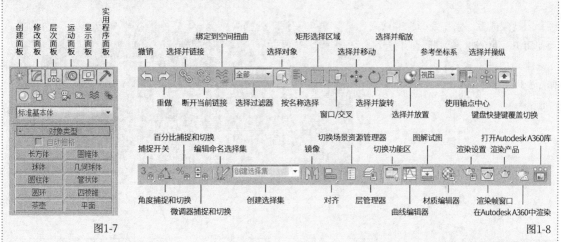

图1-7

图1-8

视口区域：这是界面中最大的一个区域，也是3ds Max 2016中用于实际工作的区域，默认状态下为四视图显示，包括顶视图、左视图、前视图和透视图4个视图，在这些视图中可以从不同的角度对场景中的对象进行观察和编辑。每个视图的左上角都会显示视图的名称和模型的显示方式，右上角有一个导航器（不同视图显示的状态也不同），如图1-9所示。

时间尺：时间尺包括时间线滑块和轨迹栏两大部分。时间线滑块位于视图的最下方，主要用于制定动画帧，默认的帧数为100帧，具体数值可以根据动画长度来进行修改。拖曳时间线滑块可以在帧与帧之间迅速移动，单击时间线滑块左右的向左箭头图标按钮 ![]与向右箭头图标按钮 ![]可以向前或者向后移动一帧，如图1-10所示；轨迹栏位于时间线滑块的下方，主要用于显示帧数和选定对象的关键点，在这里可以移动、复制、删除关键点和更改关键点的属性，如图1-11所示。

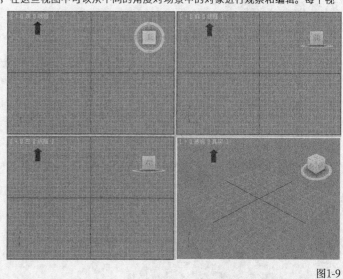

图1-9

图1-10

图1-11

11

状态栏：状态栏提供了选定对象的数目、类型、变换值和栅格数目等信息，并且状态栏可以基于当前光标位置和当前活动程序来提供动态反馈信息，如图1-12所示。

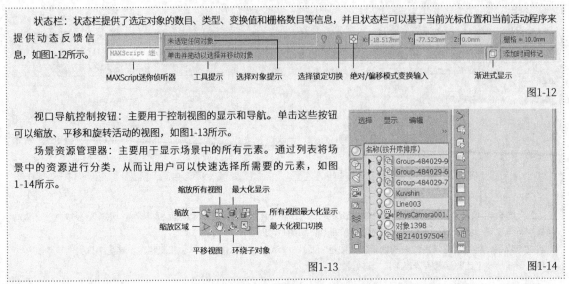

MAXScript迷你侦听器　　工具提示　　选择对象提示　　选择锁定切换　　绝对/偏移模式变换输入　　渐进式显示

图1-12

视口导航控制按钮：主要用于控制视图的显示和导航。单击这些按钮可以缩放、平移和旋转活动的视图，如图1-13所示。

场景资源管理器：主要用于显示场景中的所有元素。通过列表将场景中的资源进行分类，从而让用户可以快速选择所需要的元素，如图1-14所示。

缩放所有视图　　最大化显示
缩放　　　　　　　　　　所有视图最大化显示
缩放区域　　　　　　　　最大化视口切换
平移视图　　环绕子对象

图1-13　　　　　　　　　　图1-14

03 启动完成后，系统会弹出"欢迎使用3ds Max"对话框，此时单击右上角的关闭按钮 ✕ 退出即可，如图1-15所示。

图1-15

中文版 3ds Max 2016/VRay 效果图制作实战基础教程

实战 02 设置场景单位		
场景位置	场景文件 >CH01>01.max	
实例位置	无	
视频名称	实战 02 设置场景单位 .mp4	
学习目标	掌握场景单位的设置方法	

01 打开本书学习资源中的文件"场景文件>CH01>01.max"，这是一个长方体，在命令面板中单击"修改"按钮，然后在"参数"卷展栏下查看，可以发现该模型的尺寸只有数字，没有显示任何单位，如图1-16所示。

02 打开菜单栏"自定义>单位设置"选项，在弹出的"单位设置"对话框中，设置"显示单位比例"为"公制"，然后在下拉菜单中选择单位为"毫米"，再单击"确定"按钮 确定 ，如图1-17和图1-18所示。

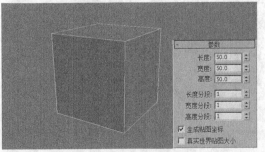

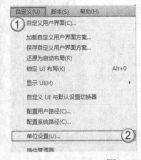

图1-16　　　　　　　　　　图1-17　　　　　　　　　　图1-18

03 此时查看长方体的"参数"卷展栏，可以发现添加了mm为单位，如图1-19所示。

04 再次打开"单位设置"对话框，单击"系统单位设置"按钮 ![系统单位设置]，在弹出的"系统单位设置"对话框中设置"系统单位比例"为"毫米"，再单击"确定"按钮 确定，如图1-20所示。

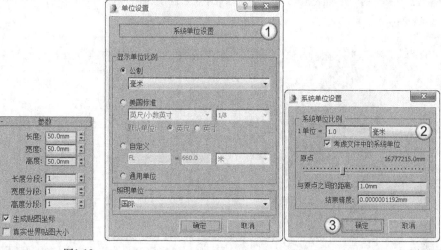

图1-19　　　　　　　　　　　　　　　　　　　　　　　图1-20

> **提示** 在实际工作中经常需要导入或导出模型，以便在不同的三维软件中完成项目制作。为了避免导入或导出的模型与其他软件产生单位误差，在设置好显示单位后还需设置系统单位。"显示单位"与"系统单位"一定要一致。

实战 03 设置快捷键		
	场景位置	无
	实例位置	无
	视频名称	实战 03 设置快捷键 .mp4
	学习目标	掌握快捷键的设置方法

01 打开菜单栏"自定义>自定义用户界面"选项，然后弹出"自定义用户界面"对话框，如图1-21所示。

02 在"类别"中选择"Modifiers"（修改器），然后在下拉列表框中选中"挤出修改器"选项，接着在右侧的"热键"输入框中输入"Shift+E"，如图1-22所示。

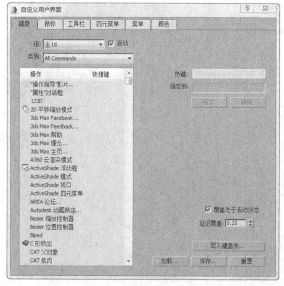

图1-21　　　　　　　　　　　　　　　　　　　　　　　图1-22

03 单击"指定"按钮 指定 后，可以看到左侧的列表框中已经显示"挤出修改器"的快捷键为Shift+E，如图1-23所示。

04 为了方便以后在其他计算机上使用自定义的快捷键，可以将其保存。在"自定义用户界面"对话框中单击"保存"按钮 保存... ，在弹出的"保存快捷键文件为"对话框中设置保存的路径与文件名，单击"保存"按钮 保存(S) 完成保存，如图1-24所示。

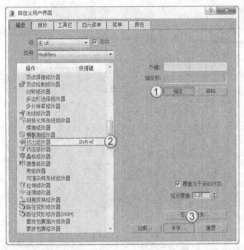

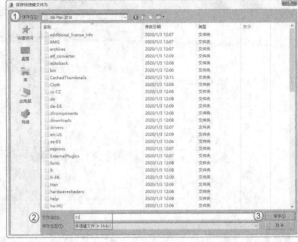

图1-23   图1-24

提示 在设置快捷键时经常会与其他打开的软件的热键冲突，为了避免因冲突造成的不便，可以修改其他软件的热键。

实战 04

文件的打开/合并/保存

场景位置	场景文件 >CH01>02-1.max、02-2.max
实例位置	无
视频名称	实战 04 文件的打开 / 合并 / 保存 .mp4
学习目标	掌握文件的基本操作

01 启动3ds Max 2016后，单击标题栏的应用程序"MAX"图标按钮，在弹出的下拉菜单中单击"打开"命令，如图1-25所示。在弹出的"打开文件"对话框中选择要打开的场景文件（本例场景文件位置为"场景文件>CH01>02-1.max"），然后单击"打开"按钮 打开(O) ，如图1-26所示。打开场景后的效果如图1-27所示。

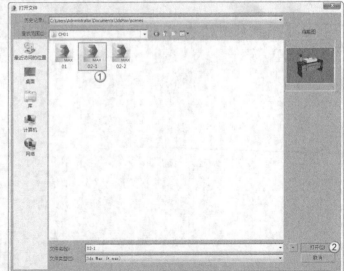

图1-25   图1-26

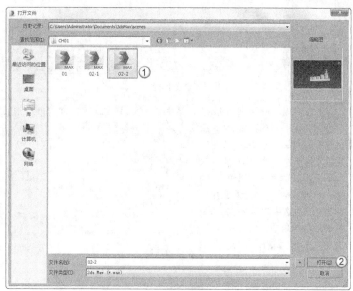

图1-27

提示 按快捷键Ctrl＋O同样可以执行这种打开方式。要注意的是如果此时场景中已经有场景模型，通过此方法打开后，原先的文件将自动关闭，3ds Max 2016始终只打开一个文件窗口。

02 单击标题栏的应用程序"MAX"图标按钮■，然后在弹出的下拉菜单中执行"导入>合并"命令，如图1-28所示。在弹出的对话框中选择资源文件中的文件"场景文件>CH01>02-2.max"，然后单击"打开"按钮 打开(O)，如图1-29所示。

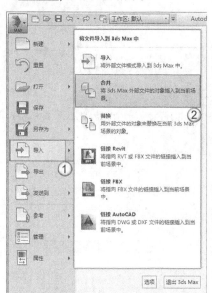

图1-28

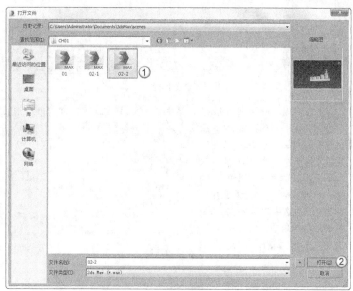

图1-29

03 单击"打开"按钮 打开(O) 后系统会弹出"合并"对话框，然后单击"全部"按钮 全部(A)，系统会全选所有的模型，再单击"确定"按钮 确定 导入所有模型，如图1-30和图1-31所示。

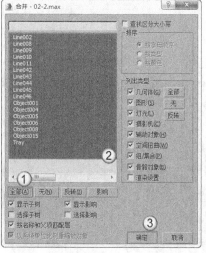

图1-30

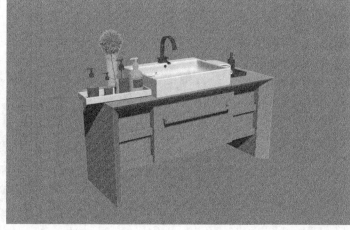

图1-31

04 单击标题栏的应用程序"MAX"图标按钮，在弹出的下拉菜单中单击"另存为"命令，如图1-32所示。在弹出的"文件另存为"对话框中选择好场景的保存路径，并为场景命名后单击"保存"按钮，如图1-33所示。

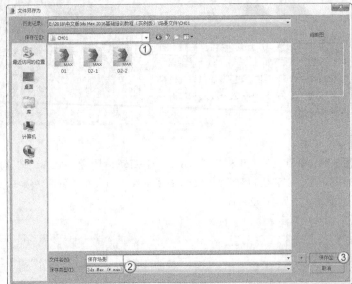

图1-32   图1-33

提示 当场景文件已经被保存过后，选择"保存"会在原来文件的基础上进行覆盖，最终只会有一个场景文件；而选择"另存为"会新建一个场景文件，原场景文件不做改变。在实际工作中，建议使用"另存为"方式保存文件，以便需要返回以前步骤时可以使用。

如果想要单独保存场景中的一个模型，可以选中需要保存的模型后，打开下拉菜单中"另存为>保存选定对象"选项，如图1-34所示。

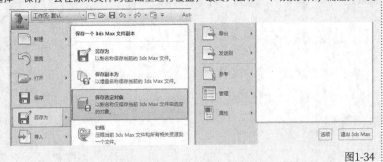

图1-34

实战 05	场景位置	场景文件 >CH01>03.max
视图的平移/缩放/旋转	实例位置	无
	视频名称	实战 05 视图的平移 / 缩放 / 旋转 .mp4
	学习目标	掌握对视图和对视图中对象的基本操作

01 打开本书学习资源中的文件"场景文件>CH01>03.max"，如图1-35所示。

02 选中透视图，然后按快捷键Alt+W（或单击"最大化视口切换"按钮）将视图最大化显示，如图1-36所示。

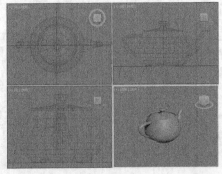

图1-35   图1-36

中文版 3ds Max 2016/VRay 效果图制作实战基础教程

03 按F键，视图从透视图切换到前视图，如图1-37所示。

图1-37

> **提示** 常用视图都有相对应的快捷键，顶视图是T、前视图是F、左视图是L、透视图是P、摄影机视图是C。

04 此时茶壶模型没有最大化显示并居中，单击"最大化显示选定对象"按钮回，茶壶自动切换到最大化居中状态，如图1-38所示。

05 滚动鼠标的滚轮，可以调整茶壶在视图中的大小，如图1-39和图1-40所示。

图1-38　　　　　　　　　　图1-39　　　　　　　　　　图1-40

> **提示** 按Z键可以快速将选中的对象最大化居中显示。

06 按住Alt键，然后按住鼠标中键（或滚轮），并拖曳鼠标，就可以旋转茶壶的角度，如图1-41所示。

07 按住鼠标中键（或滚轮）拖曳鼠标，可以将茶壶模型平移到画面中心位置，如图1-42所示。

08 按Z键可以将茶壶在视图中最大化显示，如图1-43所示。

图1-41　　　　　　　　　　图1-42　　　　　　　　　　图1-43

实战 06		
对象的选择/移动/旋转/缩放	场景位置	场景文件 >CH01>04.max
	实例位置	无
	视频名称	实战 06 对象的选择 / 移动 / 旋转 / 缩放 .mp4
	学习目标	掌握对象的基本操作

01 打开本书学习资源中的文件"场景文件>CH01>04.max"，如图1-44所示。

02 在"主工具栏"中单击"选择对象"按钮回（快捷键为Q），选中视图中的球体模型，此时球体的线框呈白色，且出现坐标轴，如图1-45所示。

 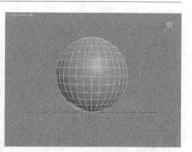

图1-44　　　　　　　　　　图1-45

17

03 单击"选择并移动"按钮 ⊕（快捷键为W），此时坐标轴出现箭头，如图1-46所示。

04 选中x轴，然后按住鼠标左键向右拖曳光标，此时球体模型向右移动，如图1-47所示。

图1-46   图1-47

> **提示** 红色坐标轴代表x轴，绿色坐标轴代表y轴，蓝色坐标轴代表z轴。

05 单击"选择并旋转"按钮 ○（快捷键为E），此时坐标轴变成球体，如图1-48所示。

06 选中绿色的圆圈（即y轴），然后按住鼠标左键向上拖曳鼠标，球体模型发生旋转，如图1-49所示。

图1-48   图1-49

> **提示** 激活"角度捕捉切换"工具 ▨ 可以让球体以5°的数值进行旋转。

07 单击"选择并均匀缩放"按钮 ▣（快捷键为R），此时坐标轴变成三角形方向轴，如图1-50所示。

08 选中三角形方向轴中心的黄色区域，然后按住鼠标左键向上拖曳鼠标可以均匀放大模型，如图1-51所示。

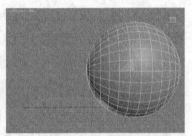

图1-50   图1-51

> **提示** 如果选中坐标轴，就能缩放一个轴向的大小，如图1-52所示。如果选中一个平面，就能缩放一个平面的大小，如图1-53所示。

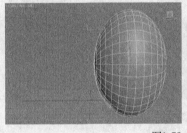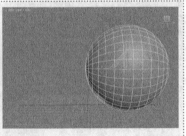

图1-52   图1-53

实战 07 复制对象	场景位置	场景文件 >CH01>05.max
	实例位置	无
	视频名称	实战 07 复制对象 .mp4
	学习目标	掌握复制对象的基本操作

01 打开本书学习资源中的文件"场景文件>CH01>05.max"，如图1-54所示。

02 切换到顶视图，选中椅子模型，按快捷键Ctrl+V原位复制一个椅子模型，在弹出的"克隆选项"对话框中设置"对象"为"实例"，然后单击"确定"按钮 ，如图1-55和图1-56所示。

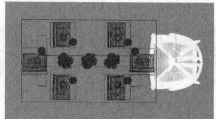

图1-54 图1-55 图1-56

03 此时复制出来的椅子模型与原来的椅子模型完全重合，使用"选择并旋转"工具 旋转90°，如图1-57所示，并使用"选择并移动"工具 将其移动到图1-58所示的位置。

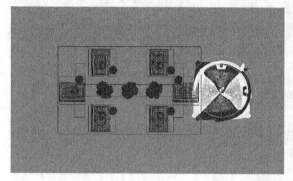
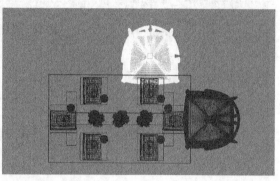

图1-57 图1-58

04 选中上一步复制出的椅子模型，按住Shift键并使用"选择并移动"工具 将其沿 *x* 轴向左移动一段距离，接着在打开的"克隆选项"对话框中设置"对象"为"实例"，最后单击"确定"按钮 ，如图1-59和图1-60所示。

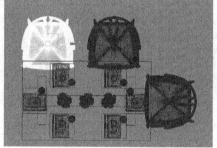
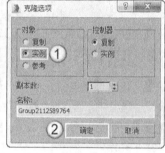

图1-59 图1-60

05 选择图1-61所示的两把椅子模型，单击"镜像"按钮 ，在打开的"镜像：屏幕 坐标"对话框中设置"镜像轴"为Y，"偏移"为 – 1200mm，"克隆当前选择"为"实例"，然后单击"确定"按钮 ，如图1-62所示，镜像后的效果如图1-63所示。

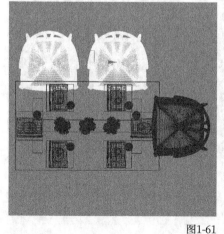
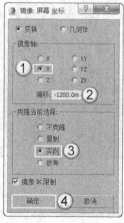
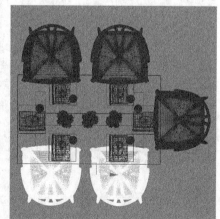

图1-61 图1-62 图1-63

06 使用同样的方法镜像复制另一把椅子模型，如图1-64所示，案例最终效果如图1-65所示。

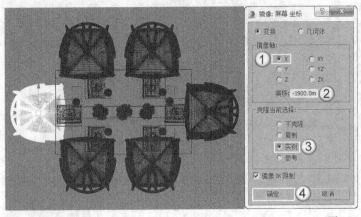

图1-64

图1-65

> **提示** 复制对象时，有"复制""实例"和"参考"这3种模式可以选择，下面为读者讲解这3种模式的特点。
> 复制：修改复制的对象属性时，源对象的属性不会发生改变。
> 实例：修改复制的对象属性时，源对象的属性会相应发生改变。无论是参数化对象，还是可编辑对象，都适用这个功能。
> 参考：修改复制的对象属性时，源对象的属性不会发生改变。但修改源对象的属性时，复制对象的属性会相应改变。

中文版 3ds Max 2016/VRay 效果图制作实战基础教程

实战 08	场景位置	场景文件 >CH01>06.dwg
AutoCAD图纸的简化操作	实例位置	实例文件 >CH01> 实战 08 AutoCAD 图纸的简化操作 .dwg
	视频名称	实战 08 AutoCAD 图纸的简化操作 .mp4
	学习目标	掌握 AutoCAD 图纸的基础操作

01 在AutoCAD中打开本书学习资源中的文件"场景文件>CH01>06.dwg"，如图1-66所示。这是一个公寓的平面布置图纸，包含墙体的尺寸、墙体的类型、地面的材质和家具的摆放方式等。

02 将图纸导入3ds Max 2016中进行建模时，图纸上只需要保留墙体的结构即可，其余内容需要全部删除，如图1-67所示。

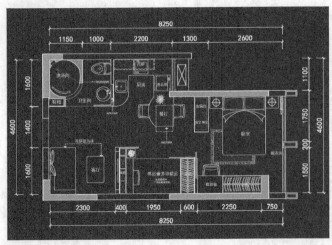

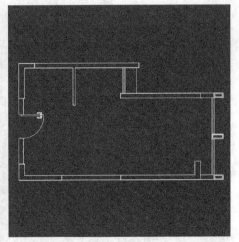

图1-66

图1-67

> **提示** 在AutoCAD中，从左向右框选和从右向左框选有一定的区别。从左向右框选只能选取全部框选的内容，选框呈蓝色；从右向左框选可以选中部分框选的内容，选框呈绿色。具体删除过程，请观看教学视频。

03 此时所有的线条都是独立的，需要将其组合成块。全选所有的线条，先按B键，再按Enter键，此时界面会弹出"块定义"对话框，在"名称"的输入框中输入块的名字后单击"确定"按钮 ▭确定▭ ，如图1-68所示。将删除后的文件另存为一个新的文件，就可以导入3ds Max 2016中进行下一步建模准备。

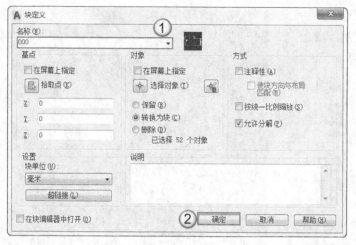

图1-68

提示 读者最好不要将删除内容后的文件覆盖保存源文件，源文件可以在后期建模时用作参考。

实战 09

在3ds Max 2016中导入AutoCAD图纸

场景位置	场景文件 >CH01>07.dwg
实例位置	实例文件 >CH01> 实战 09 在 3ds Max 2016 中导入 AutoCAD 图纸 .max
视频名称	实战 09 在 3ds Max 2016 中导入 AutoCAD 图纸 .mp4
学习目标	掌握 AutoCAD 图纸导入 3ds Max 2016 的操作方法

01 打开3ds Max 2016界面，然后按T键切换到顶视图。单击应用程序"MAX"图标按钮▣，在弹出的下拉菜单中单击"导入"命令，如图1-69所示。

02 在弹出的"选择要导入的文件"对话框中选择本书学习资源中的文件"场景文件>CH01>07.dwg"，然后单击"打开"按钮 ▭打开(O)▭ ，如图1-70所示。

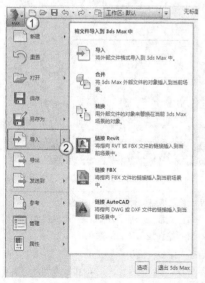

图1-69

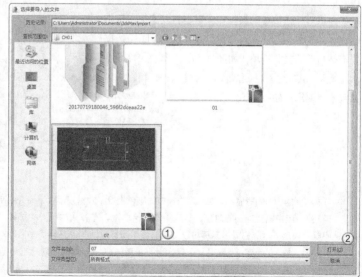

图1-70

03 在弹出的"AutoCAD DWG/DXF导入选项"对话框中设置"几何体选项"为"焊接附近顶点（W）"，然后单击"确定"按钮 确定 ，如图1-71所示。

04 按Z键最大化居中显示导入的AutoCAD图纸，如图1-72所示。

图1-71

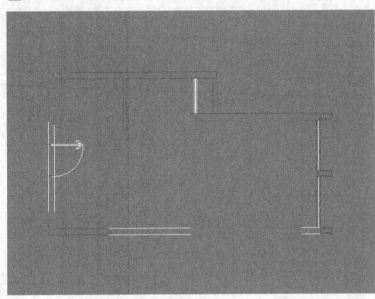

图1-72

05 虽然在AutoCAD中进行了成块操作，但导入3ds Max 2016后，图纸的线条还是可单独选取的，需要全部选中后执行"组>组"菜单命令，并在弹出的对话框中设置"组名"为"CAD"，最后单击"确定"按钮 确定 ，如图1-73所示。

06 此时图纸并没有处于场景的坐标原点，不利于后期的建模操作。选中CAD对象后用鼠标右键单击"选择并移动"按钮，在弹出的"移动变换输入"面板中，设置"绝对：世界"的坐标都为0，如图1-74所示。

图1-73　　　　　　　　　　　　　　图1-74

提示 鼠标单击图1-74中"X""Y""Z"输入框右侧的微调按钮，输入框内的数值会自动设置为0。

07 CAD对象是作为建模的参考对象，为了不让后续操作对该对象造成移动误操作，需要将其冻结。选中CAD对象，然后单击鼠标右键，在弹出的菜单中选择"冻结当前选择"选项，如图1-75所示。此时CAD对象会变成浅灰色线条且不可编辑，如图1-76所示。

图1-75　　　　　　　　　　　　　　图1-76

提示 冻结后的CAD图形显示为灰色，与视口的颜色相近不容易观察。下面介绍两种修改冻结物体显示颜色的方法。
　　第1种：选中需要冻结的对象，然后单击鼠标右键，在弹出的菜单中选择"对象属性"选项，接着在"对象属性"对话框中取消勾选"以灰色显示冻结对象"选项，如图1-77所示。这样冻结后的对象还是会显示原有的颜色。
　　第2种：执行"自定义>自定义用户界面"菜单命令，在弹出的对话框中选择"颜色"选项卡，然后设置"元素"为"几何体"，并在下方的列表框中选择"冻结"选项，接着单击右侧的"颜色"色块，修改需要的颜色即可，如图1-78所示。这种方法的好处是冻结对象的颜色一致，方便制作者观察。

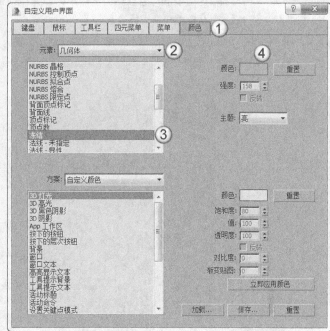

图1-77

图1-78

实战 10	场景位置	无
配置VRay 渲染器	实例位置	无
	视频名称	实战 10 配置 VRay 渲染器 .mp4
	学习目标	掌握 VRay 渲染器的相关配置

01 在安装好VRay渲染器后，按F10键打开"渲染设置"面板，然后单击"渲染器"旁边的下拉菜单按钮，接着选择"V-Ray Adv 3.50.04"选项，如图1-79所示。

02 当渲染器切换为"V-Ray Adv 3.50.04"渲染器后，渲染设置面板也会相应产生变化，如图1-80所示。

图1-79

图1-80

03 展开面板下方的"指定渲染器"卷展栏，然后单击"保存为默认设置"按钮 保存为默认设置，就可以将VRay渲染器设置为系统默认的渲染器，如图1-81所示。

04 在日常制作中，VRay材质的使用频率很高，将默认材质设置为VRay材质会提高制作效率。在菜单栏中执行"自定义>自定义UI与默认设置切换器"命令，如图1-82所示。

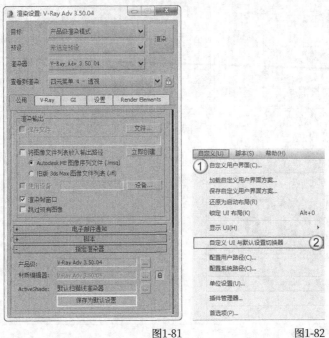

图1-81　　　　　　　　　　图1-82

05 在弹出的"为工具选项和用户界面布局选择初始设置"对话框中，设置"工具选项的初始设置"为"MAX.vray"选项，然后单击"设置"按钮 设置 关闭对话框，如图1-83所示。

06 重启软件后按M键打开"材质编辑器"面板，此时所有的材质球都切换为VRay材质球，如图1-84所示。

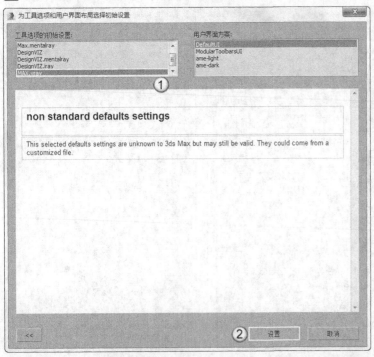

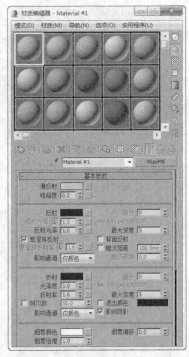

图1-83　　　　　　　　　　图1-84

第 2 章

建模技术

本章将介绍效果图的建模技术，包括标准基本体、扩展基本体、复合对象、二维图形、修改器建模、毛发布料建模和多边形建模。通过对本章的学习，读者可以掌握效果图建模的常用工具和技能。

本章技术重点

» 掌握标准基本体的创建方法
» 掌握扩展基本体的创建方法
» 掌握复合对象的创建方法
» 掌握二维图形的创建方法

» 掌握常用修改器的使用方法
» 掌握毛发和布料的创建方法
» 掌握多边形建模的方法

场景位置	无
实例位置	实例文件 >CH02> 实战 11 长方体：制作书桌模型 .max
视频名称	实战 11 长方体：制作书桌模型 .mp4
学习目标	掌握"长方体"工具的使用方法

⊟ 工具剖析

⊙ 参数解释

"长方体"工具 长方体 的参数面板如图2-1所示。

图2-1

重要参数讲解

长度/宽度/高度：这3个参数决定了长方体的外形，用来设置长方体的长度、宽度和高度。

长度分段/宽度分段/高度分段：这3个参数用来设置沿着对象每个轴的分段数量，如图2-2所示。

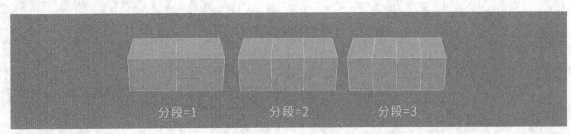

分段=1　　　　分段=2　　　　分段=3

图2-2

⊙ 操作演示

工具： 长方体 　　**位置：** 几何体>标准基本体　　**演示视频：** 11-长方体

⊟ 实战介绍

⊙ 效果介绍

本案例是用"长方体"工具 长方体 配合复制和捕捉开关制作餐桌模型，效果如图2-3所示。

⊙ 运用环境

桌子、门和柜子等物品都是日常生活中常见的长方体物品，在制作这些模型的时候，都会借助"长方体"工具 长方体 进行模拟，效果如图2-4所示。

图2-3

图2-4

⊟ 思路分析

⊙ 制作简介

书桌模型可以分为桌面模型和支架模型两部分。两部分都使用"长方体"工具 长方体 进行制作，然后将两部分拼合在一起即可。

⊙ 图示导向

图2-5所示是模型的制作步骤分解图。

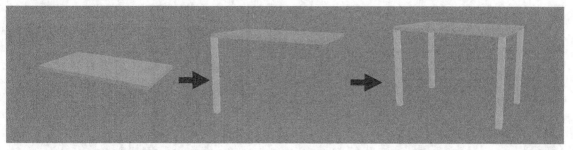

图2-5

⊖ 步骤演示

01 在"创建"面板 中单击"几何体"按钮 ，然后选择"标准基本体"选项，单击"长方体"按钮 长方体 ，接着在视图中单击并拖曳光标创建一个长方体模型，如图2-6所示。

02 选中上一步创建的长方体模型，单击"修改"按钮 切换到"修改"面板，在"参数"卷展栏中设置"长度"为960mm，"宽度"为580mm，"高度"为25mm，如图2-7所示

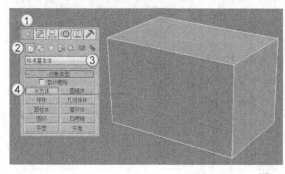
图2-6

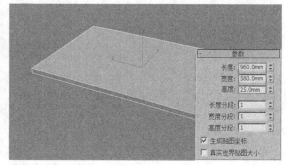
图2-7

> **提示** 在不同视图中创建的模型，其长度和宽度对应的边会有所不同。

03 单击"长方体"按钮 长方体 ，在视图中单击鼠标并拖曳光标创建一个长方体模型，如图2-8所示。

04 选中上一步创建的长方体模型，切换到"修改"面板，在"参数"卷展栏中设置"长度"为40mm，"宽度"为40mm，"高度"为650mm，如图2-9所示。

05 选中修改后的长方体模型，使用"选择并移动"工具 将其放置在之前创建的长方体模型下方，如图2-10所示。

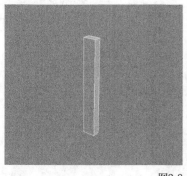
图2-8

图2-9

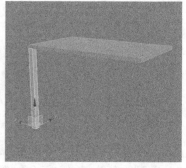
图2-10

> **提示** 使用"捕捉开关"工具 ，可以在顶视图和前视图中将两个模型精确拼合。

06 按T键切换到顶视图，按住Shift键并使用"选择并移动"工具 ，将桌腿的长方体模型向右复制一个，在弹出的"克隆选项"对话框中设置"对象"为"复制"，再单击"确定"按钮 ，如图2-11所示。

07 按照上一步的方法，复制另外两个桌腿模型，并与桌面模型拼合，书桌模型的最终效果如图2-12所示。

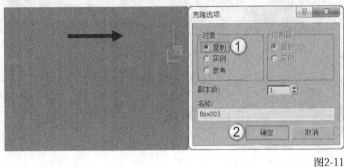

图2-11

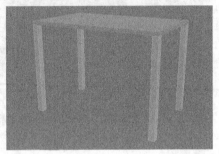

图2-12

⊟ 经验总结

⊙ 技术总结

本案例是按照图示导向中的分解图，用"长方体"工具 长方体 创建书桌的桌面模型和桌腿模型，然后使用"选择并移动"工具 进行模型拼合，从而制作出完整的书桌模型。

⊙ 经验分享

运用"捕捉开关"工具 在顶视图中可以快速且精确地将桌腿模型与桌面模型进行拼合。单击"捕捉开关"按钮 ，在弹出的"栅格和捕捉设置"面板中勾选"顶点"选项，如图2-13所示。使用"顶点"捕捉方式捕捉模型会相对精确，是日常制作中使用频率较高的一种方式。

图2-13

课外练习：制作电视柜模型	场景位置	无
	实例位置	实例文件 >CH02> 课外练习 11.max
	视频名称	课外练习 11.mp4
	学习目标	掌握"长方体"工具的使用方法

⊟ 效果展示

本案例用"长方体"工具 长方体 制作电视柜模型，案例效果如图2-14所示。

图2-14

⊟ 制作提示

电视柜模型可以分为3部分进行制作，最后将以下3步制作的模型拼合在一起，效果如图2-15所示。

第1步： 使用"长方体"工具 长方体 制作电视柜的横向隔板模型。

第2步： 使用"长方体"工具 长方体 制作电视柜的纵向隔板模型。

第3步： 使用"长方体"工具 长方体 制作电视柜的抽屉面板模型。

图2-15

实战 12	
圆柱体：制作书柜模型	
场景位置	无
实例位置	实例文件 >CH02> 实战 12 圆柱体：制作书柜模型 .max
视频名称	实战 12 圆柱体：制作书柜模型 .mp4
学习目标	掌握"圆柱体"工具的使用方法

一 工具剖析

⊙ 参数解释

"圆柱体"工具 圆柱体 的参数面板如图2-16所示。

重要参数讲解

半径： 设置圆柱体的半径。

高度： 设置沿着中心轴的高度。负值将在构造平面下面创建圆柱体。

高度分段： 设置沿着圆柱体主轴的分段数量。

端面分段： 设置围绕圆柱体顶部和底部的中心的同心分段数量。

边数： 设置圆柱体周围的边数。

启用切片： 勾选该选项后可以设置圆柱体的切片效果。

图2-16

⊙ 操作演示

工具： 圆柱体　　**位置：** 几何体>标准基本体　　**演示视频：** 12-圆柱体

二 实战介绍

⊙ 效果介绍

本案例是用"圆柱体"工具 圆柱体 制作书柜模型，效果如图2-17所示。

⊙ 运用环境

圆桌、吊灯、垃圾桶等物体都是日常生活中常见的圆柱体物体。在制作这些模型的时候，都会借助"圆柱体"工具 圆柱体 进行模拟，效果如图2-18所示。

图2-17

图2-18

🔲 思路分析

⊙ 制作简介

书柜模型可以分为底座模型和支架模型两部分。底座模型部分使用"圆柱体"工具 圆柱体 进行制作，支架模型部分使用"长方体"工具 长方体 进行制作，然后将两部分拼合在一起即可。

⊙ 图示导向

图2-19所示是模型的制作步骤分解图。

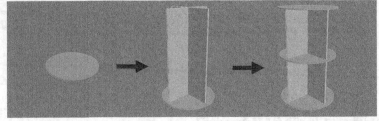

图2-19

🔲 步骤演示

01 在"创建"面板 中单击"几何体"按钮 ，然后选择"标准基本体"，接着单击"圆柱体"工具 圆柱体 ，最后在视图中单击并拖曳光标，创建出一个圆柱体模型，如图2-20所示。

02 选中创建的圆柱体模型，然后切换到"修改"面板，在"参数"卷展栏中设置"半径"为50mm，"高度"为2mm，"高度分段"为1，"边数"为64，如图2-21所示。

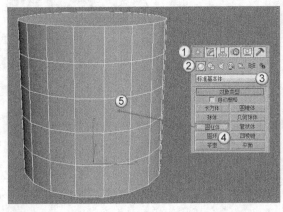

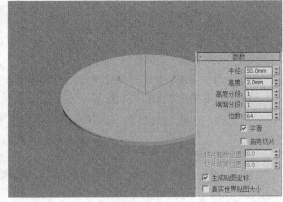

图2-20

图2-21

03 使用"长方体"工具 长方体 创建一个长方体模型，然后切换到"修改"面板，在"参数"卷展栏中设置"长度"为90mm，"宽度"为2mm，"高度"为160mm，并将其摆放在圆柱体模型的上方，如图2-22所示。

04 将上一步创建的长方体模型复制一个，并旋转90°，效果如图2-23所示。

05 选中圆柱体模型，然后向上复制两个，书柜模型的最终效果如图2-24所示。

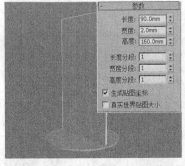

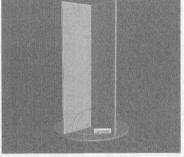

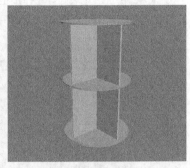

图2-22

图2-23

图2-24

提示 复制圆柱体模型时，复制类型可以选择"复制"，也可以选择"实例"。

经验总结

⊙ 技术总结

本案例是按照图示导向中的分解图，用"圆柱体"工具 圆柱体 和"长方体"工具 长方体 创建书柜模型的每一个部分，然后将其拼合，进而制作出完整的书柜模型。

⊙ 经验分享

在进行步骤演示04的制作时，需要精确旋转90°。单击"角度捕捉切换"按钮，使用"选择并旋转"工具就可以精确旋转90°。

读者可能会发现，单击"角度捕捉切换"按钮后，拖曳"选择并旋转"工具的坐标轴，物体会以5°为单位进行旋转。若要修改一次旋转的角度，单击"角度捕捉切换"按钮，在弹出的"栅格和捕捉设置"面板中设置"角度"的数值，默认为5，如图2-25所示。

图2-25

<table>
<tr><td rowspan="4">**课外练习：**
制作收纳盒模型</td><td>场景位置</td><td>无</td></tr>
<tr><td>实例位置</td><td>实例文件 >CH02> 课外练习 12.max</td></tr>
<tr><td>视频名称</td><td>课外练习 12.mp4</td></tr>
<tr><td>学习目标</td><td>掌握"圆柱体"工具的使用方法</td></tr>
</table>

效果展示

本案例用"圆柱体"工具 圆柱体 制作收纳盒模型，案例效果如图2-26所示。

制作提示

收纳盒模型可以分为两部分进行制作，最后将以下两步制作的模型拼合在一起，效果如图2-27所示。

第1步： 使用"圆柱体"工具 圆柱体 制作架子模型。

第2步： 使用"圆柱体"工具 圆柱体 制作盒子模型。

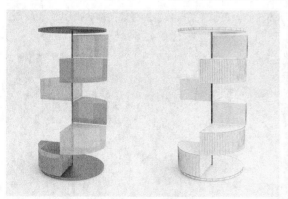

图2-26

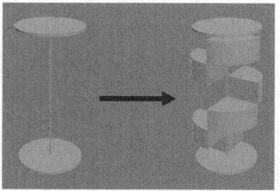

图2-27

球体：制作吸顶灯模型

场景位置	无
实例位置	实例文件 >CH02> 实战 13 球体：制作吸顶灯模型 .max
视频名称	实战 13 球体：制作吸顶灯模型 .mp4
学习目标	掌握"球体"工具的使用方法

工具剖析

⊙ 参数解释

"球体"工具 球体 的参数面板如图2-28所示。

重要参数讲解

半径：指定球体的半径。

分段：设置球体多边形分段的数目。分段越多，球体越圆滑，反之则越粗糙，如图2-29所示是"分段"值分别为"8"和"32"时的球体对比。

平滑：混合球体的面，从而在渲染视图中创建平滑的外观。

半球：该值过大将从底部"切断"球体，以创建部分球体，取值范围为0~1。值为0时可以生成完整的球体；值为0.5时可以生成半球，如图2-30所示；值为1时会使球体消失。

图2-28

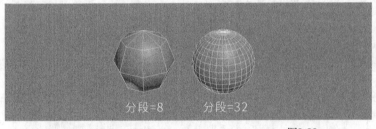

分段=8　　分段=32

图2-29

图2-30

切除：通过在半球断开时将球体中的顶点数和面数"切除"来减少它们的数量。

挤压：保持原始球体中的顶点数和面数，将几何体向着球体的顶部挤压为越来越小的体积。

⊙ 操作演示

工具： 球体 　　**位置：**几何体>标准基本体　　**演示视频：**13-球体

实战介绍

⊙ 效果介绍

本案例是用"球体"工具 球体 和"圆柱体"工具 圆柱体 制作吸顶灯模型，效果如图2-31所示。

⊙ 运用环境

气球、灯泡和玻璃珠等物体都是日常生活中常见的球体物体，在制作这些模型的时候，都会借助"球体"工具 球体 进行模拟，效果如图2-32所示。

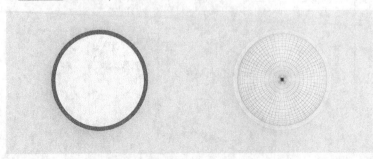

图2-31

图2-32

一 思路分析

⊙ 制作简介

吸顶灯模型可以分为灯罩模型和灯座模型两部分。灯罩模型部分使用"球体"工具 <u>球体</u> 进行制作，灯座模型部分使用"圆柱体"工具 <u>圆柱体</u> 进行制作，然后将两部分拼合在一起即可。

⊙ 图示导向

图2-33所示是模型的制作步骤分解图。

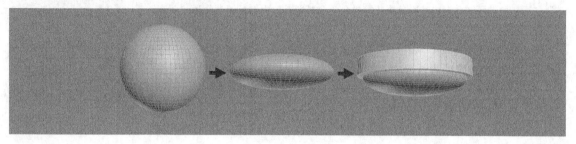

图2-33

一 步骤演示

01 在"创建"面板 <u></u> 中单击"几何体"图标按钮 <u>○</u> ，选择"标准基本体"，单击"球体"工具 <u>球体</u> ，在视图中单击并拖曳光标，创建出一个球体模型，如图2-34所示。

02 选中创建的球体模型，切换到"修改"面板，在"参数"卷展栏中设置"半径"为50mm，"分段"为64，如图2-35所示。

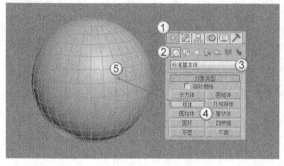

图2-34

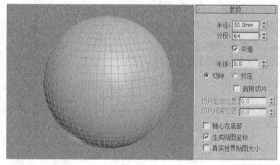

图2-35

03 使用"选择并均匀缩放"工具 <u></u> 沿z轴压缩球体体积，如图2-36所示。

04 使用"圆柱体"工具 <u>圆柱体</u> 在场景中创建一个模型，在"修改"面板，在"参数"卷展栏中设置"半径"为55mm，"高度"为15mm，"高度分段"为1，"端面分段"为1，"边数"为64，如图2-37所示。

05 将上一步创建的圆柱体模型与球体模型拼合，吸顶灯模型的最终效果如图2-38所示。

图2-36

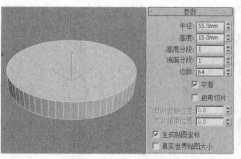

图2-37

图2-38

🗁 经验总结

⊙ 技术总结

本案例是按照图示导向中的分解图，用"圆柱体"工具 圆柱体 和"球体"工具 球体 创建吸顶灯模型的每部分，然后将其拼合，进而制作出完整的吸顶灯模型。

⊙ 经验分享

在案例的最后一步需要将球体模型和圆柱体模型进行拼合，如果使用"选择并移动"工具 ⊕ 凭借目测会无法准确且快速地拼合两个模型。这里推荐读者使用"对齐"工具 ⬚ 进行拼合。

选中圆柱体模型，然后单击"对齐"按钮 ⬚，接着单击球体模型，会弹出"对齐当前选择（Sphere001）"对话框，勾选"X位置"和"Y位置"选项，并设置"当前对象"和"目标对象"都为中心，再单击"确定"按钮 确定，如图2-39所示。可以观察到圆柱体模型与球体模型自动中心对齐。

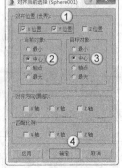

图2-39

课外练习： 制作吊灯模型		
场景位置	无	
实例位置	实例文件 >CH02> 课外练习 13.max	
视频名称	课外练习 13.mp4	
学习目标	掌握"球体"工具的使用方法	

🗁 效果展示

本案例用"球体"工具 球体 、"圆锥体"工具 圆锥体 和"圆柱体"工具 圆柱体 制作吊灯模型，案例效果如图2-40所示。

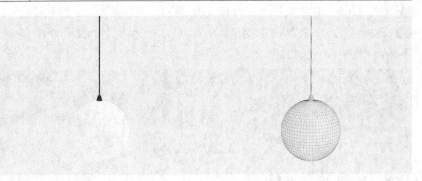

图2-40

🗁 制作提示

吊灯模型可以分为灯罩模型、连接处模型和电线模型3部分进行制作，最后将以下3步制作的模型拼合在一起，效果如图2-41所示。

第1步： 使用"球体"工具 球体 制作灯罩模型。

第2步： 使用"圆锥体"工具 圆锥体 制作灯罩和电线的连接处模型。

第3步： 使用"圆柱体"工具 圆柱体 制作电线模型。

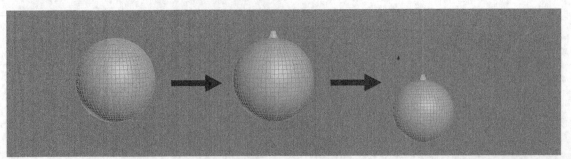

图2-41

切角长方体：制作双人沙发模型

场景位置	无
实例位置	实例文件 >CH02> 实战 14 切角长方体：制作双人沙发模型 .max
视频名称	实战 14 切角长方体：制作双人沙发模型 .mp4
学习目标	掌握"切角长方体"工具的使用方法

☐ 工具剖析

⊙ 参数解释

"切角长方体"工具 切角长方体 的参数面板如图2-42所示。

重要参数讲解

长度/宽度/高度：用来设置切角长方体的长度、宽度和高度。

圆角：切开倒角长方体的边，以创建圆角效果。

长度分段/宽度分段/高度分段：设置沿着相应轴的分段数量。

圆角分段：设置切角长方体圆角边时的分段数。

图2-42

⊙ 操作演示

工具： 切角长方体 　　**位置：** 几何体>扩展基本体 　　**演示视频：** 14-切角长方体

☐ 实战介绍

⊙ 效果介绍

本案例是用"切角长方体"工具 切角长方体 制作双人沙发模型，效果如图2-43所示。

⊙ 运用环境

沙发、床垫和靠垫等物体都是日常生活中常见的带圆角的长方体物体，在制作这些模型的时候，都会借助"切角长方体"工具 切角长方体 进行模拟，效果如图2-44所示。

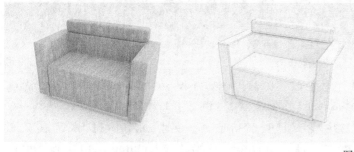

图2-43

图2-44

☐ 思路分析

⊙ 制作简介

双人沙发模型可以分为坐垫模型、扶手模型、靠垫模型和支架模型4部分。每个部分都使用"切角长方体"工具 切角长方体 进行制作，然后将这些模型拼合在一起即可。

⊙ 图示导向

图2-45所示是模型的制作步骤分解图。

图2-45

☐ 步骤演示

01 在"创建"面板 中单击"几何体"按钮 ，选择"扩展基本体"，单击"切角长方体"工具 切角长方体，在视图中单击并拖曳光标，创建出一个切角长方体模型，如图2-46所示。

02 选中创建的切角长方体模型，切换到"修改"面板，在"参数"卷展栏中设置"长度"为500mm，"宽度"为1000mm，"高度"为400mm，"圆角"为30mm，"圆角分段"为3，如图2-47所示。

图2-46

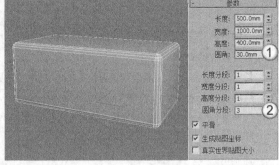

图2-47

03 将修改后的切角长方体模型复制一份，然后切换到"修改"面板，在"参数"卷展栏中设置"长度"为500mm，"宽度"为150mm，"高度"为650mm，"圆角"为15mm，"圆角分段"为3，并与坐垫模型拼合，如图2-48所示。

04 将扶手模型复制到坐垫模型的另一侧，复制类型选择"实例"，效果如图2-49所示。

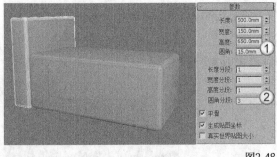

图2-48

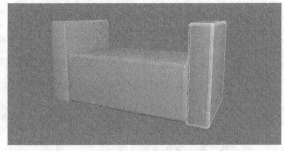

图2-49

05 使用"切角长方体"工具 切角长方体 创建一个模型，然后切换到"修改"面板，在"参数"卷展栏中设置"长度"为1050mm，"宽度"为150mm，"高度"为650mm，"圆角"为15mm，"圆角分段"为3，如图2-50所示。

06 使用"切角长方体"工具 切角长方体 在靠背模型上方创建一个切角长方体模型，然后切换到"修改"面板，在"参数"卷展栏中设置"长度"为1050mm，"宽度"为150mm，"高度"为150mm，"圆角"为30mm，"圆角分段"为3，接着将其放置在靠背模型上方，两头与扶手模型齐平，效果如图2-51所示。

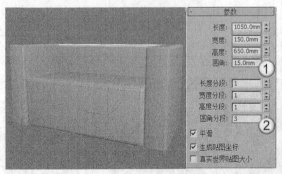

图2-50

图2-51

07 使用"切角长方体"工具 切角长方体 在坐垫模型下方创建一个切角长方体模型，然后切换到"修改"面板，在"参数"卷展栏中设置"长度"为500mm，"宽度"为1000mm，"高度"为60mm，"圆角"为2mm，"圆角分段"为3，如图2-52所示。

08 将上一步创建的切角长方体模型放置在沙发模型的中心，最终效果如图2-53所示。

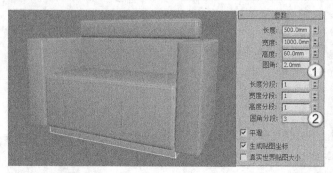

图2-52

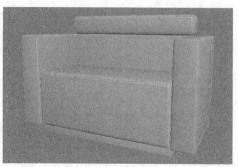

图2-53

🔲 经验总结

⊙ 技术总结

本案例是按照图示导向中的分解图，用"切角长方体"工具 切角长方体 创建双人沙发模型的每一个部分，然后将其拼合，进而制作出完整的沙发模型。

⊙ 经验分享

在本案例中，大多数切角长方体模型都是由原有的模型复制并修改参数而得到。用这种方法创建模型，可以减少制作步骤，提升制作效率。读者需要熟练掌握移动复制和旋转复制的快捷方式，这是日常制作中必不可少的工具。

课外练习： 制作边桌模型	场景位置	无
	实例位置	实例文件 >CH02> 课外练习 14.max
	视频名称	课外练习 14.mp4
	学习目标	掌握"切角长方体"工具的使用方法

🔲 效果展示

本案例用"切角长方体"工具 切角长方体 制作边桌模型，案例效果如图2-54所示。

🔲 制作提示

边桌模型可以分为桌面模型和支架模型两部分进行制作，最后将以下两步制作的模型拼合在一起，效果如图2-55所示。

第1步： 使用"切角长方体"工具 切角长方体 制作桌面模型。

第2步： 使用"切角长方体"工具 切角长方体 制作支架模型。

图2-54

图2-55

切角圆柱体：制作圆形沙发模型

场景位置	无
实例位置	实例文件 >CH02> 实战 15 切角圆柱体：制作圆形沙发模型 .max
视频名称	实战 15 切角圆柱体：制作圆形沙发模型 .mp4
学习目标	掌握"切角圆柱体"工具和"弯曲"修改器的使用方法

☐ 工具剖析

⊙ 参数解释

"切角圆柱体"工具 切角圆柱体 的参数面板如图2-56所示。

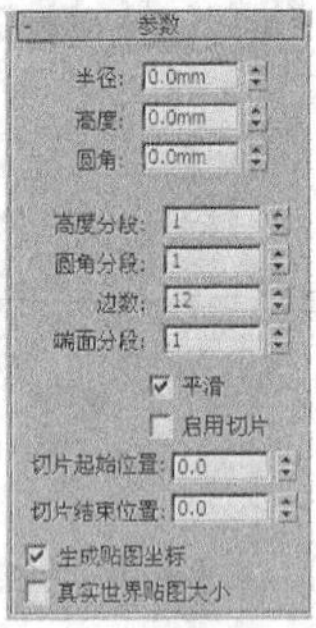

重要参数讲解

半径：设置切角圆柱体的半径。

高度：设置沿着中心轴的高度。负值将在构造平面下面创建切角圆柱体。

圆角：斜切切角圆柱体的顶部和底部封口边。

高度分段：设置沿着相应轴的分段数量。

圆角分段：设置切角圆柱体圆角边时的分段数。

边数：设置切角圆柱体周围的边数。

端面分段：设置沿着切角圆柱体顶部和底部的中心和同心分段的数量。

图2-56

⊙ 操作演示

工具： 切角圆柱体   **位置**：几何体>扩展基本体   **演示视频**：15-切角圆柱体

☐ 实战介绍

⊙ 效果介绍

本案例是用"切角圆柱体"工具 切角圆柱体 制作圆形沙发模型，效果如图2-57所示。

⊙ 运用环境

圆凳和瓶子等物体都是日常生活中常见的带圆角的圆柱体物体，在制作这些模型的时候，都会借助"切角圆柱体"工具 切角圆柱体 进行模拟，效果如图2-58所示。

图2-57

图2-58

☐ 思路分析

⊙ 制作简介

圆形沙发模型可以分为坐垫模型和靠背模型两部分。每个部分都是用"切角圆柱体"工具 切角圆柱体 进行制作的，然后将这些模型拼合在一起即可。

⊙ 图示导向

图2-59所示是模型的制作步骤分解图。

图2-59

🖺 步骤演示

01 在"创建"面板 中单击"几何体"按钮○，选择"扩展基本体"，单击"切角圆柱体"工具 切角圆柱体 ，在视图中单击并拖曳光标，创建出一个切角圆柱体模型，如图2-60所示。

02 选中创建的切角圆柱体模型，切换到"修改"面板，在"参数"卷展栏中设置"半径"为600mm，"高度"为400mm，"圆角"为80mm，"圆角分段"为4，"边数"为36，如图2-61所示。

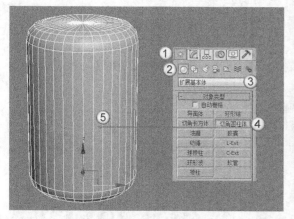

图2-60

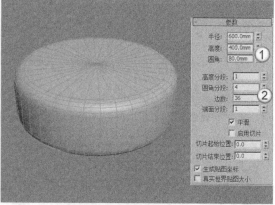

图2-61

03 使用"切角长方体"工具 切角长方体 创建一个切角长方体模型作为沙发靠背，切换到"修改"面板，在"参数"卷展栏中设置"长度"为2400mm，"宽度"为120mm，"高度"为700mm，"圆角"为30mm，"长度分段"为24，"圆角分段"为3，如图2-62所示。

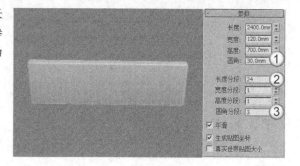

图2-62

04 选中上一步创建的模型，然后在"修改"面板中单击"修改器列表"，并在下拉列表框中选择"弯曲"选项，如图2-63所示。

05 在"弯曲"修改器的参数卷展栏中设置"角度"为－206，"弯曲轴"为Y，如图2-64所示。与之前的坐垫模型拼合，圆形沙发模型的最终效果如图2-65所示。

图2-63　　　　图2-64

图2-65

🖃 经验总结

⊙ **技术总结**

本案例是按照图示导向中的分解图，用"切角圆柱体"工具 切角圆柱体 和"弯曲"修改器制作圆形沙发模型。

⊙ **经验分享**

"弯曲"修改器是将原有的模型按照设定的参数进行弯曲。在使用"弯曲"修改器时，要注意模型弯曲的面要足够多，才能形成平滑的弯曲效果，否则弯曲面会出现很多棱角。

场景位置	无
实例位置	实例文件 >CH02> 课外练习 15.max
视频名称	课外练习 15.mp4
学习目标	掌握"切角圆柱体"工具的使用方法

〓 效果展示

本案例用"切角圆柱体"工具 切角圆柱体 制作圆凳模型，案例效果如图2-66所示。

〓 制作提示

圆凳模型可以分为凳面模型和凳脚模型两部分进行制作，最后将以下两步制作的模型拼合在一起即可，效果如图2-67所示。

第1步：使用"切角圆柱体"工具 切角圆柱体 制作凳面模型。

第2步：使用"切角圆柱体"工具 切角圆柱体 制作凳脚模型。

图2-66

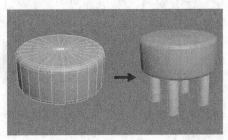
图2-67

场景位置	无
实例位置	实例文件 >CH02> 实战 16 线：制作栏杆模型 .max
视频名称	实战 16 线：制作栏杆模型 .mp4
学习目标	掌握"线"工具的使用方法

〓 工具剖析

⊙ 参数解释

"线"工具 线 的参数面板如图2-68所示。

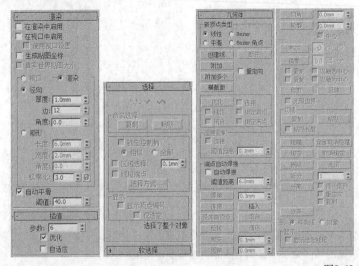
图2-68

重要参数讲解

在渲染中启用： 勾选该选项才能渲染出样条线；若不勾选，将不能渲染出样条线。

在视口中启用： 勾选该选项后，样条线会以网格的形式显示在视图中。

视口/渲染： 当勾选"在视口中启用"选项时，样条线将显示在视图中；当同时勾选"在视口中启用"和"渲染"选项时，样条线在视图中和渲染中都可以显示出来。

径向： 将3D网格显示为圆柱形对象，其参数包含"厚度""边"和"角度"。"厚度"选项用于指定视图或渲染样条线网格的直径，其默认值为1，范围为0~100；"边"选项用于在视图或渲染器中为样条线网格设置边数或面数（例如值为4表示一个方形横截面）；"角度"选项用于调整视图或渲染器中的横截面的旋转位置。

矩形： 将3D网格显示为矩形对象，其参数包含"长度""宽度""角度"和"纵横比"。"长度"选项用于设置沿局部y轴的横截面大小；"宽度"选项用于设置沿局部x轴的横截面大小；"角度"选项用于调整视图或渲染器中的横截面的旋转位置；"纵横比"选项用于设置矩形横截面的纵横比。

步数： 手动设置每条样条线的步数，数值越大线条越平滑。

顶点 ▦：在顶点层级下，选中绘制样条线的点，如图2-69所示。

线段 ◢：在线段层级下，选中绘制样条线的任意线段，如图2-70所示。

样条线 ⌒：在样条线层级下，选中整段绘制的样条线，如图2-71所示。

图2-69　　　　　　　　　　　　图2-70　　　　　　　　　　　　图2-71

创建线 创建线：绘制新的样条线，且与原来的样条线为同一个模型。

附加 附加：将多条样条线合并为一条。

优化 优化：单击此按钮后，会在样条线的任意位置添加顶点。

焊接 焊接：将分开的两个顶点合并为一个。

设为首顶点 设为首顶点：选中样条线上任意一点，然后单击此按钮就可以将该顶点设置为首顶点，该功能常用于动画制作。

圆角 圆角：将尖锐的顶点变得圆滑，如图2-72所示。

切角 切角：将尖锐的顶点进行斜切，如图2-73所示。

轮廓 轮廓：为样条线创建厚度，如图2-74所示。

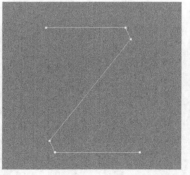
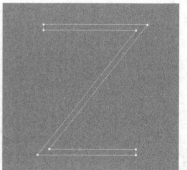

图2-72　　　　　　　　　　　　图2-73　　　　　　　　　　　　图2-74

工具：<u>线</u>　　　位置：图形>样条线　　　演示视频：16-线

▣ 实战介绍

⊙ 效果介绍

本案例是用"线"工具<u>线</u>和"矩形"工具<u>矩形</u>制作栏杆模型，效果如图2-75所示。

⊙ 运用环境

在制作铁艺线条花纹类模型的时候，都会借助"线"工具<u>线</u>进行模拟，效果如图2-76所示。

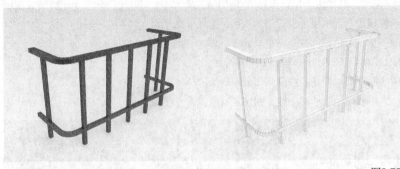

图2-75　　　　　　　　　　　　　　　　　　　　　　图2-76

▣ 思路分析

⊙ 制作简介

栏杆模型是由"线"工具<u>线</u>进行制作，分别绘制扶手线条和立柱线条，然后将其变成实体模型，再进行拼合。

⊙ 图示导向

图2-77所示是模型的制作步骤分解图。

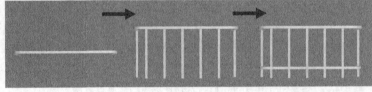

图2-77

▣ 步骤演示

01 单击"线"按钮<u>线</u>在顶视图中绘制栏杆走向，如图2-78所示。

02 可以观察到栏杆的两端并未齐平，切换到"修改"面板，单击"顶点"按钮□进入顶点层级，选中两端的顶点，使用"选择并均匀缩放"工具□沿着y轴缩小，可以观察到两端的顶点对齐，如图2-79所示。

03 选中拐角的两个顶点，使用"圆角"工具<u>圆角</u>让选中的顶点变得圆滑一些，如图2-80所示。

图2-78　　　　　　　　　　　　图2-79　　　　　　　　　　　　图2-80

提示　使用"线"工具<u>线</u>绘制的样条线没有固定的尺寸，因此这里不提供圆角的具体数值。

04 选中样条线，在"渲染"卷展栏中勾选"在渲染中启用"和"在视口中启用"选项，然后设置"渲染"类型为"矩形"，"长度"为150mm，"宽度"为250mm，如图2-81所示。

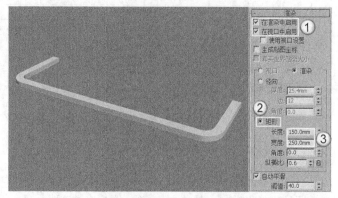

提示 绘制的样条线没有明确的尺寸，因此读者制作的长度和宽度的数值也可能与案例中不相同。

图2-81

05 使用"线"工具 线 绘制多条竖向直线，如图2-82所示。

提示 步骤"**04**"中勾选了"在渲染中启用"和"在视口中启用"选项，因此新创建的样条线也会显示为矩形形式。

图2-82

06 选中竖向样条线，然后在"渲染"卷展栏中设置"长度"和"宽度"都为150mm，如图2-83所示。

07 将步骤"**04**"中的模型向下复制一个，并设置"宽度"为150mm，栏杆模型最终效果如图2-84所示。

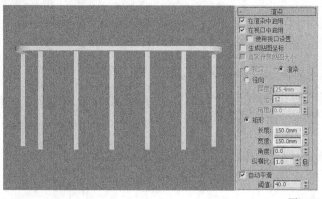

图2-83

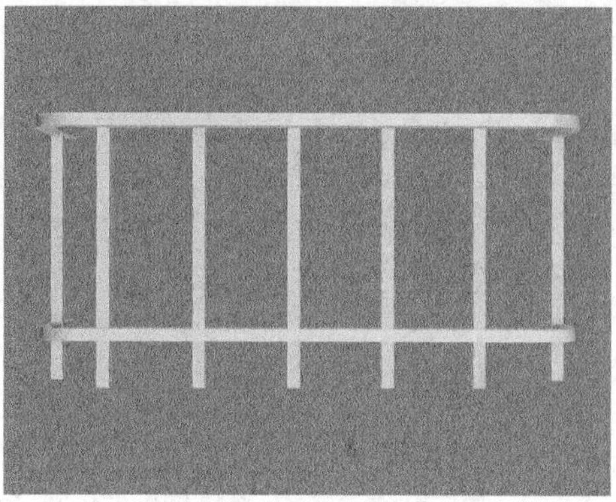

图2-84

经验总结

⊙ 技术总结

本案例是按照图示导向中的分解图，用"线"工具 线 分别创建栏杆模型的两部分模型，然后将其拼合进而制作出完整的栏杆模型。

⊙ 经验分享

在绘制样条线时，需要将顶点调整为Bezier模式，通过调整绿色的操纵杆使线条的弯曲效果更加理想。绿色的操纵杆是用"选择并移动"工具 进行移动，操纵杆可以两端拉长、缩短和移动角度。不同的长度和角度，曲线的弧度也会不同，如图2-85所示。如果只需要单独调节一侧的操纵杆，可以按住Shift键单独调整操纵杆，或者将顶点调整为"Bezier角点"模式。

图2-85

<table>
<tr><td>场景位置</td><td>无</td></tr>
<tr><td>实例位置</td><td>实例文件 >CH02> 课外练习 16.max</td></tr>
<tr><td>视频名称</td><td>课外练习 16.mp4</td></tr>
<tr><td>学习目标</td><td>掌握"线"工具的使用方法</td></tr>
</table>

课外练习：制作铁艺花架模型

效果展示

本案例用"线"工具 线 和"圆"工具 圆 制作铁艺花架模型，案例效果如图2-86所示。

制作提示

铁艺花架模型可以分为两部分进行制作，最后将以下两步制作的模型拼合在一起，效果如图2-87所示。

第1步： 使用"线"工具 线 绘制竖向支架模型。

第2步： 使用"圆"工具 圆 绘制横向支架模型。

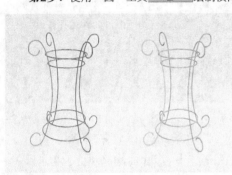

图2-86

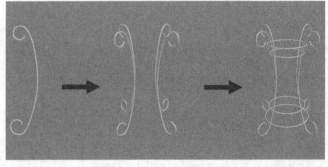

图2-87

<table>
<tr><td>场景位置</td><td>无</td></tr>
<tr><td>实例位置</td><td>实例文件 >CH02> 实战 17 文本：制作墙饰模型 .max</td></tr>
<tr><td>视频名称</td><td>实战 17 文本：制作墙饰模型 .mp4</td></tr>
<tr><td>学习目标</td><td>掌握"文本"工具和"线"工具的使用方法</td></tr>
</table>

实战 17
文本：制作墙饰模型

工具剖析

⊙ **参数解释**

"文本"工具 文本 的参数面板如图2-88所示。

重要参数讲解

"斜体"按钮 I：单击该按钮可以将文本切换为斜体。

"下划线"按钮 U：单击该按钮可以将文本切换为下划线文本。

"左对齐"按钮 ：单击该按钮可以将文本对齐到边界框的左侧。

"居中"按钮 ：单击该按钮可以将文本对齐到边界框的中心。

"右对齐"按钮 ：单击该按钮可以将文本对齐到边界框的右侧。

"对正"按钮 ：分隔所有文本行以填充边界框的范围。

大小： 设置文本高度，其默认值为100mm。

字间距： 设置文字间的间距。

行间距： 调整字行间的间距（只对多行文本起作用）。

文本： 在此可以输入文本，若要输入多行文本，可以按Enter键切换到下一行。

图2-88

⊙ **操作演示**

工具： 文本   **位置：** 图形>样条线   **演示视频：** 17-文本

⊟ 实战介绍

⊙ 效果介绍

本案例是用"文本"工具 [文本] 和"线"工具 [线] 制作墙饰模型，效果如图2-89所示。

⊙ 运用环境

牌匾、吊牌和路标等带文字的模型都会借助"文本"工具 [文本] 进行模拟，效果如图2-90所示。

图2-89

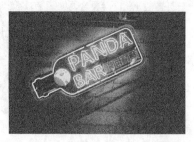

图2-90

⊟ 思路分析

⊙ 制作简介

墙饰模型是用"文本"工具 [文本] 制作出文字的轮廓，然后使用"线"工具 [线] 绘制文字和外框。

⊙ 图示导向

图2-91所示是墙饰模型的制作步骤分解图。

图2-91

⊟ 步骤演示

01 单击"文本"按钮 [文本] 在正视图中创建一个文本模型，切换到"修改"面板，在"文本"框中输入"ZURAKO"，字体格式选择"GulimChe"，如图2-92所示。

> **提示** 若读者的系统中没有该字体，可以更换为其他字体。

图2-92

02 使用"线"工具 [线] 沿着字体中间的空隙绘制样条线，如图2-93所示。

03 选择上一步绘制的字体样条线，然后在"渲染"卷展栏勾选"在渲染中启用"和"在视口中启用"选项，并设置"厚度"为4mm，如图2-94所示。

图2-93

图2-94

04 选中"文本"工具 <u>文本</u> 创建的文字，然后右击并选择"隐藏选定对象"选项，如图2-95所示。

05 将场景中的样条线进行摆放，效果如图2-96所示。

06 使用"线"工具 <u>线</u> 绘制装饰外框，如图2-97所示。

07 使用"圆角"工具 <u>圆角</u> 调整样条线的顶点弧度，最终效果如图2-98所示。

图2-95　　　　　　　　　　图2-96　　　　　　　　　　图2-97　　　　　　　　　　图2-98

〇 经验总结

⊙ 技术总结

本案例是按照图示导向中的分解图，用"文本"工具 <u>文本</u> 和"线"工具 <u>线</u> 绘制墙饰的文字部分和外框。

⊙ 经验分享

文本样条线除了使用"线"工具 <u>线</u> 绘制生成文字线条外，还可以为文本添加"挤出"修改器生成文字模型。需要注意有些字体添加"挤出"修改器后，会出现模型错误的情况，这时就需要更换文本字体。

课外练习：制作灯牌模型	场景位置	无
	实例位置	实例文件 >CH02> 课外练习 17.max
	视频名称	课外练习 17.mp4
	学习目标	掌握"文本"工具和"线"工具的使用方法

〇 效果展示

本案例用"文本"工具 <u>文本</u>、"线"工具 <u>线</u> 和"切角长方体"工具 <u>切角长方体</u> 制作灯牌模型，案例效果如图2-99所示。

图2-99

〇 制作提示

灯牌模型可以分为3步制作，如图2-100所示。

第1步：使用"文本"工具 <u>文本</u> 绘制文字样条线，并使用"挤出"修改器挤出厚度。

第2步：使用"线"工具 <u>线</u> 绘制边缘的装饰线。

第3步：使用"切角长方体"工具 <u>切角长方体</u> 创建背板模型。

图2-100

实战 18	场景位置	无
挤出：制作窗户模型	实例位置	实例文件 >CH02> 实战 18 挤出：制作窗户模型 .max
	视频名称	实战 18 挤出：制作窗户模型 .mp4
	学习目标	掌握"挤出"修改器和"矩形"工具的使用方法

工具剖析

⊙ 参数解释

"挤出"修改器的参数面板如图2-101所示。

重要参数讲解

数量： 设置挤出的深度。

分段： 指定要在挤出对象中创建的线段数目。

封口： 用来设置挤出对象的封口，共有以下4个选项。

封口始端： 在挤出对象的初始端生成一个平面。

封口末端： 在挤出对象的末端生成一个平面。

变形： 以可预测、可重复的方式排列封口面，这是创建变形目标所必需的操作。

栅格： 在图形边界的方形上修剪栅格中安排的封口面。

输出： 指定挤出对象的输出方式，共有以下3个选项。

面片： 产生一个可以折叠到面片对象中的对象。

网格： 产生一个可以折叠到网格对象中的对象。

NURBS： 产生一个可以折叠到NURBS对象中的对象。

图2-101

⊙ 操作演示

工具： "挤出"修改器　　**位置：** 修改器列表　　**演示视频：** 18-挤出修改器

实战介绍

⊙ 效果介绍

本案例是用"挤出"修改器制作窗户模型，效果如图2-102所示。

⊙ 运用环境

"挤出"修改器可以将复杂的二维图形转化为有厚度的三维模型，常用于制作造型不规则的模型，效果如图2-103所示。

图2-102　　　　　　　　　　　　　　　　　　　图2-103

思路分析

⊙ 制作简介

窗户模型可以分为窗框模型和玻璃模型两部分。窗框模型用"矩形"工具 矩形 绘制模型剖面，并用"挤出"修改器制作出厚度。玻璃模型用"平面"工具 平面 进行创建，再将两部分模型拼合为一个整体。

⊙ 图示导向

图2-104所示是模型的制作步骤分解图。

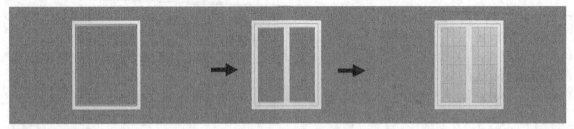

图2-104

步骤演示

01 使用"矩形"工具 矩形 在前视图中绘制一个矩形样条线，然后在"修改"面板中，在"参数"卷展栏中设置"长度"为1500mm，"宽度"为1200mm，如图2-105所示。

02 选中上一步创建的矩形，然后单击鼠标右键，在弹出的菜单中选择"转换为>转换为可编辑样条线"选项，如图2-106所示。

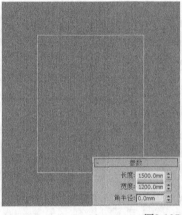

图2-105

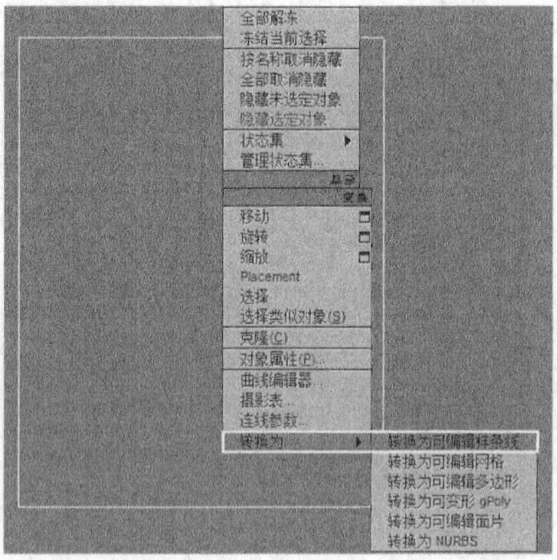

图2-106

> **提示** 只有转换为可编辑样条线后，矩形才可以编辑"顶点""线段"和"样条线"层级。

03 进入"样条线"层级，使用"轮廓"工具 轮廓 绘制窗框模型的边缘宽度为50mm，如图2-107所示。

04 选中上一步创建的样条线，切换到"修改"面板，单击"修改器列表"，然后在下拉菜单中选择"挤出"选项，接着在"参数"卷展栏下设置"数量"为120mm，如图2-108所示。

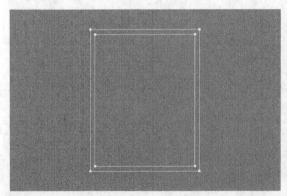

图2-107

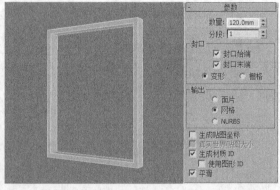

图2-108

05 使用"矩形"工具 矩形 在窗框模型内创建一个矩形，然后设置"长度"为1400mm，"宽度"为550mm，接着以"实例"形式复制一个并拼合，如图2-109所示。

06 将上一步创建的两个矩形转换为可编辑样条线，选中其中一个，使用"轮廓"工具 轮廓 制作窗户模型的宽度为50mm，如图2-110所示。

07 选中上一步修改的矩形，然后为其加载"挤出"修改器，并设置"数量"为50mm，如图2-111所示。

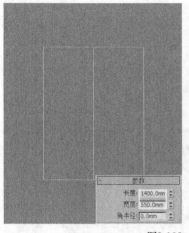  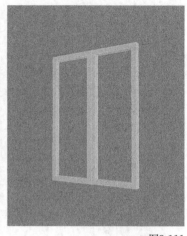

图2-109   图2-110   图2-111

> **提示** "实例"形式的复制方式可以同时修改关联的所有对象。

08 将窗户模型与窗框模型拼合，效果如图2-112所示。

09 使用"平面"工具 平面 创建两个"长度"为1300mm，"宽度"为450mm的平面模型作为玻璃，如图2-113所示。将平面模型与窗户模型拼合，最终效果如图2-114所示。

图2-112   图2-113   图2-114

经验总结

⊙ 技术总结

本案例是按照图示导向中的分解图，先用"矩形"工具 矩形 绘制窗框模型和窗户模型的边框，然后用"挤出"修改器制作其厚度，最后用"平面"工具 平面 制作玻璃模型。

⊙ 经验分享

使用"挤出"修改器时一定要确认绘制的样条线保持封闭状态，且不要有线条交叉的情况，否则挤出的模型会达不到理想的状态，如图2-115所示。

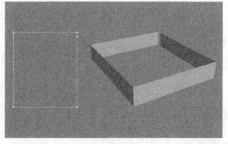

图2-115

☐ 效果展示

本案例用"挤出"修改器制作书签模型，案例效果如图2-116所示。

☐ 制作提示

书签模型可以分为两步制作，当第2步完成后，就生成书签模型，如图2-117所示。

第1步： 使用"矩形"工具 矩形 和"圆"工具 圆 绘制书签的图案。

第2步： 使用"挤出"修改器生成书签的厚度。

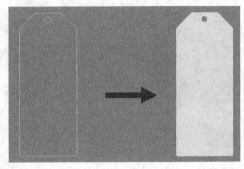

图2-116 图2-117

☐ 工具剖析

⊙ 参数解释

"车削"修改器的参数面板如图2-118所示。

重要参数讲解

度数： 设置对象围绕坐标轴旋转的角度，其范围为0°~360°，默认值为360°。

焊接内核： 通过焊接旋转轴中的顶点来简化网格。

翻转法线： 使物体的法线翻转，翻转后物体的内部会外翻。

分段： 在起始点之间设置在曲面上创建的插补线段的数量。

封口： 如果设置的车削对象的"度数"小于 360°，该选项用来控制是否在车削对象的内部创建封口。

封口始端： 车削的起点，用来设置封口的最大程度。

封口末端： 车削的终点，用来设置封口的最大程度。

变形： 按照创建变形目标所需的可预见且可重复的模式来排列封口面。

栅格： 在图形边界的方形上修剪栅格中安排的封口面。

方向： 设置轴的旋转方向，共有x、y和z这3个轴可供选择。

对齐： 设置对齐的方式，共有"最小""中心"和"最大"3种方式可供选择。

图2-118

⊙ 操作演示

工具："车削"修改器　　位置：修改器列表　　演示视频：19-车削修改器

🔲 实战介绍

⊙ 效果介绍

本案例是用"车削"修改器制作罗马柱模型，效果如图2-119所示。

⊙ 运用环境

"车削"修改器常用来制作杯子、笔筒、碗盘等圆柱体物体，是常用的修改器之一，效果如图2-120所示。

图2-119　　　　　　　　　　　　　　　图2-120

🔲 思路分析

⊙ 制作简介

罗马柱模型较为简单，需要用"线"工具 线 绘制罗马柱模型的剖面，然后使用"车削"修改器生成一个完整的罗马柱模型。

⊙ 图示导向

图2-121所示是模型的制作步骤分解图。

图2-121

🔲 步骤演示

01 使用"线"工具 线 在前视图中绘制罗马柱的剖面，如图2-122所示。

02 在"顶点"层级 中调整顶点的位置，并使用"圆角"工具 圆角 进行修饰，如图2-123所示。

03 选中上一步修改后的样条线，然后切换到"修改"面板，在"修改器列表"的下拉菜单中选择"车削"选项，接着在"参数"卷展栏下勾选"焊接内核"选项，并设置"分段"为36，"方向"为Y，"对齐"为"最大"，如图2-124所示。罗马柱模型最终效果如图2-125所示。

图2-122　　　　　　　　图2-123　　　　　　　　图2-124　　　　　　　　图2-125

资源获取验证码： 91689

第 2 章　建模技术

⊙ 技术总结

本案例是按照图示导向中的分解图绘制罗马柱模型的剖面，然后使用"车削"修改器生成罗马柱模型。

⊙ 经验分享

使用"车削"修改器生成模型时，中心轴位置的不同，生成的模型的效果也会不同，如图2-126所示。

勾选"焊接内核"选项，可以消除车削模型中心位置的重叠面或孔洞，如图2-127所示。如果勾选后仍有模型错误，就需要移动中心轴的位置。

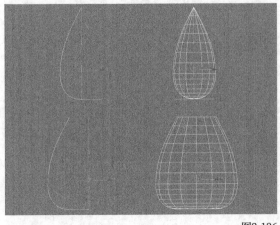

图2-126

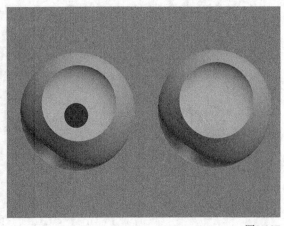

图2-127

课外练习：制作花瓶模型	场景位置	无
	实例位置	实例文件 >CH02> 课外练习 19.max
	视频名称	课外练习 19.mp4
	学习目标	掌握"车削"修改器的使用方法

□ 效果展示

本案例用"车削"修改器制作花瓶模型，案例效果如图2-128所示。

□ 制作提示

花瓶模型可以分为两步制作，如图2-129所示。

第1步： 使用"线"工具 ▨▨▨ 线 ▨▨▨ 绘制花瓶轮廓。

第2步： 使用"车削"修改器制作花瓶模型。

图2-128

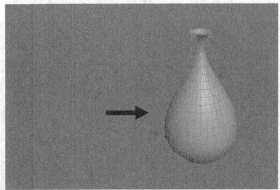

图2-129

实战 20 扫描：制作背景墙模型	场景位置	无
	实例位置	实例文件 >CH02> 实战 20 扫描：制作背景墙模型 .max
	视频名称	实战 20 扫描：制作背景墙模型 .mp4
	学习目标	掌握"扫描"修改器

工具剖析

⊙ 参数解释

"扫描"修改器的参数面板如图2-130所示。

重要参数讲解

使用内置截面：系统会按照选定的内置截面生成模型，截面列表如图2-131所示。

使用自定义截面：拾取场景中的样条线，从而生成模型。

长度/宽度/厚度：当设置为"使用内置截面"选项时，该参数可以设置界面的大小。

角半径1/角半径2：设置截面的角半径。

边半径：设置截面的边半径。

> **提示** 不同的内置截面选项会有不同的参数。

X偏移：扫描生成的模型在x轴上位移的距离。

Y偏移：扫描生成的模型在y轴上位移的距离。

角度：扫描生成的模型角度偏移。

对齐轴：单击左侧的9个按钮设置模型的轴点中心。

图2-130   图2-131

⊙ 操作演示

工具：扫描生成器   **位置：**修改器列表   **演示视频：**20-扫描修改器

实战介绍

⊙ 效果介绍

本案例是用"扫描"修改器制作背景墙模型，效果如图2-132所示。

⊙ 运用环境

"扫描"修改器常用来制作相框、吊顶、踢脚线和装饰线等复杂纹路的模型，效果如图2-133所示。

图2-132   图2-133

思路分析

⊙ 制作简介

背景墙模型可以分为边框模型和背板模型两部分。边框模型部分使用"矩形"工具 矩形 和"扫描"修改器进行制作，背板模型使用"平面"工具 平面 进行制作，然后将两部分进行拼合。

图2-134所示是模型的制作步骤分解图。

图2-134

🔲 步骤演示

01 使用"矩形"工具 [矩形] 在前视图中绘制一个矩形样条线，设置"长度"为1800mm，"宽度"为2000mm，如图2-135所示。

02 将上一步创建的矩形样条线转换为可编辑样条线，然后删除下方的线段，如图2-136所示。

03 使用"矩形"工具 [矩形] 继续绘制一个矩形样条线，设置"长度"和"宽度"都为100mm，如图2-137所示。

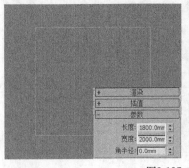

图2-135

图2-136

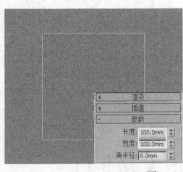

图2-137

04 选中上一步绘制的矩形样条线，将其转换为可编辑样条线，并调整样式，如图2-138所示。

05 选中步骤"**01**"中绘制的矩形样条线，为其加载"扫描"修改器，然后在"截面类型"卷展栏中选择"使用自定义截面"选项，接着单击"拾取"按钮 [拾取] 选择上一步修改后的样条线，如图2-139所示。拾取后的效果如图2-140所示。

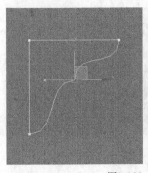

图2-138

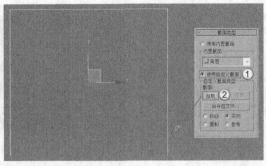

图2-139

图2-140

06 此时观察模型，有造型的一面背向画面。在"扫描参数"卷展栏中勾选"XZ平面上的镜像"和"XY平面上的镜像"选项，效果如图2-141所示。

07 使用"矩形"工具 [矩形] 继续绘制两个长度为1800mm，宽度为800mm的矩形样条线，如图2-142所示。

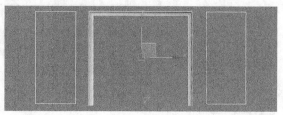

图2-141   图2-142

08 按照步骤"**05**"中的方法加载"扫描"修改器，效果如图2-143所示。

09 使用"平面"工具 ▢平面 创建一个平面作为墙体模型，最终效果如图2-144所示。

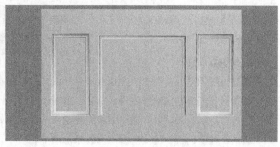

图2-143   图2-144

🖃 经验总结

⊙ 技术总结

本案例是按照图示导向中的分解图绘制出背景墙的样条线和花纹剖面的样条线，然后通过"扫描"修改器将其生成为背景墙模型。

⊙ 经验分享

使用"XZ平面上的镜像"和"XY平面上的镜像"选项，可以让扫描后的模型翻转到理想的方向。设置"X偏移"和"Y偏移"时，可以更改扫描模型的长和宽，这个功能常用于制作吊顶、踢脚线和装饰线条模型。

场景位置	无
实例位置	实例文件 >CH02> 课外练习 20.max
视频名称	课外练习 20.mp4
学习目标	掌握"扫描"修改器的使用方法

课外练习：
制作护墙板模型

🖃 效果展示

本案例用"矩形"工具 ▢矩形 和"扫描"修改器制作带造型的护墙板模型，案例效果如图2-145所示。

🖃 制作提示

护墙板模型需要绘制造型样条和剖面样条并用"扫描"修改器生成，效果如图2-146所示。

第1步： 使用"矩形"工具 ▢矩形 绘制护墙板的造型线条。

第2步： 使用"扫描"修改器制作护墙板造型模型。

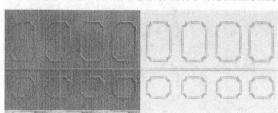

图2-145   图2-146

FFD：制作枕头模型

场景位置	无
实例位置	实例文件 >CH02> 实战 21 FFD：制作枕头模型 .max
视频名称	实战 21 FFD：制作枕头模型 .mp4
学习目标	掌握"FFD"修改器的使用方法

〔一〕工具剖析

⊙ 参数解释

"FFD"修改器包含5种类型，分别为"FFD 2×2×2"修改器、"FFD 3×3×3"修改器、"FFD 4×4×4"修改器、"FFD（长方体）"修改器和"FFD（圆柱体）"修改器。"FFD"修改器的使用方法基本都相同，因此这里选择"FFD（长方体）"修改器来进行讲解，其参数设置面板如图2-147所示。

图2-147

重要参数讲解

点数：显示晶格中当前的控制点数目，例如4×4×4、2×2×2等。

设置点数按钮 设置点数 ：单击该按钮可以打开"设置FFD尺寸"对话框，在该对话框中可以设置晶格中所需控制点的数目，如图2-148所示。

晶格：控制是否使连接控制点的线条形成栅格。

源体积：开启该选项可以将控制点和晶格以未修改的状态显示出来。

仅在体内：只有位于源体积内的顶点会变形。

所有顶点：所有顶点都会变形。

衰减：决定FFD的效果减为0时离晶格的距离。

图2-148

张力/连续性：调整变形样条线的张力和连续性。虽然无法看到"FFD"中的样条线，但晶格和控制点代表着控制样条线的结构。

"全部X"按钮 全部X /**"全部Y"按钮** 全部Y /**"全部Z"按钮** 全部Z ：选中沿着由这些轴指定的局部维度的所有控制点。

"重置"按钮 重置 ：将所有控制点恢复到原始位置。

"与图形一致"按钮 与图形一致 ：在对象中心控制点位置之间沿直线方向来延长线条，可以将每一个FFD控制点移到修改对象的交叉点上。

⊙ 操作演示

工具："FFD"修改器　　**位置**：修改器列表　　**演示视频**：21-FFD修改器

〔一〕实战介绍

⊙ 效果介绍

本案例是用"切角长方体"工具 切角长方体 和"FFD"修改器制作枕头模型，效果如图2-149所示。

⊙ 运用环境

"FFD"修改器可以将图形以晶格的形状改变，适合制作一些软体模型，或对模型进行快速更改，效果如图2-150所示。

图2-149

图2-150

思路分析

⊙ 制作简介

枕头模型是用"切角长方体"工具 切角长方体 制作大致造型，然后用"FFD"修改器制作枕头的各种细节。

⊙ 图示导向

图2-151所示是模型的制作步骤分解图。

图2-151

步骤演示

01 单击"切角长方体"按钮 切角长方体 在顶视图中创建一个模型，切换到"修改"面板，在"参数"卷展栏中设置"长度"为200mm，"宽度"为400mm，"高度"为-40mm，"圆角"为40mm，"长度分段"为4，"宽度分段"为8，"圆角分段"为3，如图2-152所示。

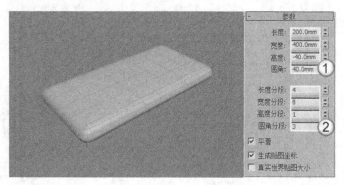

图2-152

02 选中创建的模型，在"修改器列表"中选择"FFD4×4×4"选项，如图2-153所示。

03 在"修改"面板中单击修改器前的加号 ，展开子层级菜单，选择"控制点"层级，如图2-154所示。

04 使用"选择并移动"工具 调整控制点的位置，模型效果如图2-155所示。

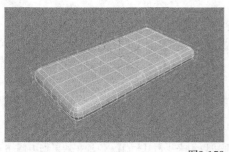

图2-153

图2-154

图2-155

经验总结

⊙ 技术总结

本案例是按照图示导向中的分解图，用"FFD4×4×4"修改器将切角长方体模型进行局部变形，从而制作枕头的模型。

"FFD"修改器种类较多，不同的晶格数量，模型产生的改变效果也不相同，如图2-156所示。灵活使用这些工具，可以提高制作效率。

图2-156

<table>
<tr><td rowspan="4">课外练习：
制作抱枕模型</td><td>场景位置</td><td>无</td></tr>
<tr><td>实例位置</td><td>实例文件 >CH02> 课外练习 21.max</td></tr>
<tr><td>视频名称</td><td>课外练习 21.mp4</td></tr>
<tr><td>学习目标</td><td>掌握"FFD"修改器和镜像工具的使用方法</td></tr>
</table>

☐ 效果展示

本案例用"切角长方体"工具 切角长方体 和"FFD"修改器制作抱枕模型，案例效果如图2-157所示。

☐ 制作提示

抱枕模型可以分为3步制作，如图2-158所示。

第1步：使用"平面"工具 平面 创建抱枕半边模型。

第2步：使用"FFD"修改器调整平面的造型。

第3步：使用"镜像"工具 镜像复制抱枕的另一半即可。

图2-157

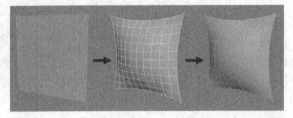

图2-158

<table>
<tr><td rowspan="5">实战 22
网格平滑：
制作碗盘模型</td><td>场景位置</td><td>无</td></tr>
<tr><td>实例位置</td><td>实例文件 >CH02> 实战 22 网络平滑：制作碗盘模型 .max</td></tr>
<tr><td>视频名称</td><td>实战 22 网络平滑：制作碗盘模型 .mp4</td></tr>
<tr><td>学习目标</td><td>掌握"网格平滑"修改器的使用方法</td></tr>
</table>

☐ 工具剖析

⊙ 参数解释

"平滑"修改器、"网格平滑"修改器和"涡轮平滑"修改器都可以用来平滑几何体，但是在效果和可调性上有所差别。"网格平滑"修改器无论是平滑的效果，还是工具的稳定性都较为突出，在实际工作中"网格平滑"修改器是其中最常用的一种。下面就针对"网格平滑"修改器进行讲解，其参数设置面板如图2-159所示。

图2-159

重要参数讲解

　　细分方法： 选择细分的方法，共有"经典""NURMS"和"四边形输出"3种方法。"经典"方法可以生成三面和四面的多面体，如图2-160所示；"NURMS"方法生成的对象与可以为每个控制顶点设置不同权重的NURBS对象相似，这是默认设置，如图2-161所示；"四边形输出"方法仅生成四面多面体，如图2-162所示。

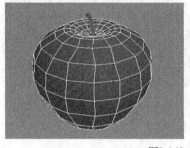 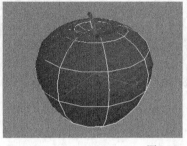 

图2-160　　　　　　　　　　　　　　图2-161　　　　　　　　　　　　　　图2-162

　　应用于整个网格： 启用该选项后，平滑效果将应用于整个对象。

　　迭代次数： 设置网格细分的次数，这是最常用的一个参数，其数值的大小直接决定了平滑的效果，取值范围为0~10。增加该值时，每次新的迭代会通过在迭代之前对顶点、边和曲面创建平滑差补顶点来细分网格，如图2-163所示是"迭代次数"为1、2和3时的平滑效果对比。

迭代次数=1　　　　　　　　　　迭代次数=2　　　　　　　　　　迭代次数=3

图2-163

　　⊙ **操作演示**

| **工具：**"网格平滑"修改器 | **位置：**修改器列表 | **演示视频：**22-网格平滑修改器 |

⊟ 实战介绍

　　⊙ **效果介绍**

　　本案例是用"线"工具 ▢线▢ 、"车削"修改器和"网格平滑"修改器制作碗盘模型，效果如图2-164所示。

　　⊙ **运用环境**

　　"网格平滑"修改器可以将尖锐棱角的模型变得圆滑，是制作模型时经常使用的修改器之一，效果如图2-165所示。

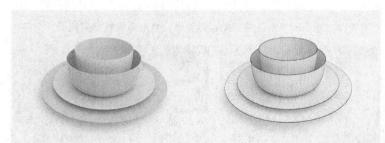 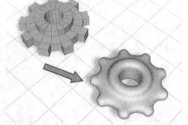

图2-164　　　　　　　　　　　　　　　　　　　　　　　　　　　　图2-165

思路分析

⊙ 制作简介

用"线"工具 线 和"车削"修改器制作碗盘模型的大致形状，然后用"网格平滑"修改器增加模型布线，使模型更加圆滑。

⊙ 图示导向

图2-166所示是模型的制作步骤分解图。

图2-166

步骤演示

01 使用"线"工具 线 在前视图绘制碗盘的剖面，如图2-167所示。

02 选中上一步绘制的剖面，在"修改器列表"中选择"车削"修改器，在"修改"面板中勾选"焊接内核"选项，然后设置"方向"为Y，"对齐"为"最大"，如图2-168所示。

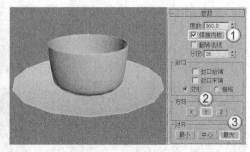

图2-167　　　　　　　　　　　　　图2-168

03 在"修改器列表"中选择"网格平滑"选项，然后设置"细分方法"为NURMS，"迭代次数"为2，如图2-169所示。

04 将制作好的模型复制后进行摆放，最终效果如图2-170所示。

> **提示** "迭代次数"数值一般设置在3以下，数值越大所计算的时间越长，且容易死机，降低制作效率。

图2-169　　　　　　　　　　　　　图2-170

经验总结

⊙ 技术总结

本案例是按照图示导向中的分解图，用"网格平滑"修改器将制作的碗盘模型进行平滑处理。

⊙ 经验分享

模型分段线间的距离不同，平滑后的效果也不相同。分段线间的距离越小，平滑后的转角越锐利；分段线间的距离越大，平滑后的转角越圆润，如图2-171和图2-172所示。

图2-171　　　　　　　　　　　　　图2-172

课外练习：制作苹果模型

场景位置	无
实例位置	实例文件 >CH02> 课外练习 22.max
视频名称	课外练习 22.mp4
学习目标	掌握"网格平滑"修改器的使用方法

⊟ 效果展示

本案例用"线"工具 线 、"车削"修改器和"网格平滑"修改器制作苹果模型，案例效果如图2-173所示。

⊟ 制作提示

苹果模型可以分为3步制作，如图2-174所示。

第1步：使用"线"工具 线 和"车削"修改器创建苹果模型。

第2步：使用"网格平滑"修改器增加苹果模型的圆滑程度。

第3步：使用"线"工具 线 创建苹果把模型。

图2-173

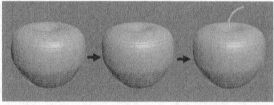

图2-174

实战 23 布尔：制作拱门模型

场景位置	无
实例位置	实例文件 >CH02> 实战 23 布尔：制作拱门模型 .max
视频名称	实战 23 布尔：制作拱门模型 .mp4
学习目标	掌握"布尔"工具的运算方法

⊟ 工具剖析

⊙ 参数解释

"布尔"工具 布尔 的设置面板如图2-175所示。

重要参数讲解

"拾取操作对象B"按钮 拾取操作对象 B ：单击该按钮可以在场景中选择另一个运算对象来完成"布尔"运算。以下4个选项用来控制运算对象B的方式，必须在拾取运算对象B之前确定采用哪种方式。

参考：将原始对象的参考复制品作为运算对象B，若以后改变原始对象，同时也会改变布尔物体中的运算对象B，但是改变运算对象B时，不会改变原始对象。

复制：复制一个原始对象作为运算对象B，而不改变原始对象（当原始对象还要用在其他地方时采用这种方式）。

移动：将原始对象直接作为运算对象B，而原始对象本身不再存在（当原始对象无其他用途时采用这种方式）。

实例：将原始对象的关联复制品作为运算对象B，若以后对两者的任意一个对象进行修改时都会影响另一个。

操作对象：主要用来显示当前运算对象的名称。

图2-175

并集：将两个对象合并，相交的部分将被删除，运算完成后两个物体将合并为一个物体。

交集：将两个对象相交的部分保留下来，删除不相交的部分。

差集A-B： 在A物体中减去与B物体重合的部分。

差集B-A： 在B物体中减去与A物体重合的部分。

切割： 用B物体切除A物体，但不在A物体上添加B物体的任何部分，共有"优化""分割""移除内部"和"移除外部"4个选项可供选择。"优化"是在A物体上沿着B物体与A物体相交的面来增加顶点和边数，以细化A物体的表面；"分割"是在B物体切割A物体部分的边缘，并且增加了一排顶点，利用这种方法可以根据其他物体的外形将一个物体分成两部分；"移除内部"是删除A物体在B物体内部的所有片段面；"移除外部"是删除A物体在B物体外部的所有片段面。

⊙ **操作演示**

工具： 布尔 　　**位置：** 创建>复合对象　　**演示视频：** 23-布尔运算

⊟ 实战介绍

⊙ **效果介绍**

本案例是用"长方体"工具 长方体 、"线"工具 线 和"布尔"工具 布尔 制作拱门模型，效果如图2-176所示。

⊙ **运用环境**

"布尔"工具是通过对两个以上的对象进行并集、差集、交集运算，从而得到新的物体形态，常用于制作不规则形状的镂空和切除等效果，如图2-177所示。

图2-176　　　　　　　　　　　　　　　　图2-177

⊟ 思路分析

⊙ **制作简介**

拱门模型是在长方体模型的基础上用"布尔"工具 布尔 将样条线绘制的拱形模型进行切除，从而制作出掏空的拱门效果。

⊙ **图示导向**

图2-178所示是模型的制作步骤分解图。

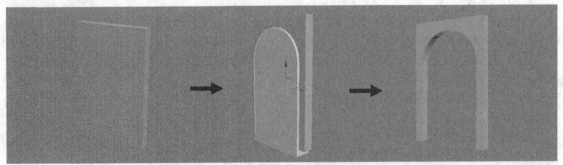

图2-178

步骤演示

01 使用"长方体"工具 `长方体` 在场景中创建一个长方体模型，切换到"修改"面板，在"参数"卷展栏中设置"长度"为3000mm，"宽度"为2000mm，"高度"为240mm，如图2-179所示。

02 使用"线"工具 `线` 在场景中绘制一个拱形样条线，如图2-180所示。

03 选中上一步创建的样条线，然后为其加载"挤出"修改器，设置"数量"为400mm，如图2-181所示。

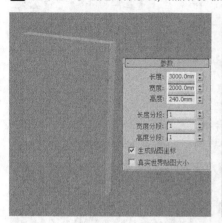
图2-179

图2-180

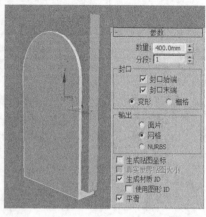
图2-181

04 选中长方体模型，在"创建"面板中设置"几何体"类型为"复合对象"，再单击"布尔"按钮 `布尔`，在"拾取布尔"卷展栏下设置"运算"为"差集A-B"，然后单击"拾取操作对象B"按钮 `拾取操作对象B`，接着拾取挤出的样条线模型，如图2-182所示。布尔运算后的效果如图2-183所示。

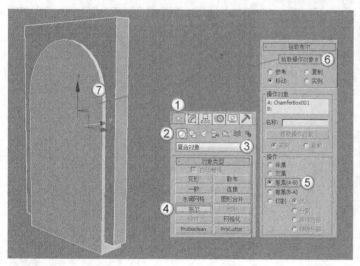
图2-182

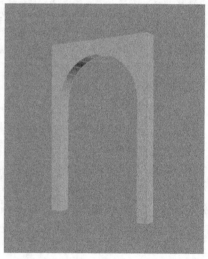
图2-183

经验总结

⊙ **技术总结**

本案例是按照图示导向中的分解图，用"布尔"工具 `布尔` 将长方体模型进行切除，从而形成拱门模型。

⊙ **经验分享**

"布尔"工具 `布尔` 在制作切除和镂空效果时非常方便，特别适合初学者使用。读者在使用该工具时，一定要分清物体A与物体B，否则不能达到预想的剪切效果。使用"布尔"工具 `布尔` 后，生成的模型布线会变得复杂且不利于调整，因此该工具一般放在建模的最后使用。

课外练习：
制作香皂盒模型

场景位置	无
实例位置	实例文件 >CH02> 课外练习 23.max
视频名称	课外练习 23.mp4
学习目标	掌握"布尔"工具的运算方法

效果展示

本案例用"切角长方体"工具 切角长方体 、"球体"工具 球体 和"布尔"工具 布尔 制作香皂盒模型，案例效果如图2-184所示。

制作提示

香皂盒模型可以分为3步制作，如图2-185所示。

第1步： 使用"切角长方体"工具 切角长方体 创建无凹槽的香皂盒模型。

第2步： 使用"球体"工具 球体 在无凹槽的香皂盒上创建凹槽模型。

第3步： 使用"布尔"工具 布尔 将上两步创建的两种模型进行差集运算后得到一个完整的香皂盒模型。

图2-184

图2-185

实战 24
VRay毛皮：
制作地毯模型

场景位置	场景文件 >CH02>01.max
实例位置	实例文件 >CH02> 实战 24 VRay 毛皮：制作地毯模型 .max
视频名称	实战 24 VRay 毛皮：制作地毯模型 .mp4
学习目标	掌握"VR- 毛皮"工具制作毛发类模型

工具剖析

⊙ 参数解释

"VR-毛皮"工具 VR-毛皮 的参数面板如图2-186所示。

重要参数讲解

源对象： 指定需要添加毛发的物体。

长度： 设置毛发的长度。

厚度： 设置毛发的厚度。

重力： 控制毛发在z轴方向被下拉的力度，也就是通常所说的"重量"。

弯曲： 设置毛发的弯曲程度。

锥度： 用来控制毛发锥化的程度。

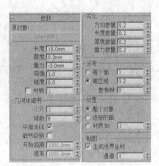

图2-186

边数： 当前这个参数还不可用，在以后的版本中将开发多边形的毛发。

结数： 用来控制毛发弯曲时的光滑程度。值越大，表示段数越多，弯曲的毛发越光滑。

方向参量： 控制毛发在方向上的随机变化。值越大，表示变化越强烈；0表示不变化。

长度参量： 控制毛发长度的随机变化。1表示变化强烈；0表示不变化。

厚度参量： 控制毛发粗细的随机变化。1表示变化强烈；0表示不变化。

重力参量： 控制毛发受重力影响的随机变化。1表示变化强烈；0表示不变化。

每个面： 用来控制每个面产生的毛发数量，因为物体的每个面不都是均匀的，所以渲染出来的毛发也不均匀。

每区域： 用来控制每单位面积中的毛发数量，这种方式下渲染出来的毛发比较均匀。

整个对象： 启用该选项后，全部的面都将产生毛发。

中文版 3ds Max 2016/VRay 效果图制作实战基础教程

选定的面： 启用该选项后，只有被选择的面才能产生毛发。

⊙ 操作演示

工具： VR-毛皮　　**位置：** 几何体>VRay　　**演示视频：** 24-VRay毛皮

☐ 实战介绍

⊙ 效果介绍

本案例是用"VR-毛皮"工具 VR-毛皮 制作地毯模型，效果如图2-187所示。

⊙ 运用环境

"VR-毛皮"工具 VR-毛皮 是制作毛发类模型的工具，常用于制作地毯、毛巾和植物等模型，效果如图2-188所示。

图2-187　　　　　　　　　　　　　　图2-188

☐ 思路分析

⊙ 制作简介

地毯模型是在原有模型的基础上，使用"VR-毛皮"工具 VR-毛皮 添加毛发效果，从而创建地毯的绒毛。

⊙ 图示导向

图2-189所示是模型的制作步骤分解图。

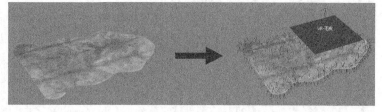

图2-189

☐ 步骤演示

01 打开本书学习资源中的文件"场景文件>CH02>01.max"，如图2-190所示。

02 选中地毯模型，在"几何体"中选择VRay选项，然后单击"VR-毛皮"按钮 VR-毛皮 ，此时地毯模型上出现毛发模型，如图2-191所示。

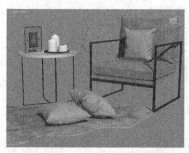

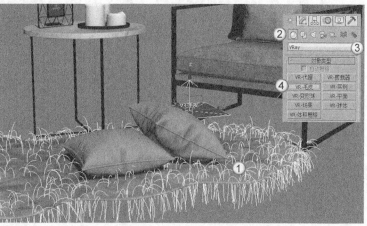

图2-190　　　　　　　　　　　　　　图2-191

03 选中毛发模型，切换到"修改"面板，在"参数"卷展栏中设置"长度"为1cm，"厚度"为0.02cm，"重力"为-0.3cm，"弯曲"为0.7，"每区域"为0.2，如图2-192所示。

04 按F9键渲染当前场景观察效果，如图2-193所示。此时生成的毛发为默认模型的颜色。

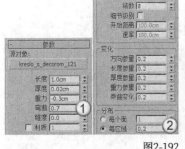

图2-192

图2-193

05 选中毛发模型，然后按M键打开"材质编辑器"面板，选中毛发的材质球，再单击"将材质指定给选定对象"按钮，如图2-194所示。

06 按F9键渲染当前场景，效果如图2-195所示。

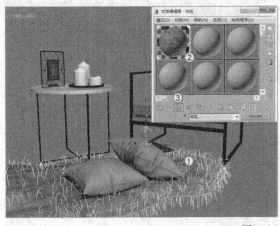

图2-194

图2-195

> **提示** 材质的相关知识，请参阅"第6章 材质和贴图技术"。

经验总结

⊙ 技术总结

本案例是按照图示导向中的分解图为选中的地毯模型添加毛发效果，并调节毛发的参数。

⊙ 经验分享

用"VR-毛皮"工具 VR-毛皮 制作毛发效果的参数相对简单，操作性较强，但不够直观，需要通过渲染才能观察最终效果。

场景位置	无
实例位置	实例文件 >CH02> 课外练习 24.max
视频名称	课外练习 24.mp4
学习目标	掌握"VR- 毛皮"工具制作地毯模型

课外练习：
制作短毛地毯模型

☐ 效果展示

本案例用"VR-毛皮"工具 VR-毛皮 ，案例效果如图2-196所示。

☐ 制作提示

短毛地毯模型可以分为两步制作，最后通过"材质编辑器"工具将短毛模型指定给地毯模型并渲染即可，如图2-197所示。

第1步： 使用"平面"工具 平面 制作无毛地毯模型。

第2步： 使用"VR-毛皮"工具 VR-毛皮 生成短毛模型。

图2-196

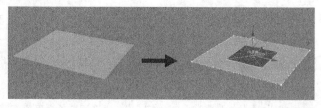

图2-197

场景位置	场景文件 >CH02>02.max
实例位置	实例文件 >CH02> 实战 25 Cloth：制作桌布模型 .max
视频名称	实战 25 Cloth：制作桌布模型 .mp4
学习目标	掌握"Cloth"修改器制作布料模型

实战 25
Cloth：制作
桌布模型

☐ 工具剖析

⊙ 参数解释

"Cloth"修改器的参数面板如图2-198所示。

重要参数讲解

对象属性 对象属性 ：单击该按钮会打开"对象属性"对话框，如图2-199所示。在这个对话框中可以设置布料的属性和布料碰撞对象的属性。

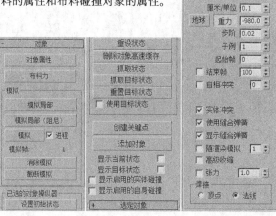

图2-198

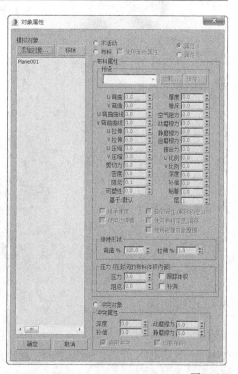

图2-199

布料力 布料力 ：单击该按钮会打开"力"对话框，如图2-200所示。在这个对话框中可以设置布料所受到的力。

模拟局部 模拟局部 ：单击该按钮开始模拟布料效果。

模拟 模拟 ：单击该按钮开始布料动画模拟。

消除模拟 消除模拟 ：单击该按钮，布料会消除模拟后的效果，恢复为初始状态。

设置初始状态 设置初始状态 ：单击该按钮后，将调整过的布料模型设置为布料的初始状态。

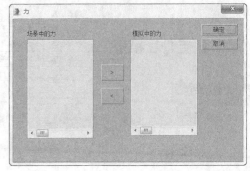

图2-200

⊙ **操作演示**

工具："Cloth"修改器　　位置：修改器列表　　演示视频：25-Cloth修改器

◎ 实战介绍

⊙ **效果介绍**

本案例是用"Cloth"修改器制作桌布模型，效果如图2-201所示。

⊙ **运用环境**

"Cloth"修改器常用来制作桌布、床单和毯子等布料类模型，效果如图2-202所示。

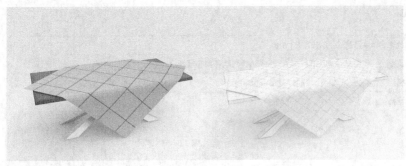

图2-201　　　　　　　　　　　　图2-202

◎ 思路分析

⊙ **制作简介**

本案例需要用"Cloth"修改器模拟出桌布模型与桌子模型之间的碰撞效果。

⊙ **图示导向**

图2-203所示是模型的制作步骤分解图。

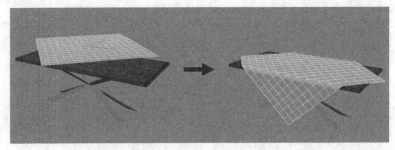

图2-203

◎ 步骤演示

01 打开本书学习资源中的文件"场景文件>CH02>02.max"，如图2-204所示。

02 使用"平面"工具 平面 在桌子模型上方创建一个平面模型，设置"长度"和"宽度"都为1500mm，"长度分段"和"宽度分段"都为15，如图2-205所示。

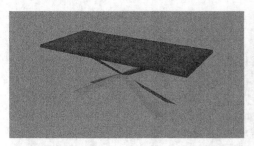
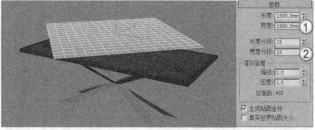

图2-204   图2-205

03 选中上一步创建的平面模型，为其加载"Cloth"修改器，然后单击"对象属性"按钮 [对象属性] 打开"对象属性"对话框，具体参数如图2-206所示。

04 在"对象属性"对话框中单击"添加对象"按钮 [添加对象...]，在打开的列表框中选中桌子对象，如图2-207和图2-208所示。

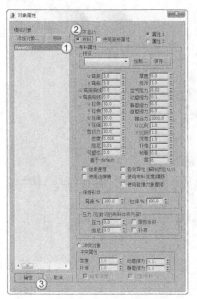
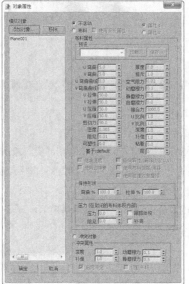
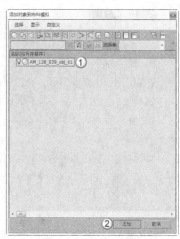

图2-206   图2-207   图2-208

05 在"对象属性"面板中将添加的对象设置为"冲突对象"，然后单击"确定"按钮 [确定]，如图2-209所示。

06 在"Cloth"修改器面板单击"模拟"，系统会打开模拟的进度窗口，如图2-210所示。模拟完成后布料效果如图2-211所示。

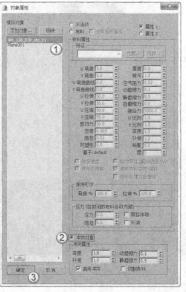
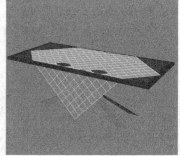

图2-209   图2-211

图2-210

07 将模拟后的布料适当放大，然后在"修改器列表"中选择"壳"选项，设置"外部量"为1mm，如图2-212所示。

08 调整桌布模型的位置，最终效果如图2-213所示。

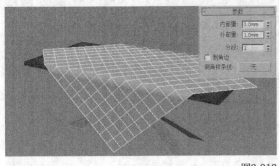
图2-212

图2-213

> **提示** 加载"壳"修改器是为布料模型增加厚度，这样模型会看起来更加真实。

经验总结

⊙ 技术总结

本案例是为平面模型添加"Cloth"修改器，从而与桌子模型产生碰撞生成桌布模型。

⊙ 经验分享

在使用Cloth修改器时，会遇到以下两种情况。

第1种：布料穿过桌子。遇到这种情况需要重新设置布料和冲突对象的属性。

第2种：模拟后，布料与桌子有部分重合。遇到这种情况需要将模拟后的布料转换为可编辑多边形，并进行移动和缩放。

除了使用Cloth修改器制作布料模型外，还可以使用"mCloth"修改器进行制作。"mCloth"修改器是动力学中的工具，可以更为简单地制作布料模型。

<table>
<tr><td rowspan="4">**课外练习：**
制作毯子模型</td><td>场景位置</td><td>场景文件 >CH02>03.max</td></tr>
<tr><td>实例位置</td><td>实例文件 >CH02> 课外练习 25.max</td></tr>
<tr><td>视频名称</td><td>课外练习 25.mp4</td></tr>
<tr><td>学习目标</td><td>掌握"Cloth"修改器的使用方法</td></tr>
</table>

效果展示

本案例用"平面"工具 平面 和"Cloth"修改器制作毯子，案例效果如图2-214所示。

制作提示

毯子模型可以分为两步制作，如图2-215所示。

第1步：使用"平面"工具 平面 创建平面，作为毯子的雏形。

第2步：使用"Cloth"修改器模拟出毯子模型。

图2-214

图2-215

中文版 3ds Max 2016/VRay 效果图制作实战基础教程

场景位置	无
实例位置	实例文件 >CH02> 实战 26 多边形建模：制作落地灯模型 .max
视频名称	实战 26 多边形建模：制作落地灯模型 .mp4
学习目标	掌握多边形建模的方法

多边形建模：制作落地灯模型

⊟ 工具剖析

⊙ 参数解释

多边形建模是主流建模技术之一，通过对模型的点、线和面等子对象进行编辑，从而创建出各式各样的效果。多边形不是创建的，而是在原有模型的基础上转换而成，以下方法是常用的多边形建模转换方法。

第1种： 在选中的对象上单击鼠标右键，然后在弹出的菜单中执行"转换为-转换为可编辑多边形"命令，如图2-216所示。

第2种： 在"修改器列表"中选择"编辑多边形"选项，如图2-217所示。

图2-216

图2-217

> **提示** 用第1种方法转换的多边形会丢失之前模型的所有参数，是使用频率较高的一种方法。用第2种方法转换的多边形会保留之前模型的所有参数。

将模型转换为可编辑多边形后，就可以对其进行"顶点""边"和"多边形"等子层级分别进行编辑，如图2-218所示。

重要参数讲解

顶点 ：用于访问"顶点"子层级。

边 ：用于访问"边"子层级。

边界 ：用于访问"边界"子层级，可从中选择构成网格中孔洞边框的一系列边。边界总是由仅在一侧带有面的边组成，并总是完整循环。

多边形 ：用于访问"多边形"子层级。

元素 ：用于访问"元素"子层级，可从中选择对象中的所有连续多边形。

图2-218

按顶点： 除了"顶点"级别外，该选项可以在其他4种级别中使用。启用该选项后，只有选择所用的顶点才能选择子对象。

忽略背面： 启用该选项后，只能选中法线指向当前视图的子对象。例如启用该选项以后，在前视图中框选如图2-219所示的顶点，但只能选择正面的顶点，而背面不会被选择到，如图2-220所示是在左视图中的观察效果；如果关闭该选项，在前视图中同样框选相同区域的顶点，则背面的顶点也会被选择，如图2-221所示是在顶视图中的观察效果。

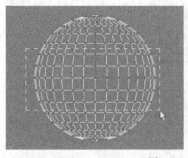
图2-219

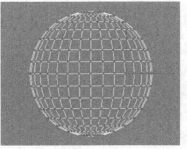
图2-220

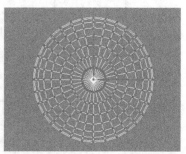
图2-221

收缩 ：单击一次该按钮，可以在当前选择范围中向内减少一圈对象。

扩大 ：与"收缩"按钮 相反，单击一次该按钮，可以在当前选择范围中向外增加一圈对象。

环形 环形 :该工具只能在"边"和"边界"级别中使用。在选中一部分子对象后，单击该按钮可以自动选择平行于当前对象的其他对象。例如选择一条如图2-222所示的边，然后单击"环形"按钮 环形 ，可以选择整个纬度上平行于选定边的边，如图2-223所示。

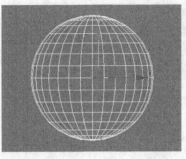 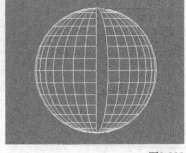

图2-222 图2-223

循环 循环 :该工具同样只能在"边"和"边界"级别中使用。在选中一部分子对象后，单击该按钮可以自动选择与当前对象在同一曲线上的其他对象。比如选择如图2-224所示的边，然后单击"循环"按钮 循环 ，可以选择整个经度上的边，如图2-225所示。

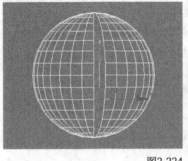

图2-224 图2-225

⊙ **操作演示**

工具：编辑多边形 　　**位置：**修改面板 　　**演示视频：**26-编辑多边形

⊟ 实战介绍

⊙ **效果介绍**

本案例是用多边形建模制作落地灯模型，效果如图2-226所示。

⊙ **运用环境**

多边形建模可以制作出绝大多数模型的效果，其操作灵活方便、稳定性强，是常用的建模方式之一。在效果图建模中是最常用的，无论是场景结构建模，还是家具建模，都可以使用这种建模方式，效果如图2-227所示。

图2-226 图2-227

⊟ 思路分析

⊙ **制作简介**

落地灯模型是由灯架模型和灯罩模型两部分组成。用多边形建模分别制作出这两部分模型，然后进行拼合。

⊙ **图示导向**

图2-228所示是模型的制作步骤分解图。

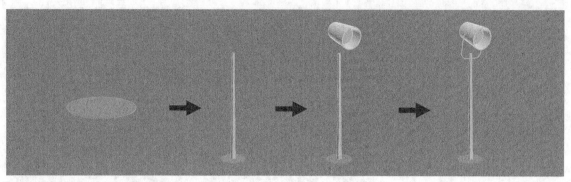

图2-228

🔲 步骤演示

01 使用"圆柱体"工具 圆柱体 在场景中创建一个圆柱体模型作为灯座，在"修改"面板，在"参数"卷展栏中设置"半径"为180mm，"高度"为5mm，"高度分段"为1，"边数"为64，如图2-229所示。

02 选中创建的圆柱体模型，单击鼠标右键，在弹出的菜单中执行"转换为>转换为可编辑多边形"命令，如图2-230所示。

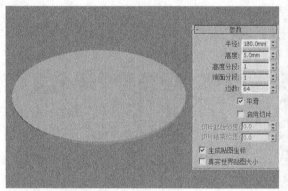

图2-229

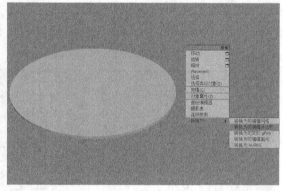

图2-230

> **提示** 转换后的圆柱体模型的"修改"面板会显示为"可编辑多边形"。

03 单击"边"按钮 进入"边"层级，然后选中图2-231所示的边，在"编辑边"卷展栏中单击"切角"按钮 切角 后的"设置"按钮 ，设置"边切角量"为1mm，如图2-232所示。

图2-231

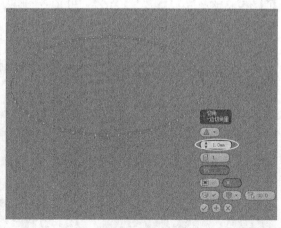

图2-232

> **提示** 切角是为了让模型边缘变得圆滑，更接近真实效果。

04 使用"长方体"工具 长方体 在灯座模型上创建一个长方体模型，然后设置"长度"和"宽度"都为50mm，"高度"为1500mm，如图2-233所示。

05 将上一步创建的长方体模型转换为可编辑多边形，然后单击"顶点"按钮 进入"顶点"层级，接着使用"选择并均匀缩放"工具 缩放顶端的顶点，如图2-234所示。

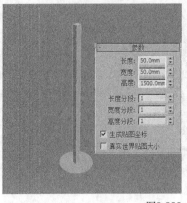
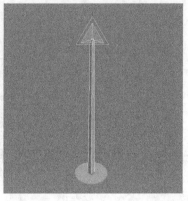

图2-233　　　　　　　　　　　　　　　图2-234

提示　缩放模型没有固定的尺寸，读者请按照图片中的比例进行操作。

06 进入"边"层级，选中长方体模型所有的边，单击"切角"按钮 切角 后的"设置"按钮 ，设置"边切角量"为1mm，如图2-235所示。

07 使用"圆柱体"工具 圆柱体 在场景中创建一个圆柱体模型作为灯罩，切换到"修改"面板，在"参数"卷展栏中设置"半径"为150mm，"高度"为400mm，"高度分段"为1，"边数"为64，如图2-236所示。

08 选中上一步创建的圆柱体模型，然后转换为可编辑多边形模型，再单击"多边形"按钮 进入"多边形"层级，选中图2-237所示的多边形模型。

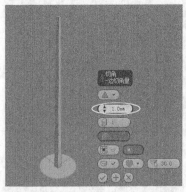
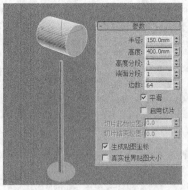

图2-235　　　　　　　　　　图2-236　　　　　　　　　　图2-237

09 使用"选择并均匀缩放"工具 将选中的多边形模型缩小，如图2-238所示。

10 选中图2-239所示的多边形，然后单击"插入"按钮 插入 后的"设置"按钮 ，设置"数量"为10mm，如图2-240所示。

图2-238　　　　　　　　　　图2-239　　　　　　　　　　图2-240

中文版 3ds Max 2016/VRay 效果图制作实战基础教程

11 保持选中的多边形模型不变，然后单击"挤出"按钮 [挤出] 后的"设置"按钮 [⚙]，设置"高度"为-150mm，如图2-241所示。

12 保持选中的多边形模型不变，使用"选择并均匀缩放"工具 [⚙] 适当缩小，如图 2-242 所示。

> **提示** "高度"为正值时，模型向外挤出；"高度"为负值时，模型向内挤出。

图2-241

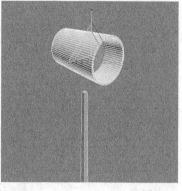
图2-242

13 进入"边"层级，选中图2-243所示的边，再单击"切角"按钮 [切角] 后的"设置"按钮 [⚙]，设置"边切角量"为2.5mm，如图2-244所示。

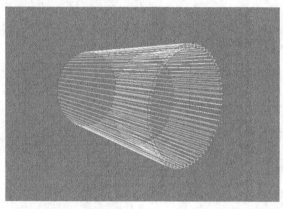
图2-243

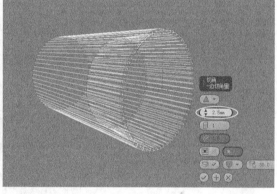
图2-244

> **提示** 未选中的线段如果也被切角，就会让模型的布线更加复杂，却不会增加模型的细节。

14 使用"线"工具 [线] 进行绘制，如图2-245所示。在"渲染"卷展栏中勾选"在渲染中启用"和"在视口中启用"选项，并设置"厚度"为8mm，如图2-246所示。

15 调整灯罩模型的角度，落地灯模型最终效果如图2-247所示。

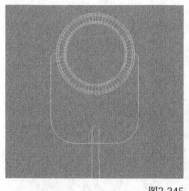
图2-245

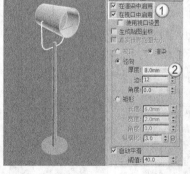
图2-246

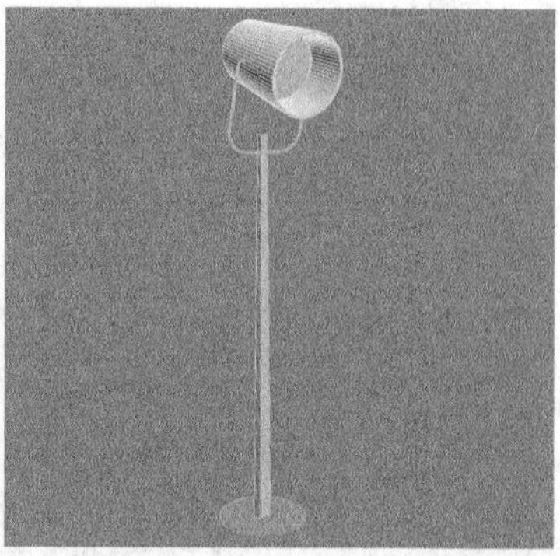

图2-247

⊟ 经验总结

⊙ 技术总结

本案例是按照图示导向中的分解图，用多边形建模分别制作出落地灯的每一部分，然后进行拼合。

⊙ 经验分享

在制作模型时，需要对边缘进行一定量的切角，这样模型细节会更加逼真。由于"切角"后模型的布线不方便修改，这个步骤一般都是放在建模的最后进行。图2-248所示的位置在切角时，选中或不选中会有不同的布线效果，需要读者灵活选择，如图2-249所示。

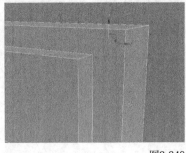

图2-248

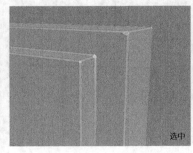

选中

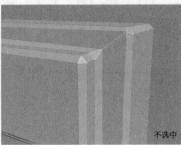

不选中

图2-249

课外练习：制作鞋柜模型

场景位置	无
实例位置	实例文件 >CH02> 课外练习 26.max
视频名称	课外练习 26.mp4
学习目标	掌握多边形建模的方法

⊟ 效果展示

本案例用"长方体"工具 长方体 配合多边形建模制作鞋柜模型，案例效果如图2-250所示。

图2-250

⊟ 制作提示

鞋柜模型可以分为3部分进行制作，如图2-251所示。

第1步： 使用"长方体"工具 长方体 创建鞋柜的柜体模型。

第2步： 使用"长方体"工具 长方体 、"线"工具 线 和"扫描"修改器制作柜门模型。

第3步： 使用"线"工具 线 和"车削"修改器制作支架模型。

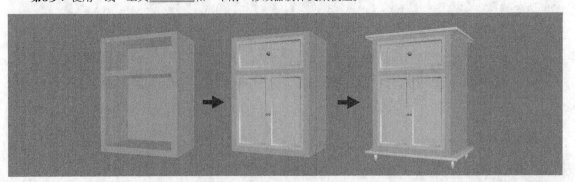

图2-251

中文版 3ds Max 2016/VRay 效果图制作实战基础教程

第 3 章
效果图的场景建模

本章将以一套 AutoCAD 图纸为例，为读者介绍效果图场景建模的流程与方法。通过本章的学习，读者可以掌握效果图场景建模的重要技能以及相关注意事项。

本章技术重点

» 掌握墙体框架建模

» 掌握室内装饰线条建模

» 熟悉家具模型的摆放方法

实战 27	场景位置	场景文件 >CH03>01.dwg
墙体建模	实例位置	实例文件 >CH03> 实战 27 墙体建模 .max
	视频名称	实战 27 墙体建模 .mp4
	学习目标	根据 AutoCAD 图纸建立墙体模型

实战介绍

⊙ 效果介绍

本案例是在导入的AutoCAD图纸基础上，使用"线"工具 ▭线 和"挤出"修改器制作墙体模型，效果如图3-1所示。

⊙ 运用环境

墙体建模是空间建模中必不可少的元素，无论是鸟瞰类场景还是人视类场景，都需要制作墙体模型，效果如图3-2所示。

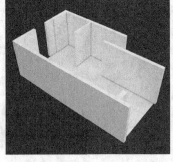

图3-1　　　　　　　　　　　　　　　图3-2

思路分析

⊙ 制作简介

在导入AutoCAD图纸后，使用"线"工具 ▭线 沿着墙体轮廓绘制样条线，并使用"挤出"修改器制作墙体高度。根据房间的轮廓再制作地板的模型。

⊙ 图示导向

图3-3所示是模型的制作步骤分解图。

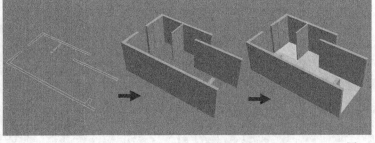

图3-3

步骤演示

01 在顶视图中导入本书学习资源中的文件"场景文件>CH03>01.dwg"，如图3-4所示。

02 将导入的AutoCAD图纸冻结，使用"线"工具 ▭线 并打开"捕捉开关"工具▨沿着墙体轮廓绘制样条线，如图3-5所示。

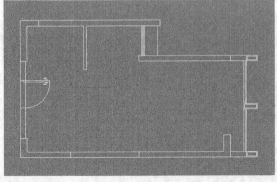

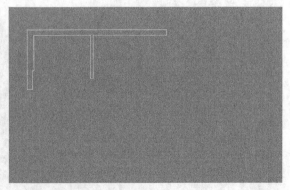

图3-4　　　　　　　　　　　　　　　图3-5

中文版 3ds Max 2016/VRay 效果图制作实战基础教程

提示 冻结后若"捕捉开关"工具 ![]无法捕捉AutoCAD图纸的顶点，需要在"捕捉开关"按钮 ![] 上单击鼠标右键，然后在弹出的"栅格和捕捉设置"面板中切换到"选项"选项卡，并勾选"捕捉到冻结对象"选项，如图3-6所示。

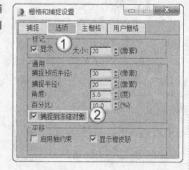

图3-6

03 选中上一步创建的样条线，切换到"修改"面板再单击"修改器列表"，在下拉菜单中选择"挤出"选项，然后在"参数"卷展栏下设置"数量"为2800mm，如图3-7所示。

04 按照上面的方法创建其他墙体模型，需要注意门洞模型和窗洞模型的位置暂时不要创建墙体模型，如图3-8所示。

图3-7

图3-8

05 根据房间的结构，使用"线"工具 ![线] 绘制地板轮廓样条线，如图3-9所示。

06 选中上一步绘制的地板轮廓样条线，然后单击，在弹出的菜单中执行"转换为>转换为可编辑多边形"命令，此时样条线转换为一个多边形平面，如图3-10所示。

07 按照同样的方法，制作出剩余的地板模型，案例最终效果如图3-11所示。

图3-9

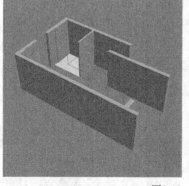

图3-10

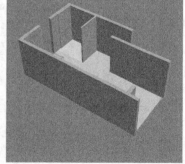

图3-11

经验总结

⊙ 技术总结

本案例是按照图示导向中的分解图，用"线"工具 ![线] 绘制墙体的轮廓样条线和地板的轮廓样条线，再用"挤出"修改器制作出墙体模型的高度，并将地板轮廓样条线转换为可编辑多边形平面模型。

第 3 章 效果图的场景建模

79

⊙ 经验分享

室内空间的墙体高度范围一般在2600mm~3000mm。若AutoCAD图纸中包含立面图纸，则需要按照立面图纸标注的高度创建墙体高度。

AutoCAD图纸若包含地板布置图，在绘制地板轮廓样条线时，就可以按照地板布置图进行绘制，将相同材质的地板一次性绘制，方便后续赋予贴图。

课外练习：制作墙体与地面模型	场景位置	场景文件 >CH03>02.dwg
	实例位置	实例文件 >CH03> 课外练习 27.max
	视频名称	课外练习 27.mp4
	学习目标	掌握空间墙体模型和地面模型的制作方法

一 效果展示

本案例是制作住宅模型的墙体与地面，案例效果如图3-12所示。

一 制作提示

住宅模型的墙体与地面可以分为两部分进行制作，如图3-13所示。

第1步：在顶视图中导入场景文件夹中的AutoCAD图纸。

第2步：使用"矩形"工具 矩形 和"线"工具 线 沿着墙体轮廓绘制样条线，并为其加载"挤出"修改器制作墙体高度。绘制地面轮廓样条线，并转换为可编辑多边形平面，通过选中多边形平面并在"参数"卷展栏下设置相关参数数值来创建地面模型。

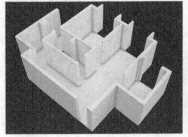
图3-12

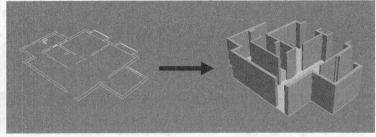
图3-13

实战 28 门洞和窗洞建模	场景位置	场景文件 >CH03>03-01.dwg、03-02.dwg
	实例位置	实例文件 >CH03> 实战 28 门洞和窗洞建模 .max
	视频名称	实战 28 门洞和窗洞建模 .mp4
	学习目标	根据 AutoCAD 图纸建立门洞和窗洞模型

一 实战介绍

⊙ 效果介绍

本案例是在之前案例的基础上制作门洞和窗洞模型，效果如图3-14所示。

⊙ 运用环境

门洞和窗洞模型是为后续导入的门窗模型做准备，个别复杂样式的门窗模型会按照图纸进行建模制作，效果如图3-15所示。

图3-14

图3-15

思路分析

⊙ 制作简介

门洞和窗洞模型是按照AutoCAD图纸的轮廓确定其宽度和大致样式，再根据立面图作为参考创建具体模型。

⊙ 图示导向

图3-16所示是模型的制作步骤分解图。

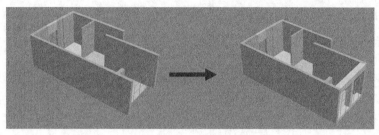

图3-16

步骤演示

01 在"实战27 墙体建模"案例的基础上继续进行制作。在左视图中导入本书学习资源中的文件"场景文件>CH03>03-01.dwg"，如图3-17所示。

02 使用"矩形"工具 <u>矩形</u> 绘制门洞顶部的过梁，如图3-18所示。

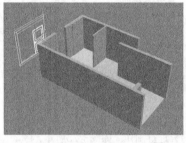

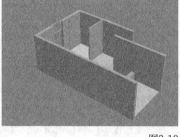

图3-17　　　　　　　　　　　　　　　　　　图3-18

03 为上一步绘制的矩形样条线加载"挤出"修改器，然后设置"数量"为200mm，如图3-19所示。

04 在左视图中导入本书学习资源中的"场景文件>CH03>03-02.dwg"文件，如图3-20所示。

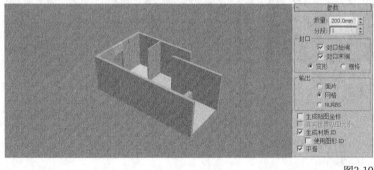

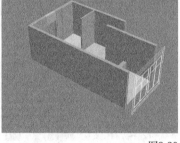

图3-19　　　　　　　　　　　　　　　　　　图3-20

05 将其冻结后，使用"线"工具 <u>线</u> 沿着图纸绘制窗户周边的墙体，如图3-21所示。

06 为上一步绘制的样条线加载"挤出"修改器，然后设置"数量"为400mm，效果如图3-22所示。

07 观察模型，窗户的墙体与两侧的墙体间有缝隙，需要将其补平，案例最终效果如图3-23所示。

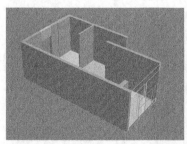

图3-21　　　　　　　　　　图3-22　　　　　　　　　　图3-23

⊙ 技术总结

门洞和窗洞需要根据AutoCAD立面图纸，使用"线"工具 ▁▁线▁▁ 或"矩形"工具 ▁矩形▁ 进行绘制，再用"挤出"修改器制作厚度。

⊙ 经验分享

本案例是根据立面图制作门洞和窗洞的模型。若图纸中没有立面图时，需要根据平面图绘制门洞和窗洞的范围，留出门洞和窗洞的大小。

一般来说，门洞的高度为2050mm左右，窗洞的高度范围为900mm~2100mm，根据不同的类型确定其高度。

课外练习：制作门洞和窗洞模型		
场景位置	场景文件 >CH03>04	
实例位置	实例文件 >CH03> 课外练习 28.max	
视频名称	课外练习 28.mp4	
学习目标	根据 AutoCAD 图纸建立门洞和窗洞模型	

□ 效果展示

本案例用AutoCAD立面图纸制作门洞和窗洞模型，案例效果如图3-24所示。

□ 制作提示

住宅模型的门洞和窗洞可分为两部分进行制作，如图3-25所示。

第1步： 使用"线"工具 ▁▁线▁▁ 和"矩形"工具 ▁矩形▁ 按照导入的4个立面图绘制门洞和窗洞的轮廓。

第2步： 为绘制的轮廓添加"挤出"修改器挤出门窗及周边墙体的厚度。

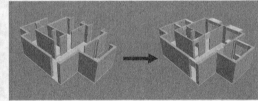

图3-24

图3-25

实战 29 吊顶建模		
场景位置	场景文件 >CH03>05	
实例位置	实例文件 >CH03> 实战 29 吊顶建模 .max	
视频名称	实战 29 吊顶建模 .mp4	
学习目标	根据 AutoCAD 图纸建立吊顶模型	

□ 实战介绍

⊙ 效果介绍

本案例是在之前案例的基础上制作吊顶模型，效果如图3-26所示。

⊙ 运用环境

吊顶模型会确定不同房间的高度，以及一些造型线条的走势。制作会相对复杂，是场景建模中的一个难点，效果如图3-27所示。

图3-26

图3-27

思路分析

⊙ 制作简介

吊顶模型是根据AutoCAD平面图纸确定吊顶模型的范围，再根据AutoCAD立面图纸确定吊顶的剖面，最后用"扫描"修改器制作吊顶的造型。制作相对复杂，需要对建模方式灵活应用。

⊙ 图示导向

图3-28所示是模型的制作步骤分解图。

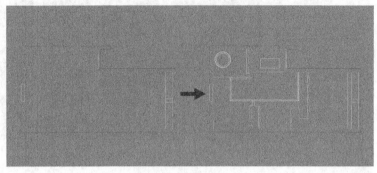

图3-28

步骤演示

01 在"实战28 门洞和窗洞建模"案例的基础上继续进行制作。在顶视图中导入学习资源中的"场景文件>CH03>05-01.dwg"文件，如图3-29所示。这是吊顶轮廓的平面布置图。

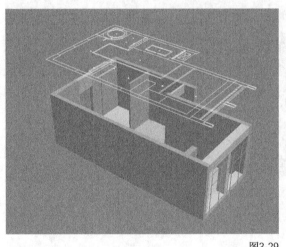

图3-29

> **提示** 在吊顶的原有AutoCAD图纸中保留了吊顶的高度数值，如图3-30所示。导入3ds Max 2016后数值信息没有显示。

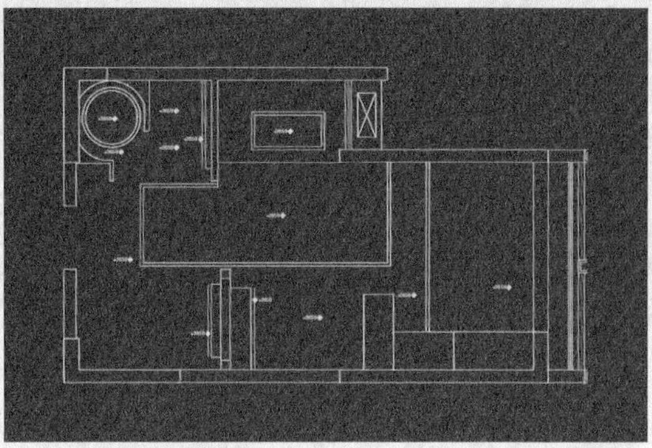

图3-30

02 使用"线"工具 ▬▬线▬▬ 沿着吊顶轮廓的平面图纸绘制吊顶样条线的平面范围，如图3-31所示。

03 选中上一步绘制的吊顶样条线，然后为其加载"挤出"修改器，并设置"数量"为200mm，如图3-32所示。

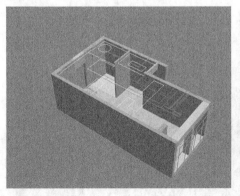

图3-31

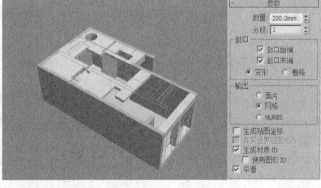

图3-32

> **提示** 在吊顶AutoCAD图纸中，顶部最高处为2850mm，最低处为2650mm，从而可以得到吊顶的厚度为200mm。

04 在前视图导入学习资源中的文件"场景文件>CH03>05-02.dwg"，如图3-33所示。这是吊顶的剖面图，可以观察到在窗户前还有一处横梁。

05 使用"矩形"工具 矩形 绘制横梁的轮廓，然后为其加载"挤出"修改器，并设置"数量"为2700mm，效果如图3-34所示。

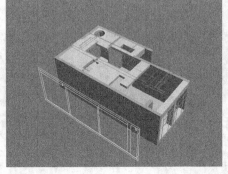
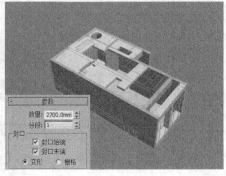

图3-33   图3-34

06 观察立面图，可以看到吊顶的边缘有灯槽。使用"线"工具 线 绘制灯槽的剖面，如图3-35所示。

07 使用"线"工具 线 在顶视图中绘制灯槽的路径，然后为其加载"扫描"修改器，并拾取上一步绘制的剖面样条线，效果如图3-36所示。

08 使用"线"工具 线 沿着墙体外围绘制样条线，然后转换为可编辑多边形作为屋顶，吊顶模型的最终效果如图3-37所示。

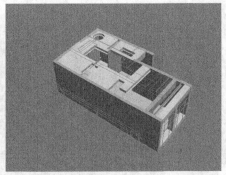
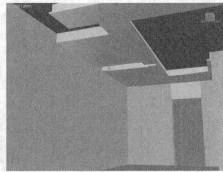

图3-35   图3-36   图3-37

提示　创建灯槽模型时，需要调整吊顶的边缘与灯槽接缝的墙体位置。若将灯槽的剖面设置为矩形，所生成的灯槽模型与吊顶模型会更加容易拼合。

⊟ 经验总结

⊙ 技术总结

本案例是按照图示导向中的分解图绘制吊顶的轮廓并挤出，然后与扫描得到的灯槽模型进行拼合。

⊙ 经验分享

在制作灯槽模型时，需要绘制灯槽的剖面。本案例中的灯槽剖面是"L"形，如图3-38所示。扫描后的灯槽模型与吊顶模型拼合时会有共面，可能会影响后期灯光与材质的效果。笔者在制作时，灵活操作，将灯槽剖面修改为矩形，如图3-39所示。这样生成的灯槽模型与吊顶模型就不会出现共面现象。

图3-38   图3-39

<table>
<tr><td rowspan="4">课外练习：
制作吊顶模型</td><td>场景位置</td><td>场景文件 >CH03>06</td></tr>
<tr><td>实例位置</td><td>实例文件 >CH03> 课外练习 29.max</td></tr>
<tr><td>视频名称</td><td>课外练习 29.mp4</td></tr>
<tr><td>学习目标</td><td>掌握吊顶模型的制作方法</td></tr>
</table>

效果展示

本案例是为住宅场景制作吊顶模型，案例效果如图3-40所示。

制作提示

制作吊顶模型可以分为两步，最后将两模型拼合，效果如图3-41所示。

第1步： 使用"线"工具 ▢线▢ 沿着导入的立面图绘制吊顶剖面，并用"扫描"修改器生成带灯槽的吊顶模型。

第2步： 使用"平面"工具 ▢平面▢ 和"矩形"工具 ▢矩形▢ 制作平顶模型。

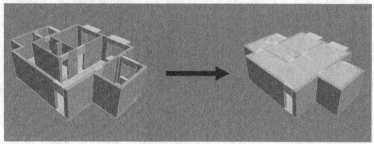

图3-40   图3-41

<table>
<tr><td rowspan="4">实战 30

踢脚线
建模</td><td>场景位置</td><td>无</td></tr>
<tr><td>实例位置</td><td>实例文件 >CH03> 实战 30 踢脚线建模 .max</td></tr>
<tr><td>视频名称</td><td>实战 30 踢脚线建模 .mp4</td></tr>
<tr><td>学习目标</td><td>根据 AutoCAD 图纸建立踢脚线模型</td></tr>
</table>

实战介绍

⊙ 效果介绍

本案例是为场景模型制作踢脚线模型，效果如图3-42所示。

⊙ 运用环境

踢脚线模型是空间建模中必不可少的模型，除浴室和厨房等用水较多的地方可能不需要踢脚线外，其他空间都需要建立踢脚线，效果如图 3-43 所示。

图3-42   图3-43

思路分析

⊙ 制作简介

本案例的踢脚线模型较为简单，只需要沿着除厨房和浴室以外的空间绘制踢脚线模型的路径，然后用"扫描"修改器拾取踢脚线模型的轮廓即可。

图3-44所示是模型的制作步骤
分解图。

图3-44

步骤演示

01 使用"线"工具 [线] 在顶
视图中绘制踢脚线模型的路径样条
线，如图3-45所示。

02 使用"矩形"工具 [矩形] 绘制
踢脚线模型的剖面，如图3-46所示。

提示 绘制踢脚线模型的路径时，需
要断开入户门的位置。

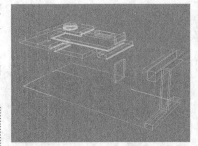

图3-45

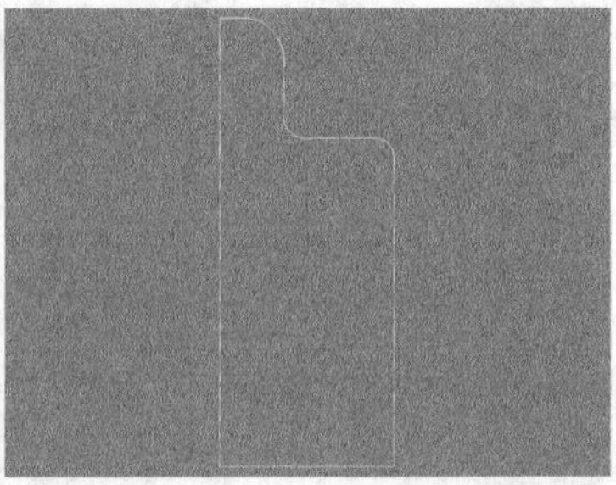

图3-46

03 选中踢脚线模型的路径，然后
为其加载"扫描"修改器，并拾取
上一步绘制的剖面样条线，生成的
踢脚线模型如图3-47所示。

04 调整踢脚线模型与墙面模型的
位置，案例效果如图3-48所示。

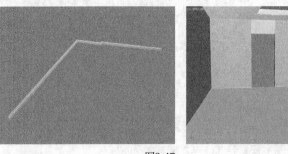

图3-47

图3-48

提示 为了方便调整踢脚线模型的位置，可以为其加载"可编辑多边形"修改器，然后通过"顶点"层级进行调整。

经验总结

⊙ 技术总结

本案例是按照图示导向中的分解图，用"扫描"修改器拾取踢脚线模型的剖面，在路径样条线上生成。其制作理论与上一个案例的灯槽模型类似。

⊙ 经验分享

踢脚线模型的高度范围一般为50mm~80mm，本案例使用50mm的高度，厚度一般在15mm左右。踢脚线模型的剖面都较为简单，拥有一点弧形花纹。

课外练习：	场景位置	无
制作踢脚线模型	实例位置	实例文件 >CH03> 课外练习 30.max
	视频名称	课外练习 30.mp4
	学习目标	掌握踢脚线模型的制作方法

效果展示

本案例是为住宅空间模型制作踢脚线，案例效果如图3-49所示。

中文版 3ds Max 2016/VRay 效果图制作实战基础教程

制作提示

踢脚线模型的制作步骤较为简单，可以分为两步，如图3-50所示。

第1步： 用"线"工具 线 和"矩形"工具 矩形 分别绘制踢脚线模型的路径和剖面，然后为路径加载"扫描"修改器生成模型。

第2步： 调整踢脚线模型的位置，使其与墙面模型完全贴合。这一步可以将踢脚线模型转换为可编辑多边形后进行操作。

图3-49

图3-50

实战 31 墙面装饰建模	场景位置	场景文件 >CH03>07
	实例位置	实例文件 >CH03> 实战 31 墙面装饰建模 .max
	视频名称	实战 31 墙面装饰建模 .mp4
	学习目标	根据 AutoCAD 立面图纸建立墙面装饰

实战介绍

⊙ 效果介绍

本案例是按照立面图纸建立墙面装饰模型，效果如图3-51所示。

⊙ 运用环境

墙面装饰模型是指需要定做的墙面装饰线、衣柜和书柜等模型。这种模型无法用现成的模型代替，只能根据 AutoCAD 图纸建模，效果如图 3-52 所示。

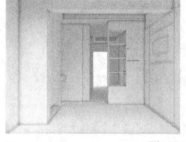

图3-51

图3-52

思路分析

⊙ 制作简介

本案例以床头背景墙模型为例，讲解墙面装饰模型的制作方法。和之前的案例制作方法大同小异，用"线"工具 线 绘制装饰的轮廓后挤出厚度。

⊙ 图示导向

图3-53所示是模型的制作步骤分解图。

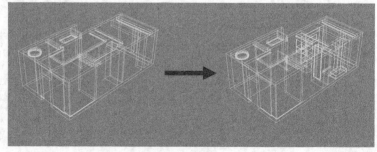

图3-53

步骤演示

01 在"实战30 踢脚线建模"案例的基础上继续进行制作。导入本书学习资源中的文件"场景文件>CH03>07-01.dwg",如图3-54所示。

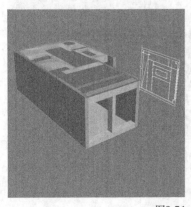

图3-54

提示 在建模的时候,可以打开本书学习资源中的"场景文件>CH01>06.dwg"源文件进行参考,如图3-55所示,以方便读者进行对照,更好地理解场景结构。

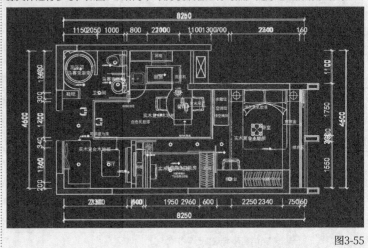

图3-55

02 图纸的左侧是一个带镂空的柜子模型,这里用一个立方体暂时代替,如图3-56所示。

03 使用"线"工具 [线] 按照立面图纸,沿着最外侧的线进行绘制,并为其加载"挤出"修改器,设置"数量"为25mm效果,效果如图3-57所示。

04 继续用"线"工具 [线] 绘制的线条,并挤出25mm后所成样式如图3-58所示。

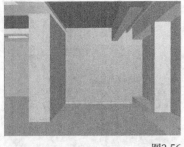

图3-56

图3-57

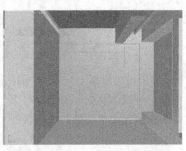

图3-58

05 使用"线"工具 [线] 绘制细线分割的区域,并转换为可编辑多边形,如图3-59所示。

06 导入学习资源中的文件"场景文件> CH03>07-02.dwg",如图3-60所示。这是柜子一侧的立面图纸。

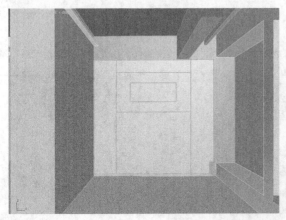

图3-59

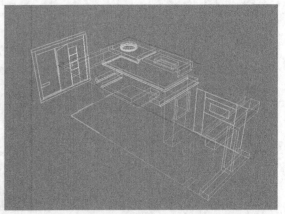

图3-60

中文版 3ds Max 2016/VRay 效果图制作实战基础教程

88

07 将原有代替柜子的立方体删除，然后使用"线"工具 ▊线▊ 沿着柜子的外轮廓进行绘制，然后使用"挤出"修改器，设置"数量"为550mm，如图3-61所示。

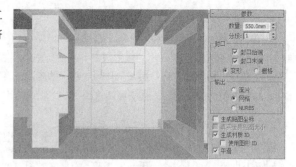

图3-61

08 图3-62所示是柜子的另一侧造型，根据参考图片制作另一侧的柜子造型，如图3-63所示。

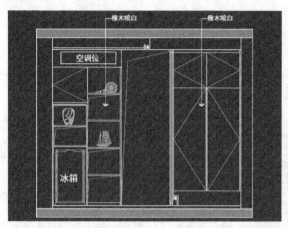

图3-62

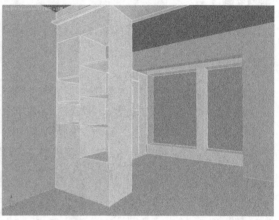

图3-63

> **提示** 该步骤较为简单，不需要导入立面图纸就可进行制作。

09 根据导入的立面图纸，制作柜子旁边的隔墙，如图3-64所示。

10 图3-65所示是床头背景墙对面墙体的造型，根据参考图片制作其造型，如图3-66所示。此时，卧室部分的装饰模型全部制作完成。

图3-64

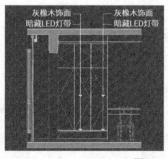

图3-65

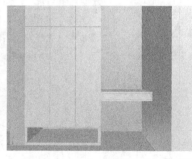

图3-66

> **提示** 其他房间的装饰模型制作方法与卧室基本相同，这里不赘述。具体制作过程请观看本案例的教学视频。

⊟ 经验总结

⊙ 技术总结

本案例是按照立面图纸，使用"线"工具 ▊线▊ 和"矩形"工具 ▊矩形▊ 绘制装饰的轮廓，然后用"挤出"修改器挤出厚度，并将其与墙面拼合。

⊙ **经验分享**

在制作墙面装饰模型时，要灵活使用建模工具。除了使用样条线建模外，还可以转换为多边形建模。

案例中的衣柜模型先用"矩形"工具 矩形 和"挤出"修改器制作出衣柜模型轮廓，然后将其转换为可编辑多边形，接着在"边"层级中分割衣柜门的轮廓，并将分割轮廓向内挤出，从而制作出衣柜分割的立体效果。这种方法相对于用立方体拼接的传统方法，制作效率更高，也更加精确。

课外练习：制作电视墙和沙发背景墙模型	场景位置	场景文件 >CH03>08
	实例位置	实例文件 >CH03> 课外练习 31.max
	视频名称	课外练习 31.mp4
	学习目标	掌握墙面装饰的建模方法

⊟ 效果展示

本案例是制作住宅空间的电视墙和沙发背景墙模型，案例效果如图3-67所示。

⊟ 制作提示

制作电视墙和沙发背景墙模型分两步，如图3-68所示。

第1步： 使用"线"工具 线 绘制电视墙的轮廓，并用"挤出"修改器生成电视墙模型。

第2步： 使用"矩形"工具 矩形 绘制沙发背景墙的轮廓，并用"挤出"修改器生成沙发背景墙模型。

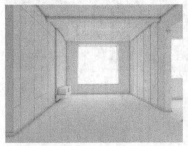

图3-67

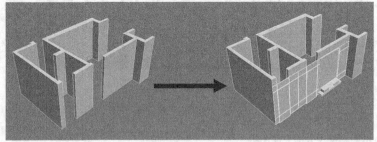

图3-68

实战 32 布置家居模型	场景位置	场景文件 >CH03>09
	实例位置	实例文件 >CH03> 实战 32 布置家居模型 .max
	视频名称	实战 32 布置家居模型 .mp4
	学习目标	导入家居模型并进行布置

⊟ 实战介绍

⊙ **效果介绍**

本案例是将外部家居模型导入制作好的场景，并按照空间功能进行布置，效果如图3-69所示。

⊙ **运用环境**

在日常的建模制作中，效果图制作者已经不会手动建模制作家居模型，都是从网络下载现成的家居模型。网络上的家居模型样式多、制作精美，还附带材质贴图，为效果图制作者减少了许多制作步骤，极大地提高了制作效率，效果如图3-70所示。

图3-69

图3-70

思路分析

⊙ 制作简介

本案例中导入的模型需要按照空间功能和结构进行合理的摆放。

⊙ 图示导向

图3-71所示是模型的制作步骤分解图。

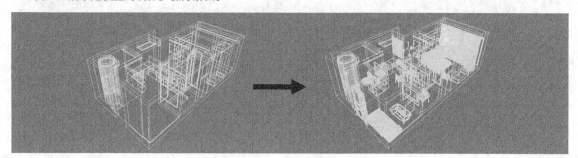

图3-71

步骤演示

01 打开本书学习资源中的文件"场景文件>CH03>09>05-01.dwg"，如图3-72所示。这是装饰结构全部制作完成的房屋模型。

02 执行"导入>合并"菜单命令，然后选择学习资源中的文件"场景文件>CH03>09>05-02.dwg"，如图3-73所示。

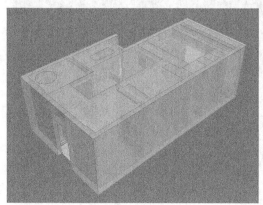

图3-72

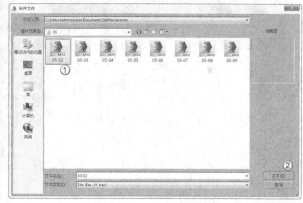

图3-73

> **提示** 按快捷键Alt+X可以半透明显示模型。

03 在弹出的对话框中单击"全部"按钮 全部(A)，选中所有模型，然后单击"确定"按钮 确定，如图3-74所示。导入的模型效果如图3-75所示。

图3-74

图3-75

04 将导入的沙发和茶几模型摆放在客厅位置，沙发模型朝向电视墙模型方向，如图3-76所示。

05 沙发模型的长度超过了墙体模型的长度，需要将沙发模型缩小成双人座沙发模型，如图3-77所示。

图3-76   图3-77

06 双人座的沙发模型仍旧比墙体模型长一截，为其加载"FFD2×2×2"修改器，然后移动晶格位置将其缩短，如图3-78所示。

07 导入学习资源中"场景文件>CH03>09>05-03.dwg"文件里的模型，如图3-79所示。

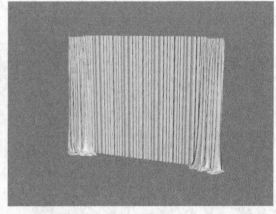

图3-78   图3-79

08 将其拼合在卧室模型的窗户模型位置，并用"FFD"修改器调整大小，如图3-80所示。

09 导入学习资源中"场景文件>CH03>09>05-04.dwg"文件里的模型，如图3-81所示。

图3-80   图3-81

10 删掉桌子和长凳模型，然后将剩余的模型放置在餐桌模型位置，如图3-82所示。

11 导入学习资源中"场景文件>CH03>09>05-05.dwg"文件里的模型，如图3-83所示。

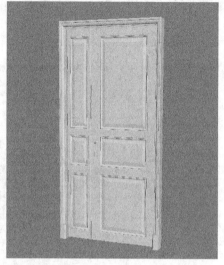

图3-82   图3-83

12 将入户门模型放置在门洞位置并调整尺寸，如图3-84所示。

13 按照上面的制作方法，将其他家居模型依次合并到现在的场景中，效果如图3-85所示。

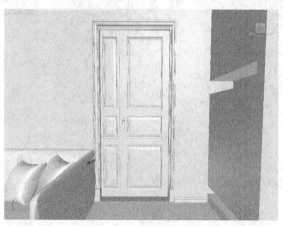
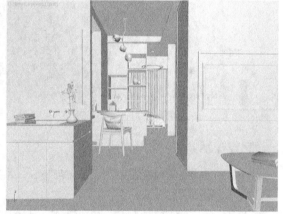

图3-84   图3-85

> 提示 按快捷键Alt+X可以半透明显示模型。

经验总结

⊙ 技术总结

本案例是将外部家居模型导入场景，并按照房间功能划分进行布置。

⊙ 经验分享

导入场景外部模型的大小不一定和场景完全吻合，基本上都要进行调整。调整的方法大致有两种。

第1种：为模型整体加载"FFD"修改器缩放其大小。这个方法在案例中使用得最多，例如窗户、窗帘和入户门模型都是用这种方法进行调整。

第2种：局部修改模型的大小。这个方法在案例中只有沙发模型才使用，通过删除部分模型，配合"FFD"修改器共同缩小模型的大小。这个方法操作相对复杂，但比起建模仍然简单。

<table>
<tr><td rowspan="4">课外练习：为客厅
空间导入家居模型</td><td>场景位置</td><td>场景文件 >CH03>10</td></tr>
<tr><td>实例位置</td><td>实例文件 >CH03> 课外练习 32.max</td></tr>
<tr><td>视频名称</td><td>课外练习 32.mp4</td></tr>
<tr><td>学习目标</td><td>导入家居模型并进行布置</td></tr>
</table>

效果展示

本案例是为客厅空间导入家居模型，案例效果如图3-86所示。

图3-86

制作提示

导入客厅空间的家居模型很简单，只需要将场景文件中的模型进行合并处理后，根据客厅空间的布局进行摆放即可，效果如图3-87所示。

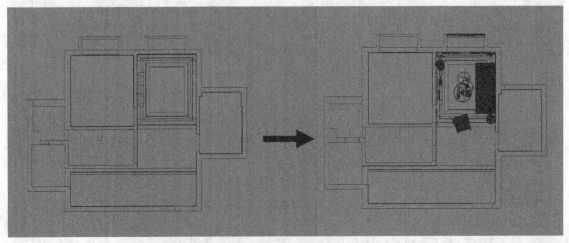

图3-87

中文版 3ds Max 2016/VRay 效果图制作实战基础教程

第 4 章
摄影机技术

本章将介绍效果图的摄影机技术，包含目标摄影机、物理摄影机、景深特效和安全框。通过学习这些技术，可以增加更多场景的表现方式。

本章技术重点

» 掌握目标摄影机的使用方法

» 掌握物理摄影机的使用方法

» 掌握景深的制作方法

» 掌握安全框的使用方法

目标摄影机：为餐厅空间创建摄影机

场景位置	场景文件 >CH04>01.max
实例位置	实例文件 >CH04> 实战 33 目标摄影机：为餐厅空间创建摄影机 .max
视频名称	实战 33 目标摄影机：为餐厅空间创建摄影机 .mp4
学习目标	掌握"目标"摄影机的使用方法

工具剖析

参数解释

"目标"摄影机工具 ▉目标▉ 的参数面板如图4-1所示。

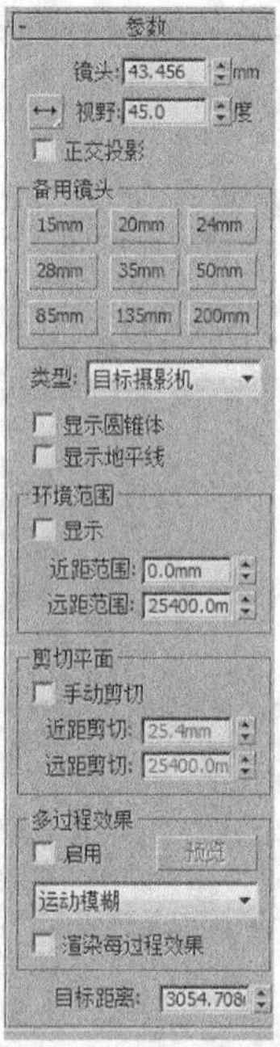

重要参数讲解

镜头：以mm为单位来设置摄影机的焦距。

视野：设置摄影机查看区域的宽度视野，有"水平"↔、"垂直"↕和"对角线"◹3种方式。

正交投影：启用该选项后，摄影机视图为用户视图；关闭该选项后，摄影机视图为标准的透视图。

备用镜头：系统预置的摄影机焦距镜头包含15mm、20mm、24mm、28mm、35mm、50mm、85mm、135mm和200mm。

类型：切换摄影机的类型，包含"目标摄影机"和"自由摄影机"两种。

显示圆锥体：显示摄影机视野定义的锥形光线（实际上是一个四棱锥）。锥形光线出现在其他视口，但是显示在摄影机视口中。

显示地平线：在摄影机视图中的地平线上显示一条深灰色的线条。

显示：显示出在摄影机锥形光线内的矩形。

近距/远距范围：设置大气效果的近距范围和远距范围。

手动剪切：启用该选项可定义剪切的平面。

近距/远距剪切：设置近距和远距平面。对于摄影机，比"近距剪切"平面近或比"远距剪切"平面远的对象是不可见的。

图4-1

启用：启用该选项后，可以预览渲染效果。

"预览"按钮 ▉预览▉ ：单击该按钮可以在活动摄影机视图中预览效果。

多过程效果类型：共有"景深（mental ray）""景深""运动模糊"3个选项，系统默认为"景深"。

渲染每过程效果：启用该选项后，系统将渲染效果应用于多重过滤效果的每个过程（景深或运动模糊）。

目标距离：当使用"目标摄影机"时，该选项用来设置摄影机与其目标之间的距离。

操作演示

工具： ▉目标▉   **位置：**摄影机>标准   **演示视频：**33- 目标摄影机

实战介绍

效果介绍

本案例用"目标"摄影机工具 ▉目标▉ 为餐厅场景创建一台摄影机，如图4-2所示。

运用环境

目标摄影机可以查看所放置的目标周围的区域，它比自由摄影机更容易定向，只需将目标对象定位在所需位置的中心即可，如图4-3所示。

图4-2

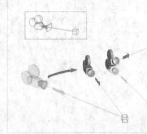

图4-3

思路分析

⊙ 制作简介

本案例是一个餐厅场景，需要通过摄影机观察餐厅场景的大部分模型。

⊙ 图示导向

图4-4所示是摄影机的位置。

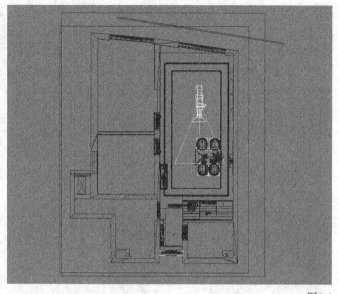

图4-4

步骤演示

01 打开本书学习资源中的文件"场景文件>CH04>01.max"，如图4-5所示。

02 进入顶视图，在"创建"面板 中单击"摄影机"图标按钮 ，然后选择"标准"选项，接着单击"目标"按钮 目标 ，如图4-6所示，再根据图示导向中的参考图，在视图中按住鼠标左键拖曳出摄影机的位置，如图4-7所示。

图4-5

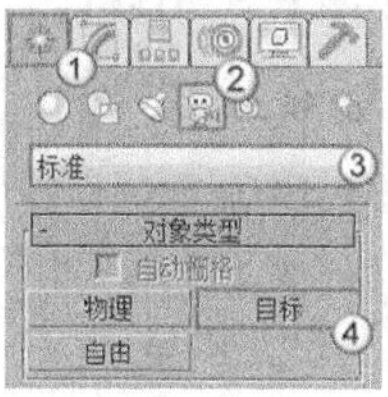

图4-6

图4-7

03 按C键切换到摄影机视图，然后按住鼠标中键（或滚轮）拖曳鼠标调整摄影机的高度，如图4-8所示。

图4-8

提示 如果读者想在操作的同时观察摄影机情况，可以执行"视图>视图配置"菜单命令打开"视口配置"对话框，切换到"布局"选项卡，然后选择两视口面板，再单击"确定"按钮 确定 ，如图4-9所示。读者也可以按照个人喜好选择不同的视口布局。

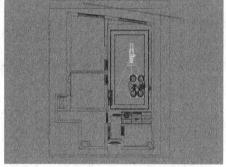

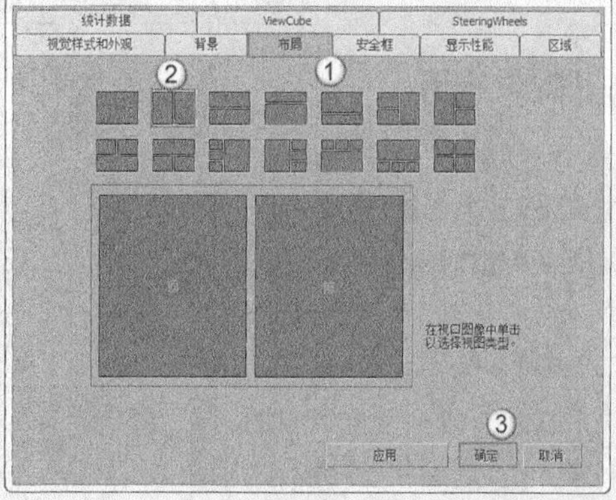

图4-9

04 单击"推拉摄影机"按钮 将摄影机向后移动，如图4-10所示。

05 选中创建的摄影机，然后切换到"修改"面板，设置"镜头"为36mm，如图4-11所示。

06 略微调整镜头的位置后，在摄影机视图中按F9键渲染视图，效果如图4-12所示。

图4-10

图4-11

图4-12

□ 经验总结

⊙ 技术总结

本案例是按照图示导向中的示意图为场景创建目标摄影机。

⊙ 经验分享

创建目标摄影机后最好打开安全框，这样会有助于观察摄影机的最终效果。按快捷键Shift+F可以打开安全框。安全框的长宽比例与"渲染设置"面板中的"输出大小"相关联。

课外练习：添加目标摄影机	场景位置	场景文件 >CH04>02.max
	实例位置	实例文件 >CH04> 课外练习 33.max
	视频名称	课外练习 33.mp4
	学习目标	掌握"目标"摄影机工具的使用方法

□ 效果展示

本案例用"目标"摄影机工具为客厅空间添加摄影机，案例效果如图4-13所示。

□ 制作提示

摄影机的参考位置如图4-14所示。

图4-13

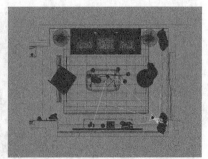

图4-14

物理摄影机：为卧室空间创建物理摄影机

场景位置	场景文件 >CH04>03.max
实例位置	实例文件 >CH04> 实战 34 物理摄影机：为卧室空间创建物理摄影机 .max
视频名称	实战 34 物理摄影机：为卧室空间创建物理摄影机 .mp4
学习目标	掌握物理摄影机的使用方法

工具剖析

⊙ 参数解释

"物理"摄影机工具 物理 的参数面板如图4-15所示。

图4-15

重要参数讲解

目标： 勾选后摄影机有目标点。

目标距离： 目标点离摄影机的距离。

预设值： 系统设定的镜头类型，如图4-16所示。

宽度： 手动调节镜头范围的大小。

焦距： 设置摄影机的焦长。

指定视野： 勾选后可以手动调节视野大小。

缩放： 缩放场景。

光圈： 设置摄影机的光圈大小，用来控制渲染图像的亮度。

使用目标距离： 即使用目标点的距离。

自定义： 手动调节距离。

镜头呼吸： 基于焦距更改视野。镜头必须移动，才能在不同的距离聚焦。当聚焦更近时变得更窄。值为0时禁用此效果。

启用景深： 勾选后开启景深效果。

类型： 按不同的时间单位控制进光时间，如图4-17所示。

持续时间： 控制光的进光时间。

偏移： 勾选后启用快门偏移。

启用运动模糊： 勾选后启用运动模糊效果。

手动： 选择后手动调节曝光值。

目标： 摄影机当前使用的曝光值。

光源： 光源颜色控制白平衡，如图4-18所示。

温度： 用色温控制白平衡。

自定义： 自定义颜色控制白平衡。

启用渐晕： 开启后镜头有渐晕效果。

35mm (Full Frame)
35mm (Full Frame)
APS-C (Canon)
APS-C (Nikon, Sony, etc.)
APS-H (Canon)
Four Thirds
自定义

图4-16

日光(6500K)
太阳光(5200K)
明暗处理(7000K)
阴暗(6000K)
白炽(3200K)
荧光(4000K)
CIE - 白炽/钨
CIE D50 - 水平灯光
CIE D55 - 上午或下午日光
CIE D65 - 中午日光
CIE D75 - 北部日光
CIE F1 - 荧光日光
CIE F2 - 荧光冷色调白色
CIE F3 - 荧光白色
CIE F4 - 荧光暖色调白色
CIE F5 - 荧光日光
CIE F6 - 荧光浅白色
CIE F7 - 荧光 D65 模拟器
CIE F8 - 荧光 D50 模拟器
CIE F9 - 荧光冷色调白色华丽
CIE F10 - 荧光 TL-85
CIE F11 - 荧光 TL-84
CIE F12 - 荧光 TL-83
卤素灯暖色调(2800K)
卤素灯(3200K)
卤素灯冷色调(4000K)
HID 陶瓷金属卤化物灯暖色调
HID 陶瓷金属卤化物灯冷色调
HID 石英金属卤化物灯暖色调
HID 石英金属卤化物灯(4000K)

图4-18

帧
1/秒
秒
度

图4-17

> **提示** 使用物理摄影机"曝光"功能，需要配合"环境与效果"面板中"物理摄影机曝光控制"卷展栏参数进行调节。

镜头移动： 水平/垂直移动胶片平面，用于使摄影机向上或向下俯视，而不必倾斜。

倾斜校正： 水平/垂直倾斜镜头，用于更正摄影机向上或向下倾斜的透视。

自动垂直倾斜校正： 勾选后自动调整垂直倾斜，以便沿Z轴对齐透视。

工具: 物理　　　**位置:** 摄影机>标准　　　**演示视频:** 34-物理摄影机

🔲 实战介绍

⊙ 效果介绍

本案例是为卧室空间创建物理摄影机,如图4-19所示。

⊙ 运用环境

物理摄影机是3ds Max 2016的"标准"摄影机中新加入的摄影机,其特点与VRay物理相机类似,如图4-20所示。

图4-19

图4-20

🔲 思路分析

⊙ 制作简介

本案例是一个卧室场景,主体模型都集中在一侧。将物理摄影机朝向床头的方向比较合适,可以将更多的模型容纳到画面中。

⊙ 图示导向

图4-21所示是摄影机的位置。

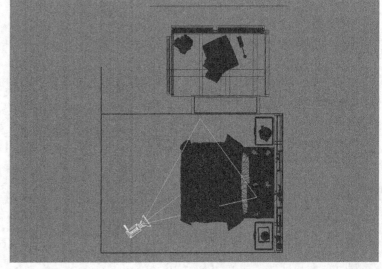

图4-21

🔲 步骤演示

01 打开本书学习资源中的文件"场景文件>CH04>03.max",如图4-22所示。

02 进入顶视图,然后在"创建"面板 中单击"摄影机"按钮 ,接着选择"标准"选项,再单击"物理"按钮 物理 ,最后在视图中使用鼠标左键从下向上拖曳出摄影机,如图4-23所示。

图4-22

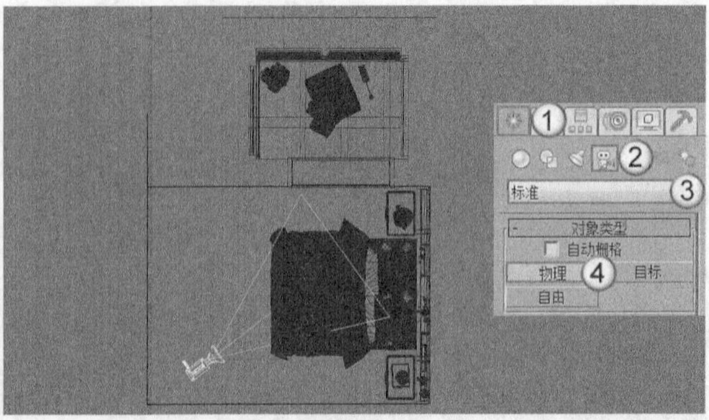

图4-23

03 按C键进入摄影机视图，然后按住鼠标中键（或滚轮）拖曳鼠标，调整摄影机的高度，如图4-24所示。

04 选中摄影机，然后切换到"修改"面板，接着在"物理摄影机"卷展栏中设置"焦距"为30毫米，"ISO"为800，如图4-25所示。

图4-24   图4-25

05 按F10键打开"渲染设置"面板，设置"宽度"为1000，"高度"为750，如图4-26所示。

06 在摄影机视图按快捷键Shift+F打开安全框，此时摄影机视图的效果如图4-27所示。

07 微调摄影机的角度后，按F9键渲染场景，效果如图4-28所示。

图4-26   图4-27   图4-28

🔲 经验总结

⊙ 技术总结

本案例是按照图示导向中的示意图为卧室场景创建物理摄影机。

⊙ 经验分享

创建物理摄影机后需要调整摄影机的"光圈""快门"或"ISO"属性，否则渲染的图片会发生曝光问题。读者需要记住"光圈"、"快门"和"ISO"与光线强弱的关系。

光圈：主要用来控制渲染图像的最终亮度，还可以控制景深。值越大，图像越暗，景深越小；值越小，图像越亮，景深越大，如图4-29所示。

光圈数值：8   光圈数值：6

图4-29

快门: 控制光的进光时间,值越大,进光时间越长,图像就越亮;值越小,进光时间就越小,图像就越暗,如图4-30所示。

ISO: 补充镜头的光源,数值越大,图像就越亮;数值越小,图像就越暗,如图4-31所示。

图4-30   图4-31

课外练习:添加物理摄影机	场景位置	场景文件 >CH04>04.max
	实例位置	实例文件 >CH04> 课外练习 34.max
	视频名称	课外练习 34.mp4
	学习目标	掌握物理摄影机的使用方法

⊟ 效果展示

本案例用物理摄影机为卫生间添加摄影机,案例效果如图4-32所示。

⊟ 制作提示

摄影机的参考位置如图4-33所示。

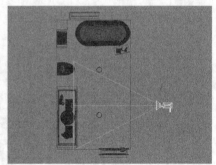

图4-32   图4-33

实战 35 安全框:横向构图	场景位置	场景文件 >CH04>05.max
	实例位置	实例文件 >CH04> 实战 35 安全框:横向构图 .max
	视频名称	实战 35 安全框:横向构图 .mp4
	学习目标	掌握安全框的使用方法

⊟ 工具剖析

⊙ 参数解释

在之前的两个案例中都使用了安全框,下面为读者详细讲解安全框的相关知识。

安全框可以通俗地理解为相框,只要在安全框内显示的对象都可以被渲染出。安全框可以直观地体现渲染输出的尺寸比例。当场景中创建了摄影机之后,在摄影机视图场景下按快捷键Shift+F就可以显示安全框,此时安全框内的对象即为摄影机所看到的对象,这样便能直观地对场景摄影机进行调整。

设置安全框的界面如图4-34所示。

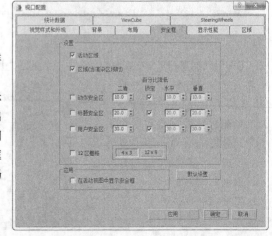

图4-34

重要参数讲解

活动区域： 默认勾选该选项，安全框为浅黄色，与设置的渲染尺寸相关联，如图4-35所示。

动作安全区： 勾选该选项后安全框显示为蓝色，通常在制作动画时会勾选该选项，如图4-36所示。

图4-35   图4-36

标题安全区： 勾选该选项后安全框显示为橙色，且在动作安全区内，如图4-37所示。

用户安全区： 勾选此选项后安全框显示为紫色，且在标题安全区内，如图4-38所示。

图4-37   图4-38

⊙ **操作演示**

工具： 安全框   **位置：** 视口配置   **演示视频：** 35-视口配置

⊟ 实战介绍

⊙ 效果介绍

本案例是用安全框将画面设置为横向构图，如图4-39所示。

⊙ 运用环境

安全框可以很好地显示画面的构图和边界，是创建摄影机时必不可少的工具。

图4-39

⊟ 思路分析

⊙ 制作简介

本案例需要为起居室空间创建一台目标摄影机，并将画面构图设置为横向。

⊙ 图示导向

图4-40所示是摄影机的参考位置。

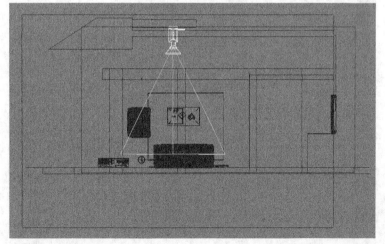

图4-40

步骤演示

01 打开本书学习资源中的文件"场景文件>CH04>05.max",如图4-41所示。

02 单击"物理"按钮 ___物理___ 在顶视图中创建一台摄影机,位置如图4-42所示。

 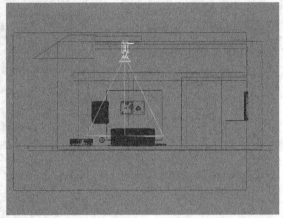

图4-41　　　　　　　　　　　　　　　　　　　　　　　　　　　图4-42

03 按C键切换到摄影机视图,然后按住鼠标中键(或滚轮)拖曳鼠标,调整摄影机的高度,如图4-43所示。

04 选中摄影机,切换到"修改"面板,在"物理摄影机"卷展栏中设置"镜头"为36毫米,并推进摄影机,如图4-44所示。

图4-43　　　　　　　　　　　　　　　　　　　　　　　　　　　图4-44

05 按F10键打开"渲染设置"面板,在"输出大小"选项组下设置"宽度"为1000,"高度"为750,如图4-45所示。设置的画幅宽度和高度比例是4∶3的横向构图。

06 按快捷键Shift+F打开安全框,如图4-46所示。按F9键渲染摄影机视图,效果如图4-47所示。

图4-45　　　　　　　　　　　图4-46　　　　　　　　　　　图4-47

经验总结

⊙ 技术总结

本案例是为起居室空间添加摄影机，并将画面设置为横向构图。

⊙ 经验分享

横向构图应用的空间类型较多，它与人类的视野特点有关，在宽阔的地平线上，事物依次展开，横向排列，各种水平的横向联系能自如地向两边产生辐射的趋势，特别能满足人眼"左顾右盼"的需要，视野开阔。横向构图还有利于表现物体的运动趋势，包括使静止的景物产生流动的节奏美。

<table>
<tr><td rowspan="4">**课外练习：
竖向构图**</td><td>场景位置</td><td>场景文件 >CH04>06.max</td></tr>
<tr><td>实例位置</td><td>实例文件 >CH04> 课外练习 35.max</td></tr>
<tr><td>视频名称</td><td>课外练习 35.mp4</td></tr>
<tr><td>学习目标</td><td>掌握竖向构图的方法</td></tr>
</table>

效果展示

本案例是将画面设置为竖向构图，案例效果如图4-48所示。

制作提示

摄影机参考位置如图4-49所示。

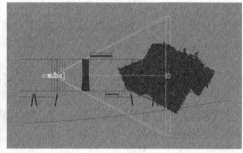

图4-48   图4-49

<table>
<tr><td rowspan="4">**实战 36**
景深：制作特写的景深效果</td><td>场景位置</td><td>场景文件 >CH04>07.max</td></tr>
<tr><td>实例位置</td><td>实例文件 >CH04> 实战 36 景深：制作特写的景深效果 .max</td></tr>
<tr><td>视频名称</td><td>实战 36 景深：制作特写的景深效果 .mp4</td></tr>
<tr><td>学习目标</td><td>掌握目标摄影机制作景深效果的方法</td></tr>
</table>

工具剖析

⊙ 参数解释

目标摄影机的景深效果不是在摄影机的属性面板中进行设置，而是在"渲染设置"面板的"摄影机"卷展栏中进行设置，如图4-50所示。

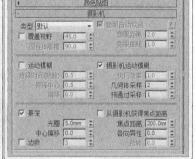

图4-50

重要参数讲解

景深： 勾选该选项后开启景深效果。

从摄影机获得焦点距离： 勾选该选项后，场景中的景深效果会根据摄影机的目标点位置进行计算。

光圈： 设置景深的大小，数值越大，背景越模糊，如图4-51和图4-52所示的对比效果。

焦点距离： 当勾选"从摄影机获得焦点距离"选项后，该选项所设置的数值无效；当不勾选"从摄影机获得焦点距离"选项时，该选项设置的数值表示画面中最清晰部分的位置。

各向异性： 当设置为正值时，形成散景效果。

光圈：5mm 　　　　　　　光圈：10mm

图4-51　　　　　　　　　　图4-52

⊙ **操作演示**

工具： 景深　　**位置：** 渲染设置面板　　**演示视频：** 36-目标摄影机的景深

☐ **实战介绍**

⊙ **效果介绍**

本案例是用目标摄影机制作卧室的景深效果，如图4-53所示。

⊙ **运用环境**

景深效果可以很好地表现场景的层次感，更符合人眼的观察特点。添加了景深效果的效果图会显得更加真实，如图 4-54 所示。

图4-53　　　　　　　　　　图4-54

☐ **思路分析**

⊙ **制作简介**

本案例需要为卧室空间创建一台目标摄影机，通过景深效果着重表现地面上的书籍。

⊙ **图示导向**

图4-55所示是摄影机的参考位置。

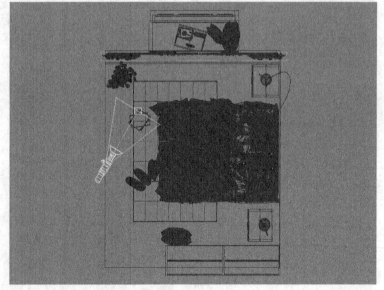

图4-55

☐ **步骤演示**

01 打开本书学习资源中的文件"场景文件>CH04>07.max"，如图4-56所示。

02 单击"目标"按钮 ▢▢▢目标▢▢▢ 在顶视图中创建一台摄影机，目标点位于图书上方，如图4-57所示。

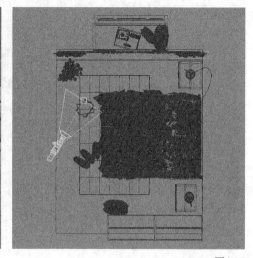

图4-56　　　　　　　　　　　　　　　　　　　　　　　　图4-57

03 按C键切换到摄影机视图，然后按住鼠标中键（或滚轮）拖曳鼠标，移动摄影机的高度，如图4-58所示。

04 选中摄影机，在"修改"面板的"参数"卷展栏中设置"镜头"为45mm，如图4-59所示。

05 按F10键打开"渲染设置"面板，在"输出大小"选项组下设置"宽度"为1000，"高度"为750，如图4-60所示。

图4-58　　　　　　　　　图4-59　　　　　　　　　　　　　　图4-60

06 按快捷键Shift+F打开安全框，如图4-61所示。按F9键渲染摄影机视图，效果如图4-62所示。此时没有添加景深的效果。

图4-61　　　　　　　　　　　　　　　　　　　　　　　　图4-62

07 按F10键打开"渲染设置"面板，在"摄影机"卷展栏中勾选"景深"和"从摄影机获得焦点距离"选项，并设置"光圈"为15mm，如图4-63所示。

08 按F9键渲染摄影机视图，效果如图4-64所示。

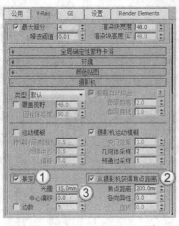

图4-63

图4-64

经验总结

⊙ 技术总结

本案例是用目标摄影机制作场景的景深效果。在"渲染设置"面板的"摄影机"卷展栏中，设置景深的相关参数。

⊙ 经验分享

在设置景深效果时，要明确画面最清晰的部分在摄影机的目标点位置。越是远离目标点的位置，景深效果越明显。除了使用目标摄影机制作景深外，还可以使用物理摄影机进行制作。

课外练习：制作场景的景深效果	场景位置	场景文件 >CH04>08.max
	实例位置	实例文件 >CH04> 课外练习 36.max
	视频名称	课外练习 36.mp4
	学习目标	掌握物理摄影机制作景深效果的方法

效果展示

本案例是用物理摄影机制作场景的景深效果，案例效果如图4-65所示。

制作提示

摄影机参考位置如图4-66所示。

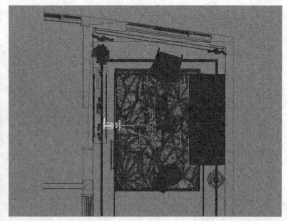

图4-65

图4-66

中文版 3ds Max 2016/VRay 效果图制作实战基础教程

第 5 章
灯光技术

　　本章将介绍效果图的灯光技术，包含 VRay 灯光和常见的布光方法。通过学习这些技术，可以增加更多场景的表现方式。

本章技术重点

» 掌握 VRay 常用灯光的使用方法
» 掌握常见空间类型的灯光布置方法

VRay灯光：制作台灯的灯光效果

场景位置	场景文件 >CH05>01.max
实例位置	实例文件 >CH05> 实战 37 VRay 灯光：制作台灯的灯光效果 .max
视频名称	实战 37 VRay 灯光：制作台灯的灯光效果 .mp4
学习目标	掌握 "VR- 灯光" 工具的使用方法

工具剖析

⊙ 参数解释

"VR-灯光"工具 VR-灯光 的参数面板，如图5-1所示。

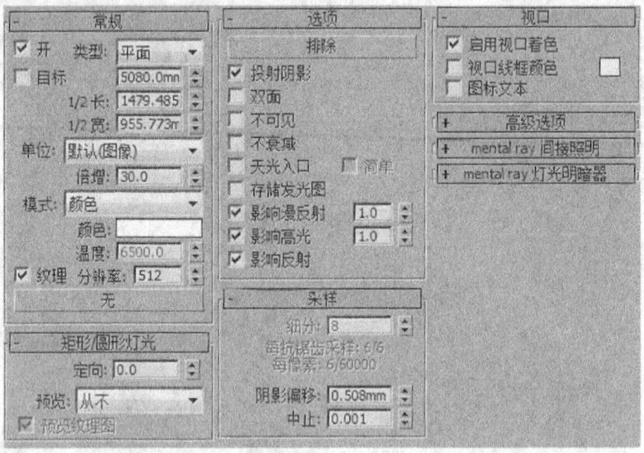

重要参数讲解

开：控制是否开启灯光。

类型：设置VRay灯光的类型，共有"平面""穹顶""球体""网格"和"圆形"5种类型，如图5-2所示。

图5-1　　图5-2

平面：将VRay灯光设置成平面形状。

穹顶：将VRay灯光设置成穹顶状，类似于3ds Max的天光，光线来自于位于灯光z轴的半球状圆顶。

球体：将VRay灯光设置成球体。

网格：这种灯光是一种以网格为基础的灯光，必须拾取网格模型。

圆形：将VRay灯光设置成圆环形状。

> **提示** 不同类型的灯光可以模拟不同的效果。
>
> 平面：模拟环境光、灯带、灯箱等方形灯光。
> 穹顶：模拟环境光，或用于检查场景模型。
> 球体：模拟灯泡、烛光、日光、月光等球形灯光。
> 网格：模拟异形灯光。需要关联不规则模型形成灯光。
> 圆形：模拟环境光、灯泡、日光灯圆形灯光。
> 在这5种灯光中，平面、穹顶和圆形是带有方向性的灯光，在使用时需要注意照射方向。

目标：控制是否开启目标点。

1/2长：设置灯光的长度。

1/2宽：设置灯光的宽度。

半径：当前这个参数还没有被激活（即不能使用）。另外，这3个参数会随着VRay灯光类型的改变而发生变化。

单位：指定VRay灯光的发光单位，共有"默认（图像）""发光率（lm）""亮度（lm/ m²/sr）""辐射率（W）"和"辐射量（W/m²/sr）"5种。

默认（图像）：VRay默认单位，依靠灯光的颜色和亮度来控制灯光的最后强弱，如果忽略曝光类型的因素，灯光色彩将是物体表面受光的最终色彩。

发光率（lm）：当选择这个单位时，灯光的亮度将和灯光的大小无关（100W的亮度大约等于1500lm）。

亮度（lm/ m²/sr）：当选择这个单位时，灯光的亮度和它的大小有关系。

辐射率（W）：当选择这个单位时，灯光的亮度和灯光的大小无关。注意，这里的瓦特和物理上的瓦特不一样，比如这里的100W大约等于物理上的2~3瓦特。

辐射量（W/m²/sr）：当选择这个单位时，灯光的亮度和它的大小有关系。

倍增：设置VRay灯光的强度。

模式：设置VRay灯光的颜色模式，共有"颜色"和"温度"两种。

颜色：指定灯光的颜色。

温度：以温度模式来设置VRay灯光的颜色。

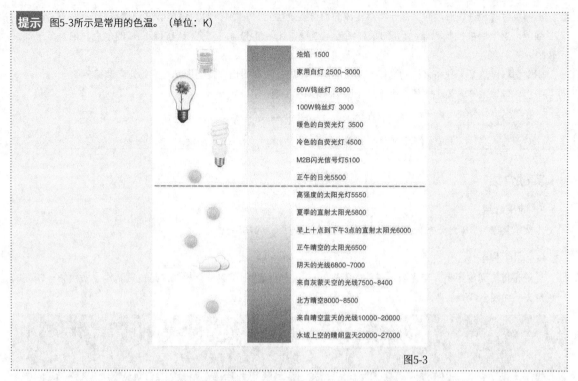

烛焰 1500

家用白灯 2500~3000

60W钨丝灯 2800

100W钨丝灯 3000

暖色的白荧光灯 3500

冷色的白荧光灯 4500

M2B闪光信号灯5100

正午的日光5500

高强度的太阳光灯5550

夏季的直射太阳光5800

早上十点到下午3点的直射太阳光6000

正午晴空的太阳光6500

阴天的光线6800~7000

来自灰蒙天空的光线7500~8400

北方晴空8000~8500

来自晴空蓝天的光线10000~20000

水域上空的晴朗蓝天20000~27000

图5-3

纹理：控制是否给VRay灯光添加纹理贴图。

分辨率：控制添加贴图的分辨率大小。

定向：使用"平面"和"圆形"灯光时，控制灯光照射方向，0为180°照射，1为光源大小的面片照射，如图5-4和图5-5所示。

定向0

图5-4

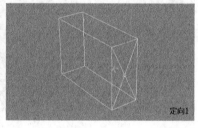

定向1

图5-5

预览：观察灯光定向的范围，有"选定""从不"和"始终"3种选项。

排除 排除 ：用来排除灯光对物体的影响。

投射阴影：控制是否对物体的光照产生阴影。

双面：用来控制是否让灯光的双面都产生照明效果。（当灯光类型设置为"平面"和"圆形"时有效，其他灯光类型无效）

不可见：这个选项用来控制最终渲染时是否显示VRay灯光的形状。

不衰减：在物理世界中，所有的光线都是有衰减的。如果勾选这个选项，VRay将不计算灯光的衰减效果。

天光入口：这个选项是把VRay灯光转换为天光，这时的VRay灯光就变成了"间接照明（GI）"，失去了直接照明。当勾选这个选项时，"投射阴影""双面""不可见"等参数将不可用，这些参数将被VRay的天光参数所取代。

存储发光图：勾选这个选项，同时将"间接照明（GI）"里的"首次反弹"引擎设置为"发光图"时，VRay灯光的光照信息将保存在"发光图"中。在渲染光子的时候将变得更慢，但是在渲染出图时，渲染速度会提高很多。当渲染完光子的时候，可以关闭或删除这个VRay灯光，它对最后的渲染效果没有影响，因为它的光照信息已经保存在了"发光图"中。

影响漫反射：这选项决定灯光是否影响物体材质属性的漫反射。

影响高光：这选项决定灯光是否影响物体材质属性的高光。

影响反射： 勾选该选项时，灯光将对物体的反射区进行光照，物体可以将灯光进行反射。

细分： 这个参数控制VRay灯光的采样细分。当设置比较低的值时，会增加阴影区域的杂点，但是渲染速度比较快。

阴影偏移： 这个参数用来控制物体与阴影的偏移距离，较高的值会使阴影向灯光的方向偏移。

中止： 设置采样的最小阈值，小于这个数值采样将结束。

⊙ 操作演示

工具： VR-灯光	位置：灯光>VRay	演示视频：37-VRay灯光

□ 实战介绍

⊙ 效果介绍

本案例是用"VR-灯光"工具 VR-灯光 模拟台灯的效果，如图5-6所示。

⊙ 运用环境

无论是自然光源还是人工光源，"VR-灯光"工具 VR-灯光 都可以进行模拟，是日常制作中使用频率较高的一种灯光，如图5-7所示。

图5-6

图5-7

□ 思路分析

⊙ 制作简介

本案例需要用"VR-灯光"工具 VR-灯光 模拟场景的台灯灯光。

⊙ 图示导向

图5-8所示是灯光的参考位置。

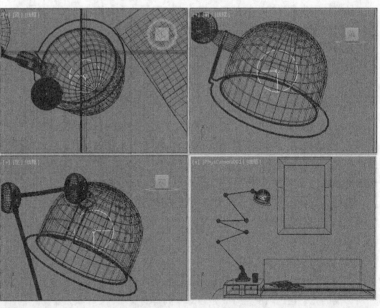
图5-8

步骤演示

01 打开本书学习资源中的文件"场景文件>CH05>01.max"，如图5-9所示。

02 在"创建"面板 中单击"灯光"按钮 ，选择VRay选项，单击"VR-灯光"按钮 VR-灯光 ，在左侧窗外创建一盏VRay灯光，位置如图5-10所示。

图5-9

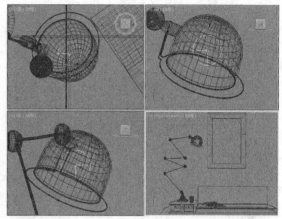

图5-10

03 选中创建的灯光，切换到"修改"面板，设置参数如图5-11所示。

设置步骤

① 在"常规"卷展栏中设置"类型"为"球体"，"半径"为44.525mm，"倍增"为80，"色温"为4000。

② 在"选项"卷展栏中勾选"不可见"选项。

04 按C键切换到摄影机视图，并按F9键渲染，效果如图5-12所示。

> **提示** "颜色"和"温度"都是设置灯光颜色的方式，读者可以按照个人习惯选择自己喜欢的方式。笔者个人更喜欢使用"温度"控制灯光颜色。

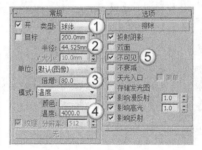

图5-11

图5-12

经验总结

⊙ 技术总结

"VR-灯光"工具 VR-灯光 使用方法相对灵活，且功能强大，可以模拟大多数灯光效果。

⊙ 经验分享

"VR-灯光"工具 VR-灯光 除了可以模拟常见的环境光、台灯灯光和灯带灯光外，还可以模拟聚光灯和目标灯光的效果。聚光灯是用"定向"参数控制灯光照射范围，目标灯光则是勾选"目标"选项后，形成带目标点的灯光，如图5-13所示。

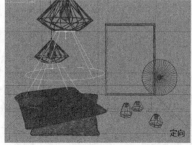

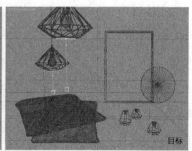

图5-13

113

课外练习：制作 环境光效果	场景位置	场景文件 >CH05>02.max
	实例位置	实例文件 >CH05> 课外练习 37.max
	视频名称	课外练习 37.mp4
	学习目标	掌握"VR- 灯光"工具的使用方法

效果展示

本案例是用"VR-灯光"工具 <small>VR-灯光</small> 模拟环境光，效果如图5-14所示。

制作提示

灯光参考位置如图5-15所示。

图5-14

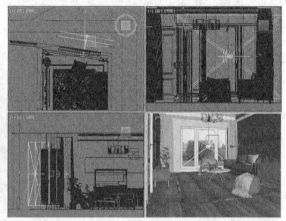

图5-15

实战 38 **VRayIES：制作 射灯的灯光效果**	场景位置	场景文件 >CH05>03.max
	实例位置	实例文件 >CH05> 实战 38 VRayIES：制作射灯的灯光效果 .max
	视频名称	实战 38 VRayIES：制作射灯的灯光效果 .mp4
	学习目标	掌握"VRayIES"工具的使用方法

工具剖析

⊙ 参数解释

"VRayIES"工具 <small>VRayIES</small> 的参数面板如图5-16所示。

重要参数讲解

启用： 控制是否开启灯光。

目标： 勾选后显示灯光的目标点。

IES文件： 在后期的通道中加载.ies文件控制灯光形态。

投影阴影： 勾选该选项后，灯光可以产生阴影。

颜色模式： 包含"颜色"和"温度"两种模式，用法与"VR-灯光"工具相同。

颜色： 在"颜色"模式下设置灯光的颜色。

色温： 在"温度"模式下设置灯光的颜色。

强度类型： 包含"功率（lm）"和"强度（cd）"两种灯光强度单位。

强度值： 设置灯光的照射强度。

排除 <small>排除...</small>：将物体排除于灯光照射范围之外。

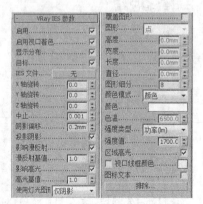

图5-16

中文版 3ds Max 2016/VRay 效果图制作实战基础教程

⊙ 操作演示

| 工具: | VRayIES | 位置: 灯光>VRay | 演示视频: 38-VRayIES |

实战介绍

⊙ 效果介绍

本案例是用"VRayIES"工具 VRayIES 模拟场景的射灯，如图5-17所示。

⊙ 运用环境

"VRayIES"工具 VRayIES 主要用于模拟射灯和筒灯等带方向的光束灯光，如图5-18所示。

图5-17　　　　　　　　　　　图5-18

思路分析

⊙ 制作简介

本案例需要使用"VRayIES"工具 VRayIES 为走廊制作射灯效果。

⊙ 图示导向

图5-19所示是灯光的参考位置。

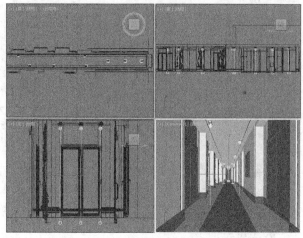

图5-19

步骤演示

01 打开本书学习资源中的文件"场景文件>CH05>03.max"，如图5-20所示。

02 进入顶视图，在"创建"面板 中单击"灯光"按钮，选择"VRay"选项，单击"VRayIES"按钮 VRayIES ，在射灯模型下创建灯光，并复制到其他射灯模型下方，位置如图5-21所示。

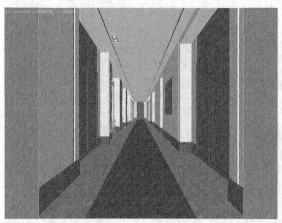
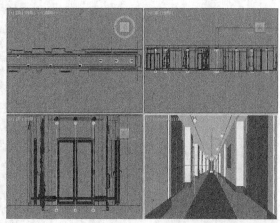

图5-20　　　　　　　　　　　图5-21

提示　复制灯光时，使用"实例"形式复制更方便后续操作。

03 选中创建的灯光，切换到"修改"面板，在"IES文件"中加载学习资源中的文件"实例文件>CH05>实战38　VRayIES：制作射灯的灯光效果>map>经典筒灯.ies"，设置"颜色模式"为"温度"，"色温"为5000，"强度值"为5000，如图5-22所示。

04 按C键切换到摄影机视图，然后按F9键进行渲染，效果如图5-23所示。

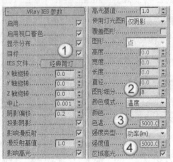

图5-22　　　　　　　　　　　　　　　　　　図5-23

经验总结

⊙ 技术总结

本案例是用"VRayIES"工具 VRayIES 为走廊模拟射灯的灯光效果。

⊙ 经验分享

"VRayIES"工具 VRayIES 与3ds Max自带的"目标灯光"工具 目标灯光 的作用一致，都是模拟射灯这类灯光效果。"VRayIES"工具 VRayIES 是VRay渲染器自带工具，不仅灯光效果好，而且简化了参数，操作更加方便。

课外练习：制作走廊的灯光效果	场景位置	场景文件 >CH05>04.max
	实例位置	实例文件 >CH05> 课外练习 38.max
	视频名称	课外练习 38.mp4
	学习目标	掌握 "VRayIES" 工具的使用方法

效果展示

本案例是用"VRayIES"工具 VRayIES 模拟走廊的灯光效果，如图5-24所示。

制作提示

灯光参考位置如图5-25所示。

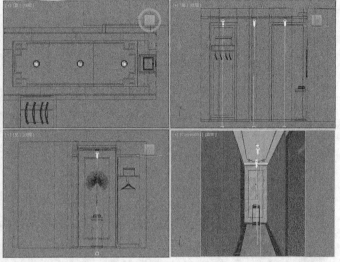

图5-24　　　　　　　　　　　　　　　　　　图5-25

VRay太阳：制作咖啡厅的阳光效果

场景位置	场景文件 >CH05>05.max
实例位置	实例文件 >CH05> 实战 39 VRay 太阳：制作咖啡厅的阳光效果 .max
视频名称	实战 39 VRay 太阳：制作咖啡厅的阳光效果 .mp4
学习目标	掌握"VR- 太阳"工具的使用方法

工具剖析

⊙ 参数解释

"VR-太阳"工具 VR-太阳 的参数面板如图5-26所示。

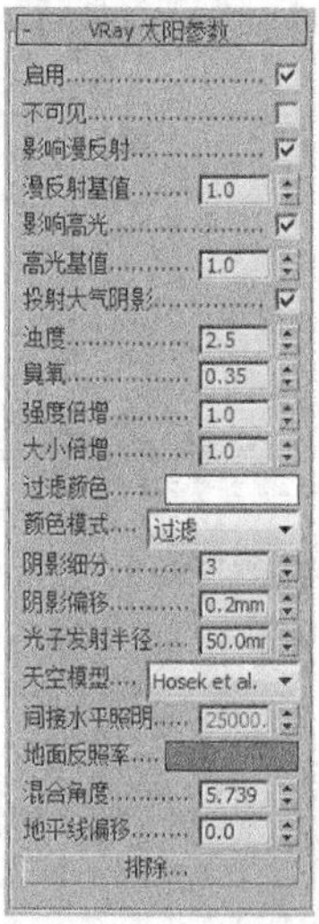

重要参数讲解

启用： 控制是否开启灯光。

不可见： 勾选后太阳将在反射中不可见。

浊度： 决定天光的冷暖，并受到太阳与地面夹角的控制。当太阳与地面夹角不变时，浊度数值越小，天光越冷。

臭氧： 这个参数是指空气中臭氧的含量，较小值的阳光比较黄，较大值的阳光比较蓝。

强度倍增： 这个参数是指阳光的亮度，默认值为1。

大小倍增： 这个参数是指太阳的大小，它的作用主要表现在阴影的模糊程度上，较大的值可以使阳光阴影比较模糊。

过滤颜色： 用于自定义太阳光的颜色。

阴影细分： 这个参数是指阴影的细分，较大的值可以使模糊区域的阴影产生比较光滑的效果，并且没有杂点。

阴影偏移： 用来控制物体与阴影的偏移距离，较高的值会使阴影向灯光的方向偏移。

光子发射半径： 这个参数和"光子贴图"计算引擎有关。

天空模型： 选择天空的模型，可以选晴天，也可以选阴天。

间接水平照明： 该参数目前不可用。

地面反照率： 通过颜色控制画面的反射颜色。

排除 排除... **：** 将物体排除于阳光照射范围之外。

图5-26

> **提示** "浊度"和"强度倍增"是相互影响的，因为当空气中的浮尘多的时候，阳光的强度就会降低。"大小倍增"和"阴影细分"也是相互影响的，这主要是因为影子虚边越大，所需的细分就越多，也就是说"大小倍增"值越大，"阴影细分"的值就要适当增大，因为当影子为虚边阴影（面阴影）的时候，就会需要一定的细分值来增加阴影的采样，不然就会有很多杂点。

⊙ 操作演示

工具： VR-太阳　　　**位置：** 灯光>VRay　　　**演示视频：** 39-VRay太阳

实战介绍

⊙ 效果介绍

本案例是用"VR-太阳"工具 VR-太阳 模拟场景中的太阳光，如图5-27所示。

⊙ 运用环境

"VR-太阳"工具 VR-太阳 主要用于模拟真实的室外太阳光，如图5-28所示。

图5-27

图5-28

思路分析

⊙ **制作简介**

本案例需要使用"VR-太阳"工具 VR-太阳 为咖啡厅空间添加太阳光。

⊙ **图示导向**

图5-29所示是灯光的参考位置。

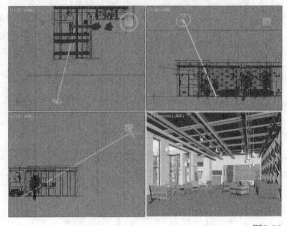

图5-29

步骤演示

01 打开本书学习资源中的文件"场景文件>CH05>05.max",如图5-30所示。

02 进入顶视图,在"创建"面板 中单击"灯光"按钮 ,选择VRay选项,单击"VR-太阳"按钮 VR-太阳 ,在视图中拖曳出灯光,位置如图5-31所示。

图5-30

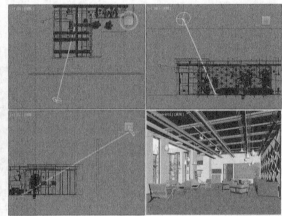

图5-31

03 选中创建的灯光,切换到"修改"面板,在"VRay太阳参数"卷展栏中设置"强度倍增"为0.06,"大小倍增"为5,"阴影细分"为8,如图5-32所示。

04 按C键切换到摄影机视图,然后按F9键进行渲染,效果如图5-33所示。

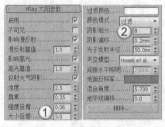

图5-32

图5-33

经验总结

⊙ **技术总结**

本案例是用"VR-太阳"工具 VR-太阳 为咖啡厅场景模拟阳光效果。

⊙ **经验分享**

读者在创建"VR-太阳" VR-太阳 时需要注意，灯光与地面夹角不同，阳光和附带的"VRay天空"贴图的颜色也会不同。当灯光与地面夹角越接近垂直，灯光的颜色越偏白，且"VRay天空"贴图的颜色越偏浅蓝；当灯光与地面夹角越接近平行，灯光的颜色越偏黄，且"VRay天空"贴图的颜色越偏紫，如图5-34所示。如果读者要模拟夕阳的光效，只需要将灯光与地面的夹角设置得小一些即可。

图5-34

<table>
<tr><td rowspan="4">**课外练习：制作
浴室的阳光效果**</td><td>场景位置</td><td>场景文件 >CH05>06.max</td></tr>
<tr><td>实例位置</td><td>实例文件 >CH05> 课外练习 39.max</td></tr>
<tr><td>视频名称</td><td>课外练习 39.mp4</td></tr>
<tr><td>学习目标</td><td>掌握"VR- 太阳"工具的使用方法</td></tr>
</table>

▯ 效果展示

本案例是"VR-太阳"工具 VR-太阳 模拟浴室的阳光效果，如图5-35所示。

▯ 制作提示

灯光参考位置如图5-36所示。

图5-35

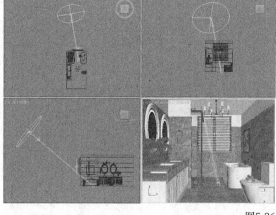

图5-36

<table>
<tr><td rowspan="4">**实战 40**

**产品布光：制作
汽车展示灯光效果**</td><td>场景位置</td><td>场景文件 >CH05>07.max</td></tr>
<tr><td>实例位置</td><td>实例文件 >CH05> 实战 40 产品布光：制作汽车展示灯光效果 .max</td></tr>
<tr><td>视频名称</td><td>实战 40 产品布光：制作汽车展示灯光效果 .mp4</td></tr>
<tr><td>学习目标</td><td>掌握产品布光方法</td></tr>
</table>

▯ 实战介绍

⊙ **效果介绍**

本案例是用"VR-灯光"工具 VR-灯光 模拟摄影棚的灯光，如图5-37所示。

⊙ **运用环境**

产品布光用于产品模型的展示。通过模拟摄影棚的灯光，更加逼真地展现产品模型的颜色、纹理和质感，如图5-38所示。

图5-37　　　　　　　　　　　　图5-38

思路分析

⊙ 制作简介

本案例需要使用"VR-灯光"工具 `VR-灯光` 为场景添加两盏灯光，一盏用于主光源，另一盏则用于辅助光源。

⊙ 图示导向

图5-39所示是灯光的参考位置。

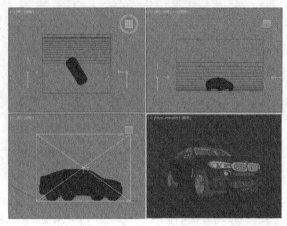

图5-39

步骤演示

01 打开本书学习资源中的文件"场景文件>CH05>07.max"，如图5-40所示。

02 进入左视图，在"创建"面板 中单击"灯光"按钮，选择"VRay"选项，单击"VR-灯光"按钮 `VR-灯光`，在视图中拖曳出灯光，位置如图5-41所示。

图5-40

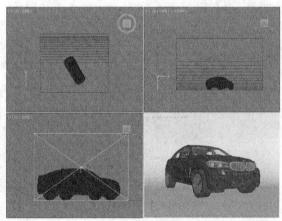

图5-41

03 选中创建的灯光，切换到"修改"面板，设置参数如图5-42所示。

设置步骤

① 在"常规"卷展栏中设置"类型"为"平面"，"1/2长"为2233.962mm，"1/2宽"为1542.977mm，"倍增"为30，"颜色"为（红:255，绿:255，蓝:255）。

② 在"选项"卷展栏中勾选"不可见"选项。

③ 在"细分"卷展栏中设置"细分"为20。

04 按C键切换到摄影机视图，然后按F9键进行渲染，效果如图5-43所示。这盏光源是场景的主光源，确定场景的大致亮度，阴影的方向。

> **提示** 增加灯光的"细分"数值，可以减少画面的噪点。

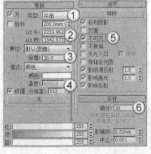

图5-42

图5-43

05 汽车右侧亮度偏暗，需要一盏辅助光源。将步骤"**02**"中创建的灯光复制一盏，放在图5-44所示的位置。

06 选中复制的灯光，切换到"修改"面板，设置参数如图5-45所示。

设置步骤

① 在"常规"卷展栏中设置"类型"为"平面"，"1/2长"为2233.962mm，"1/2宽"为1542.977mm，"倍增"为15，"颜色"为（红:255，绿:255，蓝:255）。

② 在"选项"卷展栏中勾选"不可见"选项。

③ 在"细分"卷展栏中设置"细分"为20。

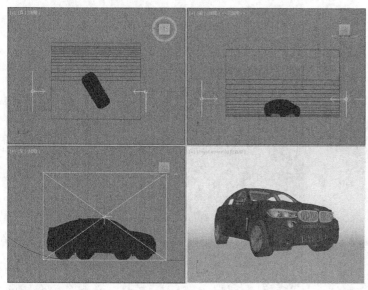

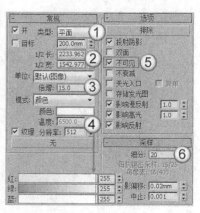

图5-44   图5-45

> **提示** 辅助光源的灯光强度一般是主光源的50%~80%。

07 按C键切换到摄影机视图，然后按F9键进行渲染，最终效果如图5-46所示。案例中的黑色背景是在Photoshop CC中进行处理得到的。

经验总结

⊙ 技术总结

产品灯光是通过模拟摄影棚的灯光，从而展示产品效果。在创建灯光时，要区分主光源与辅助光源，这样渲染的画面才会有层次感。

图5-46

⊙ 经验分享

场景中的主光源只有一个，是场景中亮度最大的灯光，它是确定场景明暗层次、阴影方向和大致亮度的灯光。辅助光源则可以有很多，一般为1~3个。辅助光源的灯光强度不会超过主光源，灯光颜色可以相同，也可以为互补色，如图5-47所示。

产品展示的背景多为纯色，如白色和黑色。也可以在Photoshop CC中通过后期处理将背景处理为需要的效果。

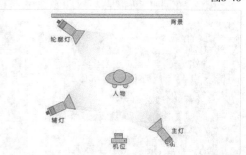

图5-47

<table>
<tr><td rowspan="4">课外练习：制作音响的产品灯光效果</td><td>场景位置</td><td>场景文件 >CH05>08.max</td></tr>
<tr><td>实例位置</td><td>实例文件 >CH05> 课外练习 40.max</td></tr>
<tr><td>视频名称</td><td>课外练习 40.mp4</td></tr>
<tr><td>学习目标</td><td>掌握产品布光的方法</td></tr>
</table>

效果展示

本案例是用"VR-灯光"工具 VR-灯光 制作音响的产品灯光，如图5-48所示。

制作提示

灯光参考位置如图5-49所示。

图5-48

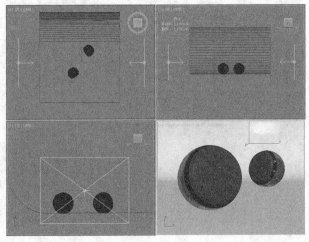

图5-49

<table>
<tr><td rowspan="4">实战 41
开放空间布光：制作别墅的灯光效果</td><td>场景位置</td><td>场景文件 >CH05>09.max</td></tr>
<tr><td>实例位置</td><td>实例文件 >CH05> 实战 41 开放空间布光：制作别墅的灯光效果 .max</td></tr>
<tr><td>视频名称</td><td>实战 41 开放空间布光：制作别墅的灯光效果 .mp4</td></tr>
<tr><td>学习目标</td><td>掌握开放空间的布光方法</td></tr>
</table>

实战介绍

⊙ 效果介绍

本案例是为别墅空间布置灯光，从而模拟出白天的灯光效果，如图5-50所示。

⊙ 运用环境

阳台、花园和户外都是常见的开放空间，自然光源是主光源，人工光源作为辅助光源，如图5-51所示。

图5-50

图5-51

思路分析

⊙ 制作简介

本案例是为别墅空间布置灯光，需要使用"VR-太阳"工具 VR-太阳 模拟阳光的效果，灯光自带的"VR-天空"贴图则模拟环境光的效果。"VR-灯光"工具 VR-灯光 则简单模拟室内的人工光源，作为场景的辅助光源。

⊙ 图示导向

图5-52所示是灯光的参考位置。

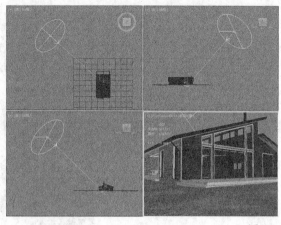

图5-52

步骤演示

01 打开本书学习资源中的文件"场景文件>CH05>09.max"，如图5-53所示。

02 首先创建主光源。切换到顶视图，在"创建"面板 中单击"灯光"按钮 ，选择"VRay"选项，单击"VR-太阳"按钮 VR-太阳 ，在视图中拖曳出灯光，位置如图5-54所示。

图5-53

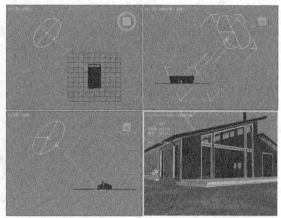

图5-54

 提示 在创建阳光时，系统会弹出图5-55所示的对话框，这里选择"是"选项。

图5-55

03 选中创建的灯光，切换到"VRay太阳参数"卷展栏，设置"强度倍增"为0.03，"大小倍增"为5，"阴影细分"为8，如图5-56所示。

04 按C键切换到摄影机视图，然后按F9键进行渲染，效果如图5-57所示。这盏光源是场景的主光源，确定场景的大致亮度，阴影的方向。

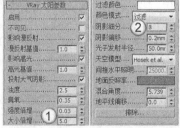

图5-56

图5-57

05 自然光源创建完成，下面创建人工光源。使用"VR-灯光"工具 `VR-灯光` 在屋顶下方创建一盏灯光，位置如图5-58所示。

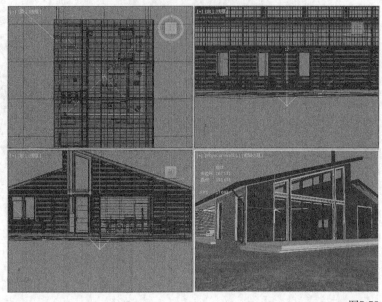

图5-58

06 选中创建的灯光，切换到"修改"面板，设置参数如图5-59所示。

设置步骤

① 在"常规"卷展栏中设置"类型"为"平面"，"1/2长"为5077.259mm，"1/2宽"为5024.425mm，"倍增"为2，"颜色"为纯白色。

② 在"选项"卷展栏中勾选"不可见"选项。

07 按C键切换到摄影机视图，然后按F9键进行渲染，效果如图5-60所示。

> **提示** 案例效果图的植物和画幅是在Photoshop CC中进行处理得到的。

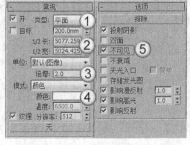

图5-59

图5-60

⊟ 经验总结

⊙ 技术总结

开放空间的灯光大多数是以自然光源作为主光源，人工光源为辅助光源。

⊙ 经验分享

本案例渲染的效果与最终呈现的效果之间有一些差异，例如画幅、天空和添加的植物。这些步骤是在Photoshop CC中用素材合成添加的，如图5-61所示的".psd"文件图层。

通常为了提高制作效率，建筑场景不需要添加配景模型就可以渲染效果图，然后在Photoshop CC中合成各种需要的素材文件。这种方法不仅需要制作者掌握3ds Max 2016，还要掌握Photoshop CC。

本案例的知识点是讲解如何为开放空间布光，因此素材合成部分的内容就不进行讲解，读者可以打开实例文件夹中的".psd"文件进行查看。

图5-61

课外练习：制作庭院的阳光效果

场景位置	场景文件 >CH05>10.max
实例位置	实例文件 >CH05> 课外练习 41.max
视频名称	课外练习 41.mp4
学习目标	掌握开放空间布光

效果展示

本案例是用"VR-太阳"工具 VR-太阳 制作庭院的阳光效果，如图5-62所示。

制作提示

灯光参考位置如图5-63所示。

图5-62

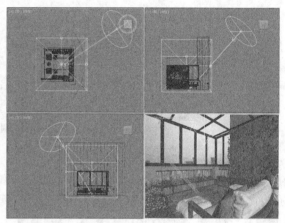

图5-63

实战 42
半封闭空间布光：制作客厅的灯光效果

场景位置	场景文件 >CH05>11.max
实例位置	实例文件 >CH05> 实战 42 半封闭空间布光：制作客厅的灯光效果 .max
视频名称	实战 42 半封闭空间布光：制作客厅的灯光效果 .mp4
学习目标	掌握半封闭空间的布光方法

实战介绍

⊙ 效果介绍

本案例是为客厅空间布置灯光，从而模拟出夜晚的灯光效果，如图5-64所示。

⊙ 运用环境

客厅、卧室和书房等都是拥有一定面积开窗的空间，这种空间就是半封闭空间，如图5-65所示。半封闭空间的布光相对复杂，除了要明确场景中灯光的主次，还要在灯光颜色上进行区分。

图5-64

图5-65

思路分析

⊙ 制作简介

本案例是为客厅空间布置夜晚环境的灯光，需要使用
"VR-灯光"工具 VR-灯光 模拟自然光源和辅助光源。

⊙ 图示导向

图5-66所示是灯光的参考位置。

图5-66

步骤演示

01 打开本书学习资源中的文件"场景文件>CH05>11.max"，如图5-67所示。

02 首先创建主光源自然光。在"创建"面板 中单击"灯光"按钮 ，选择VRay选项，单击"VR-灯光"按钮 VR-灯光 ，在吊灯灯泡上创建一盏VRay灯光，并复制到其他灯泡位置，位置如图5-68所示。

图5-67

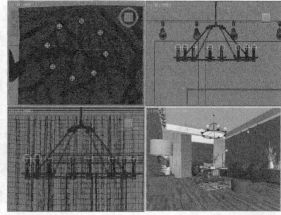

图5-68

03 选中创建的灯光，切换到"修改"面板，设置参数如图5-69所示。

设置步骤

① 在"常规"卷展栏中设置"类型"为"球体"，"半径"为39.53mm，"倍增"为40，"温度"为4000。

② 在"选项"卷展栏中勾选"不可见"选项。

04 按C键切换到摄影机视图，并按F9键渲染，效果如图5-70所示。

05 下面创建辅助光源落地灯。使用"VR-灯光"工具 VR-灯光 在落地灯的灯罩下方创建一盏灯光，位置如图5-71所示。

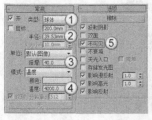

图5-69

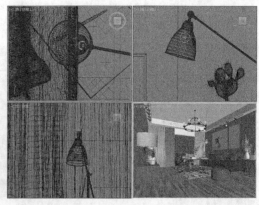

图5-70

图5-71

中文版 3ds Max 2016/VRay 效果图制作实战基础教程

06 选中创建的灯光，切换到"修改"面板，设置参数如图5-72所示。

设置步骤

① 在"常规"卷展栏中设置"类型"为"球体"，"半径"为33.013mm，"倍增"为500，"温度"为3400。

② 在"选项"卷展栏中勾选"不可见"选项。

07 按C键切换到摄影机视图，并按F9键渲染，效果如图5-73所示。

08 下面创建另一个辅助光源台灯。使用"VR-灯光"工具 [VR-灯光] 在左侧台灯的灯罩内创建一盏灯光，位置如图5-74所示。

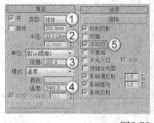
图5-72

图5-73

图5-74

09 选中创建的灯光，切换到"修改"面板，设置参数如图5-75所示。

设置步骤

① 在"常规"卷展栏中设置"类型"为"球体"，"半径"为38.141mm，"倍增"为80，"温度"为3200。

② 在"选项"卷展栏中勾选"不可见"选项。

10 按C键切换到摄影机视图，并按F9键渲染，效果如图5-76所示。

11 下面创建射灯灯光。使用"VRayIES"工具 [VRayIES] 在射灯下方创建一盏灯光，并复制到其他射灯下方，如图5-77所示。

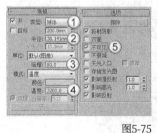
图5-75

图5-76

图5-77

12 选中上一步创建的灯光，切换到"修改"面板，在"IES文件"通道中加载学习资源中的文件"实例文件>CH05>实战42 半封闭空间布光：制作客厅的灯光>map>16.ies"，并设置"颜色模式"为"温度"，"色温"为5000，"强度值"为900，如图5-78所示。

13 按C键切换到摄影机视图，并按F9键渲染，效果如图5-79所示。

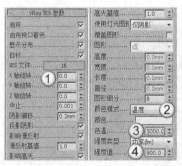
图5-78

图5-79

14 此时的场景虽然灯光具有层次感，但只有暖色没有冷色。使用"VR-灯光"工具 VR-灯光 在窗外创建一盏灯光，位置如图5-80所示。

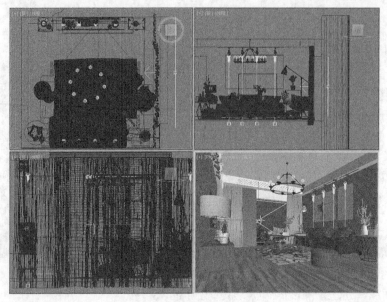

图5-80

15 选中上一步创建的灯光，切换到"修改"面板，设置参数如图5-81所示。

设置步骤

① 在"常规"卷展栏中设置"类型"为"平面"，"1/2长"为1669.26mm，"1/2宽"为1020.801mm，"倍增"为3，"颜色"为（红:13，绿:48，蓝:161）。

② 在"选项"卷展栏中勾选"不可见"选项。

16 按C键切换到摄影机视图，并按F9键渲染，效果如图5-82所示。

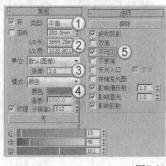

图5-81

图5-82

经验总结

⊙ 技术总结

本案例的半封闭空间以吊灯为主光源，台灯、落地灯、射灯和自然光为辅助光源。笔者将室内的人工光源在灯光颜色和灯光强度上进行了区别，这样就形成了灯光的层次感。室内的人工光源都是暖色光，画面中缺少冷色调，因此在窗外添加一盏模拟冷色自然光的光源，这样画面中就有了冷暖对比。

⊙ 经验分享

一般在创建灯光时，都是先创建场景中最亮的灯光，整体控制其亮度和色调。其他辅助光源则逐一添加，这样就不会出现画面过分曝光或是灯光没有层次感的问题。在半封闭空间中，无论是人工光源还是自然光源都可以作为主光源。

课外练习：制作儿童房的阳光效果

场景位置	场景文件 >CH05>12.max
实例位置	实例文件 >CH05> 课外练习 42.max
视频名称	课外练习 42.mp4
学习目标	掌握半封闭空间布光

效果展示

本案例是用"VR-太阳"工具 `VR-太阳` 和"VR-灯光"工具 `VR-灯光` 模拟儿童房的阳光效果，效果如图5-83所示。

制作提示

灯光参考位置如图5-84所示。

图5-83

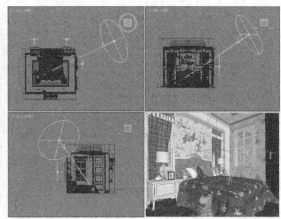

图5-84

实战 43

封闭空间布光：制作电梯厅的灯光效果

场景位置	场景文件 >CH05>13.max
实例位置	实例文件 >CH05> 实战 43 封闭空间布光：制作电梯厅的灯光效果 .max
视频名称	实战 43 封闭空间布光：制作电梯厅的灯光效果 .mp4
学习目标	掌握封闭空间的布光方法

实战介绍

⊙ **效果介绍**

本案例是为电梯厅空间布置灯光，从而模拟出灯光效果，如图5-85所示图。

⊙ **运用环境**

没有开窗的空间就是封闭空间，如图5-86所示。封闭空间的布光相对复杂，全部依靠人工光源进行布光，灯光的层次是布光的重点。

图5-85

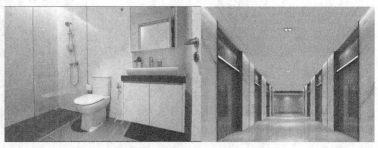

图5-86

129

思路分析

⊙ 制作简介

本案例是为电梯厅空间布置灯光，需要使用"VR-灯光"工具 VR-灯光 和"VRayIES"工具 VRayIES 模拟人工光源。

⊙ 图示导向

图5-87所示是灯光的参考位置。

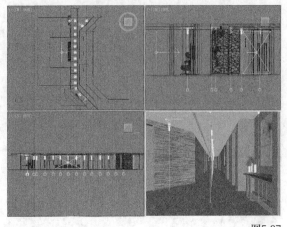

图5-87

步骤演示

01 打开本书学习资源中的文件"场景文件>CH05>13.max"，如图5-88所示。

02 首先创建主光源。使用"VRayIES"工具 VRayIES 在左视图创建一盏灯光，然后以"实例"形式复制到其他筒灯下方，如图5-89所示。

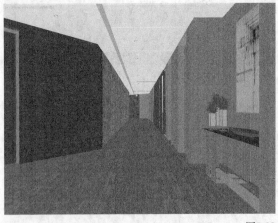

图5-88

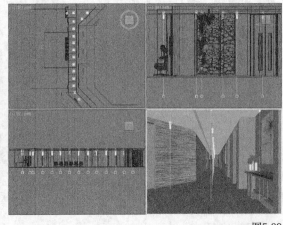

图5-89

03 选中创建的灯光，切换到"修改"面板，在"IES文件"通道中加载学习资源中的文件"实例文件>CH05>实战43 封闭空间布光：制作电梯厅的灯光>map>北玄射灯好用.ies"，并设置"颜色模式"为"温度"，"色温"为5000，"强度值"为7000，如图5-90所示。

04 按C键切换到摄影机视图，并按F9键渲染，效果如图5-91所示。

提示 筒灯作为一个整体，是场景的主光源。

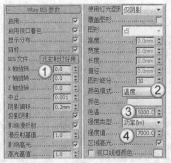

图5-90

图5-91

05 下面创建辅助光源。使用"VR-灯光"工具 VR-灯光 在灯槽内创建一盏灯光，并复制到另一侧灯槽内，位置如图5-92所示。

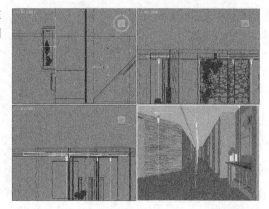

图5-92

06 选中创建的灯光，切换到"修改"面板，设置参数如图5-93所示。

设置步骤

① 在"常规"卷展栏中设置"类型"为"平面"，"1/2长"为54.58mm，"1/2宽"为1574.788mm，"倍增"为5，"温度"为4500。

② 在"选项"卷展栏中勾选"不可见"选项。

07 按C键切换到摄影机视图，并按F9键渲染，效果如图5-94所示。

08 观察画面，走廊尽头有些暗，需要补充光源。使用"VR-灯光"工具 VR-灯光 在走廊尽头创建一盏灯光，位置如图5-95所示。

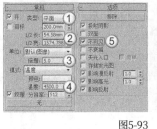

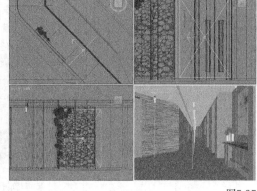

图5-93   图5-94   图5-95

09 选中创建的灯光，切换到"修改"面板，设置参数如图5-96所示。

设置步骤

① 在"常规"卷展栏中设置"类型"为"平面"，"1/2长"为1177.486mm，"1/2宽"为1241.145mm，"倍增"为5，"温度"为4500。

② 在"选项"卷展栏中勾选"不可见"选项。

10 按C键切换到摄影机视图，并按F9键渲染，效果如图5-97所示。

11 走廊右侧有一个玻璃门，在玻璃门的右侧创建一盏灯光，位置如图5-98所示。

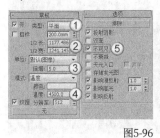

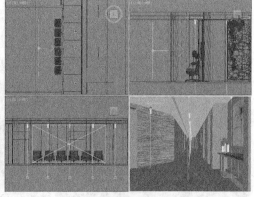

图5-96   图5-97   图5-98

131

12 选中创建的灯光，切换到"修改"面板，设置参数如图5-99所示。

设置步骤

① 在"常规"卷展栏中设置"类型"为"平面"，"1/2长"为2475.159mm，"1/2宽"为1230.256mm，"倍增"为5，"颜色"为白色。

② 在"选项"卷展栏中勾选"不可见"选项。

13 按C键切换到摄影机视图，并按F9键渲染，最终效果如图5-100所示。

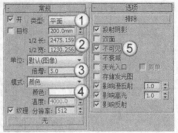

图5-99　　　　　　　　　　　　　　图5-100

经验总结

⊙ 技术总结

本案例的封闭空间是以筒灯为一个整体作为场景的主光源，其他平面灯光作为辅助光源点缀画面。灯光大多数是暖色，需要在颜色上进行区分。

⊙ 经验分享

初学者在布置灯光时很容易发生一个问题，即在场景中添加了许多灯光后，整个场景仍然看起来"很暗"。造成这个问题的原因是灯光强度和颜色没有明显的区分，从而让画面没有层次感，致使画面看起来很暗。初学者在布置灯光时，应尽量使用较少的灯光达到较好的效果。当操作熟练之后，再逐渐增加灯光的种类，丰富场景细节。

课外练习：制作视听室的灯光效果		
场景位置	场景文件 >CH05>14.max	
实例位置	实例文件 >CH05> 课外练习 43.max	
视频名称	课外练习 43.mp4	
学习目标	掌握封闭空间布光的方法	

效果展示

本案例是制作视听室的灯光效果，效果如图5-101所示。

制作提示

灯光参考位置如图5-102所示。

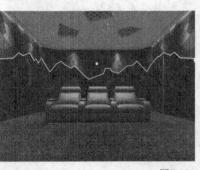

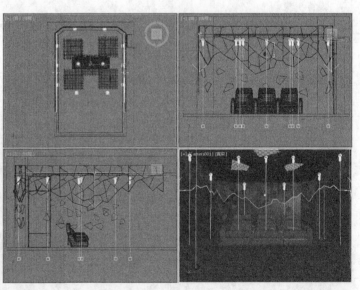

图5-101　　　　　　　　　　　　　　图5-102

第 6 章
材质和贴图技术

本章将介绍效果图的材质和贴图技术，包括材质编辑器、标准材质、VRay 材质、常用贴图和贴图坐标。通过学习这些技术，可以增加场景的表现方式。

本章技术重点

» 掌握材质编辑器

» 熟悉常用的标准材质

» 掌握常用的 VRay 材质

» 掌握常用的贴图

» 熟悉贴图坐标

材质编辑器

场景位置	无
实例位置	无
视频名称	实战 44 材质编辑器 .mp4
学习目标	掌握材质编辑器和赋予材质的方法

步骤演示

01 打开3ds Max 2016的界面后，执行"渲染>材质编辑器>精简材质编辑器"菜单命令，如图6-1所示，系统会自动弹出"材质编辑器"面板，如图6-2所示。

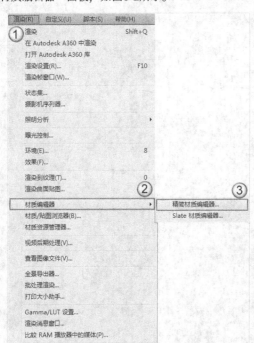
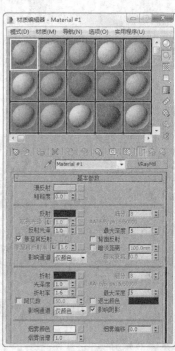

图6-1   图6-2

02 打开菜单栏，执行"渲染>材质编辑器>Slate材质编辑器"命令，如图6-3所示，然后系统会自动弹出"Slate材质编辑器"面板，如图6-4所示。

图6-3   图6-4

提示 初次打开材质编辑器时，系统默认为"Slate材质编辑器"。如果要切换到"精简材质编辑器"，需要在材质编辑器的菜单栏中执行"模式>精简材质编辑器"命令，就可以进行切换，如图6-5所示。

在本书的材质讲解中，全部使用"精简材质编辑器"。虽然"Slate材质编辑器"在功能上更强大，但对于初学者来说"精简材质编辑器"更加利于学习。

无论是哪种材质编辑器，其打开的快捷键都是M键。

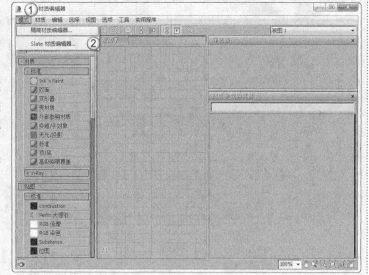

图6-5

03 若材质编辑器中的空白材质球已经满了，就需要重置材质球。执行"实用程序>重置材质编辑器窗口"命令，如图6-6所示，此时材质球窗口就全部还原为默认材质球，如图6-7所示。

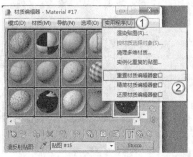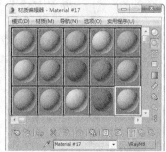

图6-6　　　　　　　　　　　　　　　　图6-7

提示 在默认情况下，材质球示例窗中的材质球不会完全显示，需要拖曳滚动条显示不在窗口中的材质球，如图6-8所示。

按住鼠标左键可以将一个材质球拖曳到另一个材质球上，这样当前材质就会覆盖掉原有的材质，如图6-9所示。

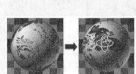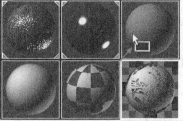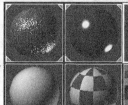

图6-8　　　　　　　　　　　　　　　　　　　　　　　　图6-9

使用鼠标左键可以将材质球中的材质拖曳到场景中的物体上（即将材质指定给对象），如图6-10所示。将材质指定给物体后，材质球上会显示4个缺角的符号，如图6-11所示。

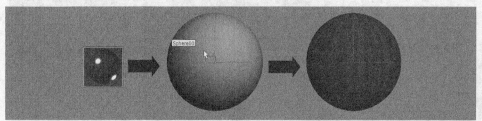

图6-10　　　　　图6-11

135

04 给模型赋予材质的方法很简单。选中需要的材质球，然后选中图6-12所示的模型，在"材质编辑器"上单击"将材质指定给选定对象"按钮 ，选中的模型部分自动转换为材质球的颜色，如图6-13所示。

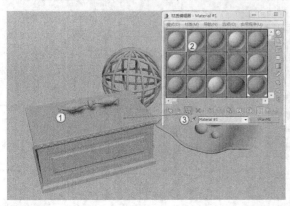 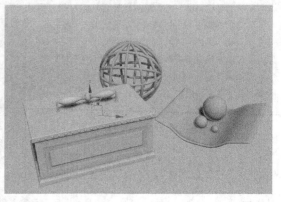

图6-12　　　　　　　　　　　　　　　　　　　　　　　　图6-13

> **提示** 赋予材质球的方法，除了上述提到的以外，还可以用鼠标左键拖曳材质球，然后移动到需要赋予材质的模型上，接着松开鼠标即可。

05 如果需要得到场景中模型的材质，就需要使用"从对象拾取材质"工具 。选中一个空白材质球，然后单击"从对象拾取材质"按钮 ，如图6-14所示。此时光标变成吸管形状，在需要吸取材质的模型上单击一下，空白材质球就转换为该模型的材质，如图6-15所示。

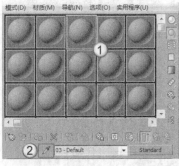

图6-14　　　　　　　　　　　　　　　　　　　　　　　　图6-15

> **提示** 材质工具栏，如图6-16所示，下面讲解常用工具。
>
> "获取材质"按钮 ：为选定的材质打开"材质/贴图浏览器"对话框。与菜单栏中"材质>获取材质"选项的作用一致。
>
> "材质ID通道"按钮 ：为应用后期制作效果设置唯一的ID通道。
>
> "在视口中显示明暗处理材质"按钮 ：在视口对象上显示2D材质贴图。单击此按钮后，带贴图的材质就能在赋予后的对象上显示，为进一步调整贴图坐标提供帮助。
>
> "转到父对象"按钮 ：将当前材质上移一级。当为基本材质添加子层级贴图或是增加父级别材质时使用。
>
> "采样类型"按钮 ：控制示例窗显示的对象类型，默认为球体类型，还有圆柱体和立方体类型。
>
> "背景"按钮 ：在材质后面显示方格背景图像，这在观察透明材质时非常有用，如图6-17所示。

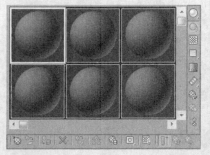 

图6-16　　　　　　　　图6-17

实战 45
标准材质：制作装饰品的材质

场景位置	场景文件 >CH06>01.max
实例位置	实例文件 >CH06> 实战 45 标准材质：制作装饰品的材质 .max
视频名称	实战 45 标准材质：制作装饰品的材质 .mp4
学习目标	熟悉"标准材质"工具的基本用法

一 工具剖析

⊙ 参数解释

"标准材质"工具 Standard 的参数面板如图6-18所示。

重要参数讲解

明暗器列表： 在该列表中包含了8种明暗器类型，如图6-19所示。

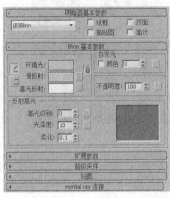

图6-18　　　　图6-19

各向异性： 这种明暗器通过调节两个垂直于正向上可见高光尺寸之间的差值来提供了一种"重折光"的高光效果，这种渲染属性可以很好地表现毛发、玻璃和被擦拭过的金属等物体。

Blinn： 这种明暗器是以光滑的方式来渲染物体表面，是最常用的一种明暗器。

金属： 这种明暗器适用于金属表面，它能提供金属所需的强烈反光。

多层： "多层"明暗器与"各向异性"明暗器很相似，但"多层"明暗器可以控制两个高亮区，因此"多层"明暗器拥有对材质更多的控制，第一高光反射层和第二高光反射层具有相同的参数控制，可以对这些参数使用不同的设置。

Oren-Nayar-Blinn： 这种明暗器适用于无光表面（如纤维或陶土），与Blinn明暗器几乎相同，通过它附加的"漫反射色级别"和"粗糙度"两个参数可以实现无光效果。

Phong： 这种明暗器可以平滑面与面之间的边缘，也可以真实地渲染有光泽和规则曲面的高光，适用于高强度的表面和具有圆形高光的表面。

Strauss： 这种明暗器适用于金属和非金属表面，与"金属"明暗器十分相似。

半透明明暗器： 这种明暗器与Blinn明暗器类似，他们之间的最大的区别在于该明暗器可以设置半透明效果，使光线能够穿透半透明的物体，并且在穿过物体内部时离散。

环境光： 用于模拟间接光，也可以用来模拟光能传递。

漫反射： "漫反射"是在光照条件较好的情况下（例如在太阳光和人工光直射的情况下）物体反射出来的颜色，又被称作物体的"固有色"，也就是物体本身的颜色。

高光反射： 物体发光表面高亮显示部分的颜色。

颜色： 使用"漫反射"颜色替换曲面上的任何阴影，从而创建出白炽效果。

不透明度： 控制材质的不透明度。

高光级别： 控制"反射高光"的强度。数值越大，反射强度越强。

光泽度： 控制镜面高亮区域的大小，即反光区域的大小。数值越大，反光区域越小。

柔化： 设置反光区和无反光区衔接的柔和度。0表示没有柔化效果；1表示应用最大量的柔化效果。

⊟ 实战介绍

⊙ 效果介绍

本案例是用"标准材质"工具为装饰品赋予材质，如图6-20所示。

⊙ 运用环境

"标准材质"工具可以模拟绝大部分的材质效果，在很多渲染器中都可以使用。"标准材质"工具在以前是必备的效果图材质工具，但随着VRay渲染器的广泛应用，所携带的VRay材质功能更加强大，效果也更为逼真，而且操作简单。现在VRay材质功能已经逐渐代替"标准材质"工具，只有在制作一些特殊场景时才会偶尔运用"标准材质"工具，读者只需要了解这类材质工具即可，如图6-21所示。

图6-20

图6-21

⊟ 思路分析

⊙ 制作简介

本案例是一个装饰品，需要用"标准材质"工具模拟油漆的质感。

⊙ 图示导向

图6-22所示是材质的效果。

⊟ 步骤演示

01 打开本书学习资源中的文件"场景文件>CH06>01.max"，如图6-23所示。

图6-22

图6-23

02 按M键打开材质编辑器，选择一个空白材质球，材质球默认为"Standard"（标准）材质，具体参数设置如图6-24所示。

设置步骤

① 设置"环境光"和"漫反射"颜色为蓝色（红:84，绿:91，蓝:97）。

② 设置"高光级别"为50，"光泽度"为30。

03 将制作好的材质指定给场景中的模型，然后按F9键渲染当前场景，最终效果如图6-25所示。

> **提示** "环境光"与"漫反射"的颜色设置被关联锁定，只要调整其中一个参数，另一个参数会相应改变。

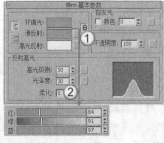

图6-24

图6-25

⊟ 经验总结

⊙ 技术总结

本案例是用"标准材质"工具模拟油漆的质感。油漆具有高光，但不是特别光滑。

⊙ 经验分享

"标准材质"工具在制作自发光效果时有两种不同的方法。

第1种： 勾选"颜色"选项，并设置自发光的颜色，如图6-26所示。这种方法可以让自发光的颜色和模型的颜色不同。

第2种： 设置"颜色"后的数值为100，如图6-27所示。这种方法只能产生与模型原有颜色一样的自发光颜色。

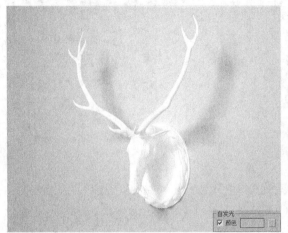

图6-26

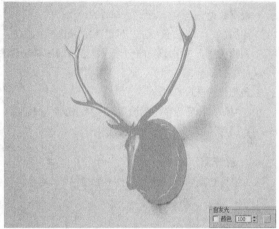

图6-27

课外练习：	场景位置	场景文件 >CH06>02.max
制作塑料材质	实例位置	实例文件 >CH06> 课外练习 45.max
	视频名称	课外练习 45.mp4
	学习目标	熟悉"标准材质"工具的基本用法

⊟ **效果展示**

本案例用"标准材质"工具模拟塑料的质感，案例效果如图6-28所示。

⊟ **制作提示**

材质的效果如图6-29所示。

图6-28

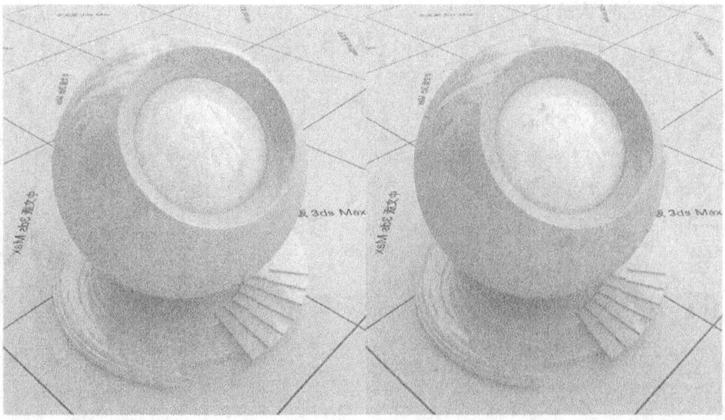

图6-29

场景位置	场景文件 >CH06>03.max
实例位置	实例文件 >CH06> 实战 46 多维 / 子对象：制作魔方材质 .max
视频名称	实战 46 多维 / 子对象：制作魔方材质 .mp4
学习目标	熟悉"多维 / 子对象"工具的基本用法

一 工具剖析

⊙ 参数解释

"多维/子对象"工具 Multi/Sub-Object 的参数面板如图6-30所示。

重要参数讲解

设置数量 设置数量：设置子材质的数量。

添加 添加：单击该按钮，可以添加新的子材质。

删除 删除：单击该按钮，可以将选中的子材质删除。

ID： 子材质的编号。

名称： 子材质的名称。

子材质： 在通道中可以加载不同材质成为子材质。

启用/禁用： 设置子材质是否使用。

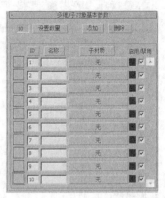

图6-30

⊙ 操作演示

工具： Multi/Sub-Object   **位置：** 材质编辑器>材质>标准   **演示视频：** 46-多维/子对象

一 实战介绍

⊙ 效果介绍

本案例是用"多维/子对象"工具 Multi/Sub-Object 模拟魔方材质，如图6-31所示。

⊙ 运用环境

"多维/子对象"工具 Multi/Sub-Object 可以将多种材质进行混合后，成为一个单独的材质。若是将多种材质的模型塌陷为一个单独的模型，其材质也会自动组合为一个新的"多维/子对象"，如图6-32所示。

图6-31

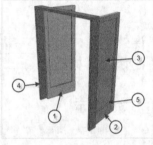

图6-32

一 思路分析

⊙ 制作简介

本案例需要用"多维/子对象"工具 Multi/Sub-Object 模拟魔方材质。

⊙ 图示导向

图6-33所示是材质的效果。

一 步骤演示

01 打开本书学习资源中的文件"场景文件> CH06>03.max"，如图6-34所示。

图6-33

图6-34

02 观察模型，可以分为7个颜色。按M键打开材质编辑器，选择一个空白材质球，将材质球转换为"多维/子对象"材质，参数面板如图6-35所示。

03 由于模型是由7种材质组成，因此只需要7个ID材质即可。单击"设置数量"按钮 设置数量 ，然后在弹出的"设置材质数量"对话框中设置"材质数量"为7，单击"确定"按钮 确定 ，如图6-36所示。此时材质球面板如图6-37所示。

04 进入ID1材质，具体参数设置如图6-38所示。

设置步骤

① 设置"漫反射"颜色为（红13，绿:13，蓝:13）。

② 设置"高光级别"为80，"光泽度"为60。

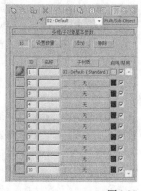

图6-35

05 单击"转到父对象"按钮返回多维/子对象面板，如图6-39所示。

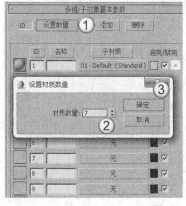

图6-36

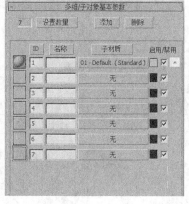

图6-37

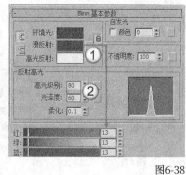

图6-38

图6-39

06 进入ID2材质，设置ID2材质为"Standard"（标准）材质，具体参数如图6-40所示。

设置步骤

① 设置"漫反射"颜色为（红247，绿:247，蓝:247）。

② 设置"高光级别"为80，"光泽度"为60。

07 其他材质制作方法相同，只是颜色上有所区别，这里不赘述。赋予材质后的模型效果，如图6-41所示。

08 按C键切换到摄影机视图，然后按F9键进行渲染，效果如图6-42所示。

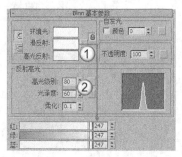

图6-40

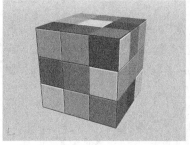

图6-41

图6-42

⊟ 经验总结

⊙ 技术总结

"多维/子对象"工具 Multi/Sub-Object 是将多种材质混合在同一个材质上。

⊙ 经验分享

"多维/子对象"工具 的ID号对应模型的ID，如图6-43所示。只有两种ID相同，材质才能精准定位。

图6-43

场景位置	场景文件 >CH06>04.max
实例位置	实例文件 >CH06> 课外练习 46.max
视频名称	课外练习 46.mp4
学习目标	熟悉"多维 / 子对象"工具的基本用法

效果展示

本案例是用"多维/子对象"工具 Multi/Sub-Object 模拟花瓶材质，案例效果如图6-44所示。

制作提示

材质的效果如图6-45所示。

图6-44   图6-45

实战 47

VRayMtl材质：
制作玻璃杯材质

场景位置	场景文件 >CH06>05.max
实例位置	实例文件 >CH06> 实战 47 VRayMtl 材质：制作玻璃杯材质 .max
视频名称	实战 47 VRayMtl 材质：制作玻璃杯材质 .mp4
学习目标	掌握"VRayMtl"材质工具的使用方法

工具剖析

⊙ 参数解释

"VRayMtl"材质工具 VRayMtl 的参数面板如图6-46所示。

图6-46

重要参数讲解

漫反射：物体的漫反射用来决定物体的表面颜色。通过单击它的色块，可以调整自身的颜色。单击右边的 ▇ 按钮可以选择不同的贴图类型。

粗糙度：数值越大，粗糙效果越明显，可以用该选项来模拟绒布的效果。

反射：这里的反射是靠颜色的亮度来控制，颜色越白反射越强，越黑反射越弱。这里选择的颜色则是反射出来的颜色，和反射的强度是分开计算的。单击旁边的 ▇ 按钮，可以通过贴图的亮度来控制反射的强弱。图6-47所示的是颜色亮度对反射的影响。

反射: 50   反射: 125   反射: 255

图6-47

高光光泽：控制材质的高光大小，默认情况下是和"反射光泽"进行关联控制的，可以通过单击旁边的"L"按钮来解除锁定，从而可以单独调整高光的大小。图6-48所示的是不同"高光光泽"下的效果。

高光光泽: 1.0　　　　　　　高光光泽: 0.7　　　　　　　高光光泽: 0.4

图6-48

反射光泽: 通常也被称为"反射模糊",决定物体表面反射的模糊程度。默认的1表示没有模糊效果,数值越小表示模糊效果越强烈。单击右边的按钮,可以通过贴图的亮度来控制反射模糊的强弱,如图6-49所示。

反射光泽: 1.0　　　　　　　反射光泽: 0.7　　　　　　　反射光泽: 0.4

图6-49

细分: 细分用来控制反射模糊的品质,较高的值可以取得较平滑的效果,而较低的值让模糊区域有颗粒效果。细分值越大渲染速度越慢,如图6-50所示。

细分: 8　　　　　　　细分: 20

图6-50

菲涅耳反射: 勾选"菲涅尔反射"选项后,物体的反射强度与摄影机的视点和具有反射功能的物体之间的角度有关:角度越小,反射越强烈;当垂直入射的时候,反射强度最弱。

菲涅耳折射率: 单击右边的"L"按钮解除锁定后,可以对折射率进行调整。数值越大,材质越接近金属质感,如图6-51所示。

菲涅耳折射率: 3　　　　　　　菲涅耳折射率: 10

图6-51

提示 下面通过真实物理世界中的照片来说明一下菲涅耳反射现象,如图6-52所示,由于远处的玻璃与人眼的视线构成的角度较小,所以反射比较强烈;而近处的玻璃与人眼的视线构成的角度较大(几乎垂直),所以反射比较弱。

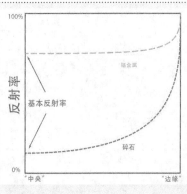 

图6-52

第 6 章　材质和贴图技术

143

最大深度： 反射的最大次数。反射次数越多，反射就越彻底，当然渲染时间也越慢。在实际应用中，在对效果要求不太高的情况下，可以适当降低该值来控制渲染时间。

折射： 折射的原理和反射的原理一样，颜色越白，物体越透明，进入物体内部产生折射的光线也就越多；颜色越黑，物体越不透明，产生折射的光线也就越少。单击右边的按钮，可以通过贴图的亮度来控制折射的强弱。图6-53所示的分别是不同折射颜色下的不同透明度效果。

折射：50   折射：125   折射：200

图6-53

光泽度： 用来控制物体的折射模糊程度。值越小，模糊程度越明显。默认值为1，表示不产生折射模糊。单击右边的按钮，可以通过贴图的灰度来控制折射模糊的强弱。图6-54中所示的两幅图反映了不同光泽度的效果。

光泽度：1.0   光泽度：0.7

图6-54

细分： 用来控制折射模糊的品质。较高的值可以得到比较光滑的效果，渲染速度就比较慢；而较低的值模糊区域将有杂点产生，渲染速度比较快，如图6-55所示。

细分：16   细分：8

图6-55

折射率： 用于设置透明物体的折射率，图6-56所示的是不同折射率的效果。

折射率：1.3   折射率：1.5   折射率：2.0

图6-56

> **提示** 常见物体的折射率：
> 冰＝1.309、水＝1.333、玻璃＝1.500、水晶＝2.000、钻石＝2.417。

最大深度： 和"反射"选项组中的"最大深度"原理相同，控制折射的最大次数。

中文版 3ds Max 2016/VRay 效果图制作实战基础教程

烟雾颜色： 这个选项用来虚拟透明物体的颜色。其原理就是虚拟光线穿透透明物体后所折射出来的不同颜色，从而起到给透明物体"上色"的效果。

烟雾倍增： 可以理解为雾的浓度。值越大，雾越浓，光线穿透物体的能力越差，如图6-57所示。

烟雾倍增：0.2　　　　　　烟雾倍增：0.6　　　　　　烟雾倍增：1.0

图6-57

烟雾偏移： 雾的偏移，较低的值会使雾向相机的方向偏移。

半透明： 包含"硬（蜡）模型""软（水）模型"和"混合模式"模型。

厚度： 用来控制光线在物体内部被追踪的深度，也可以理解为光线的最大穿透能力。较大的值，会让整个物体都被光线穿透；而较小的值，让物体比较薄的地方产生次表面散射现象。

散布系数： 物体内部的散射总量。"0.0"表示光线在所有方向被物体内部散射，"1.0"表示光线在一个方向被物体内部散射，而不考虑物体内部的曲面。

背面颜色： 用来控制次表面散射的颜色。

正/背面系数： 控制光线在物体内部的散射方向。"0.0"表示光线沿着灯光发射的方向向前散射，"1.0"表示光线沿着灯光发射的方向向后散射，而"0.5"表示这两个情况各占一半。

灯光倍增： 光线穿透能力倍增值，值越大，散射效果越强，这就是典型的SSS效果。

自发光： 设置材质的自发光颜色，勾选"全局照明"选项后会产生光照效果。

双向反射分布函数： 包含4种类型"多面""反射""沃德"和"微面GTR（GGX）"。

各向异性： 控制高光区域的形状，可以用该参数来设置拉丝效果。

旋转： 控制高光区的旋转方向。

⊙ **操作演示**

工具：[VRayMtl]　　位置：材质编辑器>材质>VRay　　演示视频：47-VRayMtl

🔲 实战介绍

⊙ **效果介绍**

本案例是用"VRayMtl"材质工具[VRayMtl]进行制作，如图6-58所示。

⊙ **运用环境**

"VRayMtl"材质工具[VRayMtl]是使用频率最高的材质之一，也是使用范围最广的一种材质，可以模拟出任何一种材质效果，如图6-59所示。

图6-58

图6-59

⊖ 思路分析

⊙ 制作简介

本案例需要用"VRayMtl"材质工具 VRayMtl 模拟玻璃杯的材质效果。

⊙ 图示导向

图6-60所示是材质的效果。

⊖ 步骤演示

01 打开本书学习资源中的文件
"场景文件>CH06>05.max",
如图6-61所示。

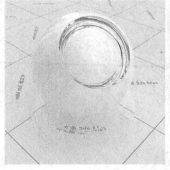

图6-60   图6-61

02 按M键打开材质编辑器,然后选择一个空白材质球,接着设置材质类型为"VRayMtl"材质,具体参数设置如图6-62所示。

设置步骤

① 设置"漫反射"颜色为(红:255,绿:255,蓝:255)。
② 设置"反射"颜色为(红:255,绿:255,蓝:255)。
③ 设置"折射"颜色为(红:255,绿:255,蓝:255),"折射率"为1.517。
④ 设置"烟雾颜色"为(红:169,绿:244,蓝:255),"烟雾倍增"为0.7。

03 将制作好的材质指定给场景中的模型,然后按F9键渲染当前场景,最终效果如图6-63所示。

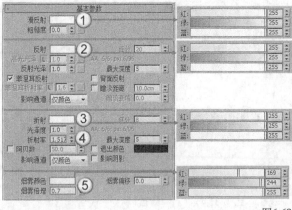

图6-62   图6-63

⊖ 经验总结

⊙ 技术总结

"VRayMtl"材质工具 VRayMtl 可以模拟出绝大多数的材质效果,使用灵活方便。

⊙ 经验分享

在本案例中,笔者为了让玻璃杯的反射看起来更加真实,没有使用任何灯光工具照亮场景,而是使用VRayHDRI贴图模拟场景的灯光和反射效果。大致制作方法如下。

第1步:按8键打开"环境和效果"面板,在"环境贴图"通道中加载VRayHDRI贴图,如图6-64所示。

图6-64

第2步： 将加载的贴图"实例"复制到材质编辑器的空白材质球上，并加载学习资源中的".hdr"贴图，如图6-64所示。

第3步： 设置"贴图类型"为"球形"，并设置"全局倍增"为3，如图6-65所示。这一步是设置贴图的投射方式和亮度。

第4步： 由于加载的".hdr"贴图是彩色的，所产生的灯光也是彩色的，让渲染的材质产生偏色。在VRayHDRI贴图上继续加载"颜色校正"贴图，并设置"饱和度"为"－100"，如图6-66所示。这一步是将彩色的贴图变成黑白，所产生的灯光也是白色。

图6-64

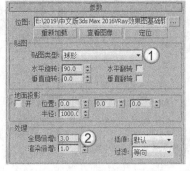

图6-65

图6-66

课外练习： 制作金属材质	场景位置	场景文件 >CH06>06.max
	实例位置	实例文件 >CH06> 课外练习 47.max
	视频名称	课外练习 47.mp4
	学习目标	使用"VRayMtl"工具制作金属材质

⊟ **效果展示**

本案例是用"VRayMtl"材质工具 `VRayMtl` 进行制作，案例效果如图6-67所示。

⊟ **制作提示**

材质效果如图6-68所示。

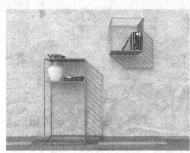

图6-67

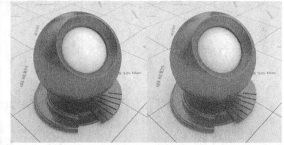

图6-68

实战 48 **VRay灯光材质：** **制作屏幕材质**	场景位置	场景文件 >CH06>07.max
	实例位置	实例文件 >CH06> 实战 48 VRay 灯光材质：制作屏幕材质 .max
	视频名称	实战 48 VRay 灯光材质：制作屏幕材质 .mp4
	学习目标	掌握"VR- 灯光材质"工具的使用方法

⊟ **工具剖析**

⊙ **参数解释**

"VR-灯光材质"工具 `VR-灯光材质` 的参数面板，如图6-69所示。

重要参数讲解

颜色： 设置灯光的颜色。

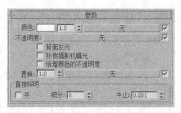

图6-69

第 6 章 材质和贴图技术

147

无 <u>无</u> ：单击该按钮可加载贴图，系统会拾取贴图的颜色信息产生亮度。

不透明度： 在后面的通道中添加黑白贴图，系统会拾取贴图的颜色信息产生透明效果。黑色的部分透明，白色的部分不透明。

⊙ **操作演示**

| 工具： VR-灯光材质 | 位置：材质编辑器>材质>VRay | 演示视频：48- VRay灯光材质 |

◯ **实战介绍**

⊙ **效果介绍**

本案例是用"VR-灯光材质"工具 VR-灯光材质 模拟计算机的屏幕效果，如图6-70所示。

⊙ **运用环境**

"VR-灯光材质"工具 VR-灯光材质 常用于模拟灯箱、发光管、灯丝、外景和屏幕等发光的物体。因为可以添加贴图，所以模拟的发光效果会比较真实，如图6-71所示。

图6-70

图6-71

◯ **思路分析**

⊙ **制作简介**

本案例需要用"VR-灯光材质"工具 VR-灯光材质 模拟计算机屏幕的效果，需要在材质的贴图通道中添加屏幕的贴图。

⊙ **图示导向**

图6-72所示是材质的效果。

◯ **步骤演示**

01 打开本书学习资源中的文件"场景文件>CH06>07.max"，如图6-73所示。

图6-72

图6-73

02 按M键打开材质编辑器，然后选择一个空白材质球，再设置材质类型为"VRay灯光"材质，具体参数设置如图6-74所示。

设置步骤

① 在"颜色"后的通道中加载学习资源中的文件"实例文件>CH07>实战48 VRay灯光材质：制作屏幕材质>map>346581-2-87.jpg"，然后设置倍增为1.5。

② 在"直接照明"选项组中勾选"开"选项。

03 将制作好的材质赋予计算机的显示屏，然后按F9键渲染当前场景，最终效果如图6-75所示。

图6-74　　　　　　　　　　　　　　　　　　图6-75

经验总结

⊙ 技术总结

"VR-灯光材质"工具 VR-灯光材质 使用方法相对简单，只需要加载贴图或设置颜色即可。

⊙ 经验分享

初学者在使用"VR-灯光材质"工具时，可能会有疑问，下面列举一些小技巧。

第1点： 灯光的倍增一般设置为5以下较为合适，过大的倍增会让灯光颜色呈现白色，且加载的贴图也会因亮度过大而难以辨认图案信息。

第2点： 在通道中加载贴图后，无法显示贴图信息，不方便调整贴图坐标。图6-76所示是案例场景中的显示屏，全白色没有显示贴图信息。遇到这种情况，可以将材质先转换为VRayMtl材质，并赋予贴图调整坐标，然后再转换为"VRay灯光材质"即可。

图6-76

课外练习：制作自发光材质

场景位置	场景文件 >CH06>08.max
实例位置	实例文件 >CH06> 课外练习 48.max
视频名称	课外练习 48.mp4
学习目标	使用 VRay 灯光材质制作自发光材质

效果展示

本案例是用"VR-灯光材质"工具 VR-灯光材质 模拟发光图标，效果如图6-77所示。

制作提示

材质效果如图6-78所示。

 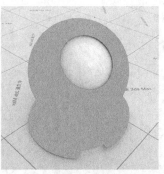

图6-77　　　　　　　　　　　　　　　　　　图6-78

<table>
<tr><td rowspan="5">实战 49

位图贴图：
制作挂画材质</td><td>场景位置</td><td>场景文件 >CH06>09.max</td></tr>
<tr><td>实例位置</td><td>实例文件 >CH06> 实战 49 位图贴图：制作挂画材质 .max</td></tr>
<tr><td>视频名称</td><td>实战 49 位图贴图：制作挂画材质 .mp4</td></tr>
<tr><td>学习目标</td><td>掌握"位图"贴图的使用方法</td></tr>
</table>

工具剖析

参数解释

"位图"贴图 Bitmap 的参数面板如图6-79所示。

重要参数讲解

位图： 在通道中加载外部贴图。

重新加载 重新加载 ：当外部贴图修改后，单击该按钮可重新加载。

查看图像 查看图像 ：单击该按钮，可以打开"指定裁剪/放置"窗口，查看加载的贴图效果，如图6-80所示。

图6-79   图6-80

应用： 勾选该选项后，"指定裁剪/放置"窗口中的贴图会按照红框的大小进行裁剪。

操作演示

工具： Bitmap   **位置：** 材质编辑器>贴图>标准   **演示视频：** 49-位图贴图

实战介绍

效果介绍

本案例是用"位图"贴图 Bitmap 模拟挂画的材质，如图6-81所示。

运用环境

"位图"贴图 Bitmap 用法很灵活，可以表现材质的图案、反射的强弱、光滑程度、透明度和凹凸纹理，如图6-82所示。将位图贴图放置在不同作用的通道中，所表现的效果也各不相同。

图6-81   图6-82

◯ 思路分析

⊙ 制作简介

本案例需要使用"位图"贴图 Bitmap 制作挂画的材质。

⊙ 图示导向

图6-83所示是材质的效果。

图6-83　　　　　　　　图6-84

◯ 步骤演示

01 打开本书学习资源中的文件"场景文件>CH06>09.max"，如图 6-84 所示。

02 按M键打开材质编辑器，选择一个空白材质球设置为"VRayMtl"材质，具体参数如图6-85所示。

设置步骤

① 在"漫反射"通道中加载学习资源中的文件"实例文件>CH06>实战49 位图贴图：制作贴画的材质>map>024.jpg"。

② 设置"反射"颜色为（红:5，绿:5，蓝:5），"高光光泽"为0.8，"细分"为20。

03 将材质赋予贴画模型，然后按F9键渲染当前场景，最终效果如图6-86所示。

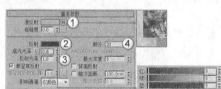

图6-85　　　　　　　　　　　图6-86

◯ 经验总结

⊙ 技术总结

本案例是用"位图"贴图 Bitmap 制作挂画材质，只需要在"漫反射"通道中加载挂画的贴图即可。

⊙ 经验分享

"位图"贴图 Bitmap 使用简单、灵活，是日常制作中使用频率较高的贴图之一。"位图"贴图一般要配合"UVW贴图"修改器一起使用，在后面的案例中会专门进行讲解。

课外练习： 制作布纹材质	场景位置	场景文件>CH06>10.max
	实例位置	实例文件>CH06>课外练习49.max
	视频名称	课外练习49.mp4
	学习目标	使用"位图"贴图制作布纹材质

◯ 效果展示

本案例是用"位图"贴图 Bitmap 模拟坐垫的布纹材质，如图6-87所示。

◯ 制作提示

材质的效果如图6-88所示。

图6-87　　　　　　　　　　　图6-88

151

场景位置	场景文件 >CH06>11.max
实例位置	实例文件 >CH06> 实战 50 衰减贴图：制作绒布材质 .max
视频名称	实战 50 衰减贴图：制作绒布材质 .mp4
学习目标	掌握"衰减"贴图的使用方法

工具剖析

⊙ 参数解释

"衰减"贴图 Falloff 的参数面板如图6-89所示。

重要参数讲解

衰减类型： 设置衰减的方式，共有以下5种方式，如图6-90所示。

垂直/平行： 在与衰减方向相垂直的面法线和与衰减方向相平行的法线之间设置角度衰减范围。

朝向/背离： 在面向衰减方向的面法线和背离衰减方向的法线之间设置角度衰减范围。

Fresnel： 基于IOR（折射率）在面向视图的曲面上产生暗淡反射，而在有角的面上产生较明亮的反射。

阴影/灯光： 基于落在对象上的灯光，在两个子纹理之间进行调节。

图6-89　　　　　　图6-90

距离混合： 基于"近端距离"值和"远端距离"值，在两个子纹理之间进行调节。

衰减方向： 设置衰减的方向，默认为"查看方向（摄影机z轴）"。

混合曲线： 设置曲线的形状，可以精确地控制由任何衰减类型所产生的渐变。

⊙ 操作演示

工具： Falloff 　　**位置：** 材质编辑器>贴图>标准　　**演示视频：** 50-"衰减"贴图

实战介绍

⊙ 效果介绍

本案例是用"衰减"贴图 Falloff 模拟绒布材质，如图 6-91 所示。

⊙ 运用环境

"衰减"贴图 Falloff 有两个主要用法：第1种是加载在"漫反射"通道，使用"垂直/平行"的方式模拟布料类材质；第2种是加载在"反射"通道，使用"Fresnel"的方式模拟菲涅耳反射效果，如图6-92所示。

图6-91　　　　　　图6-92

思路分析

⊙ 制作简介

本案例需要使用"衰减"贴图 Falloff 制作绒布材质。"衰减"贴图的两个颜色通道模拟绒布的颜色，"衰减类型"为"垂直 / 平行"。

⊙ 图示导向

图6-93所示是材质的效果。

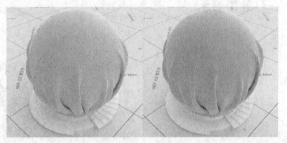

图6-93

📥 步骤演示

01 打开本书学习资源中的文件"场景文件>CH06>11.max",如图6-94所示。

02 按M键打开材质球编辑器,然后选择一个空白材质球,接着设置材质类型为"VRayMtl"材质,具体参数设置如图6-95所示。

设置步骤

① 在"漫反射"通道中加载一张"衰减"贴图。

② 在"衰减参数"卷展栏设置"前"通道颜色为(红:221,绿:88,蓝:0),"侧"通道颜色为(红:255,绿:255,蓝:255),然后设置"衰减类型"为"垂直/平行"。

③ 在"混合曲线"卷展栏中设置曲线右侧的点为"Bezier-角点",然后调整曲线的弧度。

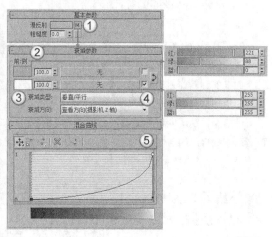

图6-94   图6-95

> **提示** 调整"混合曲线"的形状,可以改变"前"通道和"侧"通道所占的比例与过渡效果。

03 返回VRayMtl材质面板,设置"反射"颜色为(红:181,绿:181,蓝:181),接着设置"高光光泽"为0.6,"反射光泽"为0.5,具体参数如图6-96所示。

04 制作好的材质指定给场景中的模型,然后按F9键渲染当前场景,最终效果如图6-97所示。

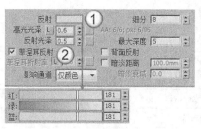

图6-96   图6-97

> **提示** 蓝色椅子的制作方法与黄色相同,这里不赘述。

📥 经验总结

⊙ 技术总结

本案例是用"衰减"贴图 Falloff 制作绒布材质。在"漫反射"通道中加载"衰减"贴图,然后添加绒布的布纹贴图,并设置"衰减类型"为"垂直/平行"。

菲涅耳反射是指反射强度与视点角度之间的关系。

简单来讲，菲涅耳反射是当视线垂直于物体表面时，反射较弱；当视线不垂直于物体表面时，夹角越小，反射越强烈。自然界的对象几乎都存在菲涅耳反射，金属也不例外，只是它的这种现象很弱，一般在制作材质时，可以不开启Fresnel反射，如图6-98所示。

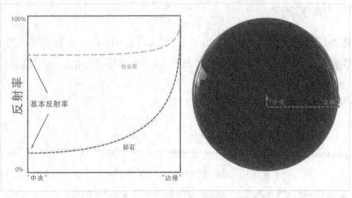

图6-98

菲涅耳反射还有一种特性：物体表面的反射模糊也是随着角度的变化而变化，视线和物体表面法线的夹角越大，此处的反射模糊就会越少，就会更清晰。

而在实际制作材质时，勾选"菲涅耳反射"选项，或是添加Fresnel衰减类型的"衰减"贴图，都可以起到使材质更加真实的效果。但这两种方法只能选择其中一种，不可同时使用。

"衰减"贴图的好处是可以灵活调节反射的强度。勾选"菲涅耳反射"选项，可以调节"菲涅耳折射率"。读者可根据自己的习惯和实际情况选择适合的方法。

课外练习：制作菲涅耳反射效果

场景位置	场景文件 >CH06>12.max
实例位置	实例文件 >CH06> 课外练习 50.max
视频名称	课外练习 50.mp4
学习目标	使用"衰减"贴图模拟菲涅耳反射效果

⊟ 效果展示

本案例是用"衰减"贴图 Falloff 模拟金属壁挂架的菲涅耳反射效果，如图6-99所示。

⊟ 制作提示

材质效果如图6-100所示。

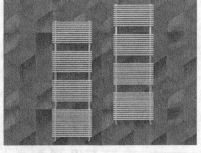

图6-99

图6-100

实战 51
噪波贴图：制作水面材质

场景位置	场景文件 >CH06>13.max
实例位置	实例文件 >CH06> 实战 51 噪波贴图：制作水面材质 .max
视频名称	实战 51 噪波贴图：制作水面材质 .mp4
学习目标	掌握"噪波"贴图的使用方法

⊟ 工具剖析

⊙ 参数解释

"噪波"贴图 Noise 的参数面板如图6-101所示。

重要参数讲解

噪波类型：共有3种类型，分别是"规则""分形"和"湍流"。

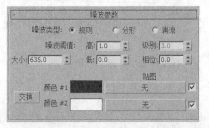

图6-101

规则：生成普通噪波，如图6-102所示。

分形：使用分形算法生成噪波，如图6-103所示。

湍流：生成应用绝对值函数来制作故障线条的分形噪波，如图6-104所示。

图6-102　　　　　　　图6-103　　　　　　　图6-104

大小：设置噪波函数的比例。

噪波阈值：控制噪波的效果，取值范围为0~1。

级别：决定有多少分形能量用于分形和湍流噪波函数。

相位：控制噪波函数的动画速度。

交换 交换：交换两个颜色或贴图的位置。

颜色#1/#2：可以从两个主要噪波颜色中选择，通过所选的两种颜色来生成中间颜色值。

⊙ 操作演示

工具： Noise 　　位置：材质编辑器>贴图>标准　　演示视频：51-噪波贴图

□ 实战介绍

⊙ 效果介绍

本案例是用"噪波"贴图 Noise 模拟水面材质，如图6-105所示。

⊙ 运用环境

"噪波"贴图 Noise 主要用于"凹凸"通道，模拟水面的波纹或是材质表面的颗粒感，如图6-106所示。

图6-105　　　　　　　　　　　　　　　　　　　　　　　　　图6-106

□ 思路分析

⊙ 制作简介

本案例需要使用"噪波"贴图 Noise 制作水面材质。"噪波"贴图加载在水材质的"凹凸"通道中，用来模拟水面的波纹。

⊙ 图示导向

图6-107所示是材质的效果。

□ 步骤演示

01 打开本书学习资源中的文件"场景文件>CH06>13.max"，如图6-108所示。

图6-107　　　　　　　　　　　　　图6-108

02 按M键打开材质球编辑器，然后选择一个空白材质球，再设置材质类型为"VRayMtl"材质，具体参数设置如图6-109所示。

设置步骤

① 设置"漫反射"颜色为（红:176，绿:205，蓝:237）。

② 设置"反射"颜色为（红:255，绿:255，蓝:255），"高光光泽"为0.85。

③ 设置"折射"颜色为（红:228，绿:228，蓝:228），"折射率"为1.33。

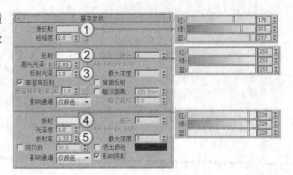

图6-109

03 展开"贴图"卷展栏，在"凹凸"通道中加载一张"噪波"贴图，设置"噪波类型"为"湍流"，"大小"为300，"凹凸"强度为30，如图6-110所示。

04 将材质赋予水模型，然后按F9键渲染当前场景，最终效果如图6-111所示。

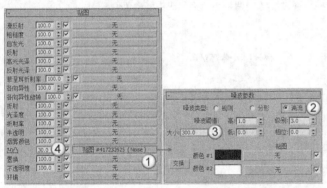

图6-110

图6-111

经验总结

⊙ 技术总结

本案例是用"噪波"贴图 Noise 在"凹凸"通道中模拟水面的波纹。

⊙ 经验分享

噪波的大小除了通过贴图中的"大小"参数进行调节外，还可以配合"UVW贴图"坐标进行调节。

课外练习：制作水波纹	场景位置	场景文件 >CH06>14.max
	实例位置	实例文件 >CH06> 课外练习 51.max
	视频名称	课外练习 51.mp4
	学习目标	使用"噪波"贴图模拟水波纹

效果展示

本案例是用"噪波"贴图 Noise 模拟水面的波纹效果，如图6-112所示。

制作提示

材质的效果如图6-113所示。

图6-112

图6-113

平铺贴图：制作地砖材质

场景位置	场景文件 >CH06>15.max
实例位置	实例文件 >CH06> 实战 52 平铺贴图：制作地砖材质 .max
视频名称	实战 52 平铺贴图：制作地砖材质 .mp4
学习目标	掌握"平铺"贴图的使用方法

⊖ 工具剖析

⊙ 参数解释

"平铺"贴图 Tiles 的参数面板如图6-114所示。

重要参数讲解

预设类型：可以在右侧的下拉列表中选择不同的砖墙图案，其中"自定义平铺"可以调用在"高级控制"中自制的图案。右图中列出了几种不同的砌合方式，如图6-115所示。

纹理：控制当前砖块贴图的显示。开启它，使用纹理替换色块中的颜色作为砖墙的图案；关闭它，则只显示砖墙颜色。

水平数：控制一行上的平铺数。

垂直数：控制一列上的平铺数。

颜色变化：控制砖墙中的颜色变化程度。

淡出变化：控制砖墙中的褪色变化程度。

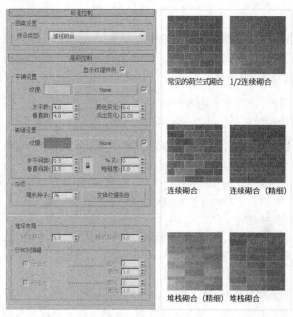

常见的荷兰式砌合　　1/2连续砌合

连续砌合　　连续砌合（精细）

堆栈砌合（精细）　　堆栈砌合

图6-114　　　　　　　图6-115

纹理：控制当前砖缝贴图的显示。开启它，使用纹理替换色块中的颜色作为砖缝的图案；关闭它，则只显示砖缝颜色。

水平间距：控制砖块之间水平向上的灰泥大小。默认情况下与"垂直间距"锁定在一起。单击右侧的"锁"图案可以解除锁定。

垂直间距：控制砖块之间垂直方向上的灰泥大小。

粗糙度：设置灰泥边缘的粗糙程度。

随机种子：将颜色变化图案随机应用到砖墙上，不需要任何其他设置就可以产生完全不同的图案。

⊙ 操作演示

工具： Tiles 　　**位置：**材质编辑器>贴图>标准　　**演示视频：**52-噪波贴图

⊟ 实战介绍

⊙ 效果介绍

本案例是用"平铺"贴图 Tiles 模拟拼接地砖材质，如图6-116所示。

⊙ 运用环境

"平铺"贴图 Tiles 主要用于模拟地板、地砖和墙砖类材质。这类材质都是通过一定规律形成的，平铺贴图可以模拟这种规律，如图6-117所示。

图6-116

图6-117

⊟ 思路分析

⊙ 制作简介

本案例需要使用"平铺"贴图 <u>Tiles</u> 制作拼接地砖材质，使用平铺贴图的"预设类型"模拟地砖的拼接方式，再加载地砖的贴图。

⊙ 图示导向

图6-118所示是材质的效果。

图6-118　　　　　　　　　　　　　　　图6-119

⊟ 步骤演示

01 打开本书学习资源中的文件"场景文件>CH06>15.max"，如图6-119所示。

02 按M键打开材质球编辑器，然后选择一个空白材质球，再设置材质类型为"VRayMtl"材质，具体参数设置如图6-120所示。

设置步骤

① 在"漫反射"通道加载一张"平铺"贴图，然后进入"平铺"贴图，在"标准控制"卷展栏中，设置"预设类型"为"连续砌合"。

② 展开"高级控制"卷展栏，在"平铺设置"的"纹理"通道中加载本书学习资源文件"实例文件>CH06>实战52　平铺贴图：制作地砖的材质>map>205880.jpg"，然后设置"砖缝设置"的"纹理"颜色为黑色（红:0，绿:0，蓝:0），"水平间距"和"垂直间距"都为0.1。

03 将材质赋予地面模型，然后为其加载一个"UVW贴图"修改器，接着设置"贴图"类型为"平面"，"长度"为1160mm，"宽度"为3000mm，如图6-121所示。

04 按F9键渲染当前场景，效果如图6-122所示。

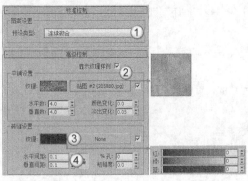

图6-120　　　　图6-121　　　　　　　　　　　図6-122

⊟ 经验总结

⊙ 技术总结

本案例是用"平铺"贴图 <u>Tiles</u> 模拟地砖材质。

⊙ 经验分享

在制作本案例时，如果想为地砖添加凹凸纹理，可以将平铺贴图向下复制到"凹凸"通道中，然后清除掉加载在"平铺设置"的"纹理"通道中的贴图，并将"纹理"的颜色设置为白色，这样就可以得到木地板的凹凸纹理，如图6-123所示。

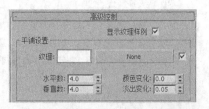

图6-123

场景位置	场景文件 >CH06>16.max
实例位置	实例文件 >CH06> 课外练习 52.max
视频名称	课外练习 52.mp4
学习目标	使用"平铺"贴图制作地砖材质

效果展示

本案例是用"平铺"贴图 Tiles 模拟地砖材质，如图 6-124 所示。

制作提示

材质效果如图6-125所示。

图6-124　　　　　　　　图6-125

实战 53

**VRay法线贴图：
制作砖墙材质**

场景位置	场景文件 >CH06>17.max
实例位置	实例文件 >CH06> 实战 53 VRay 法线贴图：制作砖墙的材质 .max
视频名称	战 53 VRay 法线贴图：制作砖墙材质 .mp4
学习目标	掌握"VR- 法线贴图"工具的基本用法

工具剖析

⊙ 参数解释

"VR-法线贴图" VR-法线贴图 的材质面板如图6-126
所示。

重要参数讲解

法线贴图： 在通道中加载蓝底的法线贴图，控制材
质的法线凹凸效果，如图6-127所示。

倍增： 控制法线贴图的强度。

图6-126　　　　　　　　图6-127

凹凸贴图： 在通道中加载普通贴图或黑白贴图，控制材质的凹凸强度。

贴图通道： 与贴图坐标相对应。

⊙ 操作演示

工具： VR-法线贴图 　**位置：** 材质编辑器>贴图>VRay　**演示视频：** 53-VRay法线贴图

实战介绍

⊙ 效果介绍

本案例是用"VR-法线贴图" VR-法线贴图 模拟拼接砖
墙的材质，如图6-128所示。

⊙ 运用环境

"VR-法线贴图" VR-法线贴图 主要用于模拟材质的凹
凸效果，通道加载蓝色的法线贴图，使材质表现出更加
真实的凹凸纹理，如图6-129所示。法线贴图是通过贴
图软件将原有贴图进行处理后得到的。

图6-128　　　　　　　　图6-129

159

思路分析

⊙ 制作简介

本案例需要使用"VR-法线贴图" VR-法线贴图 制作墙砖材质，使用法线贴图模拟墙砖的真实凹凸纹理。

⊙ 图示导向

图6-130所示是材质的效果。

步骤演示

01 打开本书学习资源中的文件"场景文件>CH06>17.max"，如图6-131所示。

图6-130 图6-131

02 按M键打开材质球编辑器，然后选择一个空白材质球，再设置材质类型为"VRayMtl"材质，在"漫反射"通道中加载学习资源中的文件"实例文件>CH06>实战53　VRay法线贴图：制作砖墙的材质>材质>Archinteriors_08_05_Stone.jpg"，如图6-132所示。

03 在"凹凸"通道中加载"VRay法线贴图"，然后在"法线贴图"通道中加载学习资源中的文件"实例文件>CH06>实战53 VRay法线贴图：制作砖墙的材质>材质>Archinteriors_08_05_Stone_NORM.jpg"，设置"倍增"为2，如图6-133所示。

图6-132

图6-133

04 将材质赋予墙面，然后加载"UVW贴图"修改器，设置"贴图"为"长方体"，"长度"为1310.8mm，"宽度"为768mm，"高度"为800mm，如图6-134所示。

05 按F9键渲染当前场景，效果如图6-135所示。

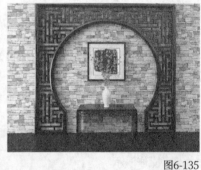

图6-134 图6-135

经验总结

⊙ 技术总结

本案例是用"VR-法线贴图" VR-法线贴图 模拟墙砖的凹凸纹理。

⊙ 经验分享

如果读者需要自己制作蓝色的法线贴图，可以在网络上下载ShaderMap软件。该软件可以根据导入的贴图文件制作各种需要的贴图效果，例如常见的法线贴图、反射贴图、凹凸贴图等，如图6-136所示。

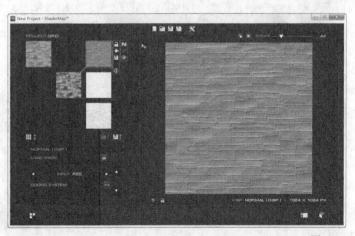

图6-136

课外练习：制作 材质的凹凸纹理		
	场景位置	场景文件 >CH06>18.max
	实例位置	实例文件 >CH06> 课外练习 53.max
	视频名称	课外练习 53.mp4
	学习目标	使用 "VR- 法线贴图" 模拟材质的凹凸纹理

效果展示

本案例是用 "VR-法线贴图"
模拟墙面的凹凸纹理效果，如图6-137所示。

效果展示

材质效果如图6-138所示。

图6-137

图6-138

实战 54 UVW贴图： 调整贴图的坐标		
	场景位置	场景文件 >CH06>19.max
	实例位置	实例文件 >CH06> 实战 54 UVW 贴图：调整贴图的坐标 .max
	视频名称	实战 54 UVW 贴图：调整贴图的坐标 .mp4
	学习目标	熟悉使用 "UVW 贴图" 修改器调整贴图坐标

工具剖析

⊙ 参数解释

"UVW贴图"修改器的面板如图6-139所示。

重要参数讲解

贴图： 系统提供了 "平面" "柱形" "球形" "收缩包裹" "长方
体" "面" 和 "XYZ到UVW" 7种模式。

长度/宽度/高度： 设置贴图坐标的大小。

U向平/V向平/W向平： 设置贴图在长度、宽度和高度上的重复度。

翻转： 勾选该选项后，贴图会在相应方向上进行翻转。

贴图通道： 设置贴图的通道，与材质面板中的贴图通道相关联。只
有设置了相同的贴图通道之后，坐标才能控制相对应的贴图。

X/Y/Z： 设置贴图的投影方向。

适配 ：单击该按钮后，坐标会自动显示为模型的大小。

居中 ：单击该按钮后，坐标会自动居中到模型的中心位置。

视图对齐 ：单击该按钮后，坐标会按照视图的位置进行对齐。

重置 ：单击该按钮后，可以将坐标还原为初始状态，方便后续调整。

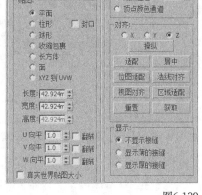

图6-139

⊙ 操作演示

工具： UVW贴图修改器　　**位置：** 修改器堆栈　　**演示视频：** 54- UVW贴图修改器

实战介绍

⊙ 效果介绍

本案例是用 "UVW贴图" 修改器调整贴图的坐标，如图6-140所示。

⊙ 运用环境

"UVW贴图" 坐标用于调整贴图在模型上的投影位置和投影方
向，从而形成不同的材质纹理，如图6-141所示。

图6-140　　图6-141

思路分析

⊙ 制作简介

本案例需要使用"UVW贴图"修改器调整木地板贴图的位置，使贴图纹理符合木地板的位置。

⊙ 图示导向

图6-142所示是材质的效果。

步骤演示

01 打开本书学习资源中的文件"场景文件 >CH06>19.max"，如图 6-143 所示。

图6-142　　　　　　　　图6-143

02 按M键打开材质球编辑器，然后选择一个空白材质球，再设置"材质类型"为"VRayMtl"材质，具体参数设置如图6-144所示。

设置步骤

① 在"漫反射"通道加载一张学习资源中的文件"实例文件>CH06>实战54 UVW贴图：调整贴图的坐标> texture1.jpg"。

② 设置"反射"颜色为（红:82，绿:82，蓝:82），"高光光泽"为0.6，"反射光泽"为0.85。

03 将材质赋予地板模型，然后为其加载一个"UVW贴图"修改器，接着设置"贴图"类型为"平面"，"长度"为2300mm，"宽度"为240mm，如图6-145所示。

04 按F9键渲染当前场景，效果如图6-146所示。

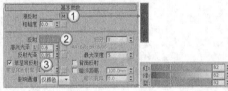

图6-144　　　　图6-145　　　　　　　　　图6-146

经验总结

⊙ 技术总结

本案例是用"UVW贴图"修改器调整木地板贴图的坐标。

⊙ 经验分享

在使用"UVW贴图"修改器调整贴图坐标时，如果贴图投影方向与模型有角度偏差，就需要旋转贴图。在"修改器列表"中单击"UVW贴图"选项前的加号，然后选择"Gizmo"选项，如图6-147所示。此时贴图的坐标变成浅黄色，使用"选择并旋转"工具就可以旋转贴图，使其与模型形成正确的投影角度。

图6-147

课外练习：调整贴图位置		
场景位置	场景文件 >CH06>20.max	
实例位置	实例文件 >CH06> 课外练习 54.max	
视频名称	课外练习 54.mp4	
学习目标	使用"UVW 贴图"修改器调整木纹贴图的位置	

效果展示

本案例是用"UVW贴图"修改器调整小熊模型的贴图位置，如图6-148所示。

制作提示

贴图坐标效果如图6-149所示。

图6-148　　　　　　　　图6-149

第 7 章

效果图的常用材质

本章将介绍效果图的常用材质。通过本章的学习，读者可以掌握效果图常用材质的制作方法和设置要点。

本章技术重点

- » 陶瓷类材质
- » 金属类材质
- » 液体类材质
- » 布纹类材质
- » 透明类材质
- » 木质类材质
- » 塑料类材质

陶瓷类材质

场景位置	场景文件 >CH07>01.max
实例位置	实例文件 >CH07> 实战 55 陶瓷类材质 .max
视频名称	实战 55 陶瓷类材质 .mp4
学习目标	掌握陶瓷类材质效果图的制作方法和设置要点

高光陶瓷

高光陶瓷是指反射较强，且表面光滑的陶瓷材质。洁具、瓷砖和餐具等就是日常生活中常见的高光陶瓷，如图7-1所示。

图7-1

高光陶瓷的高光范围小，表面光滑，根据这两个特性就能设置材质的参数，如图7-2和图7-3所示，材质模拟效果如图7-4所示，案例效果如图7-5所示。

设置步骤

① 设置"漫反射"颜色为"黄色"。

② 设置"反射"颜色为"白色"，"高光光泽"的设置范围为0.9~1，"反射光泽"的设置范围为0.9~1。

图7-2

图7-3

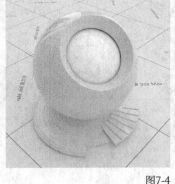

图7-4

图7-5

> **提示** 如果想继续增加陶瓷的反射效果，就需要设置"菲涅耳折射率"为2或3。

亚光陶瓷

亚光陶瓷是指反射较弱，且表面为亚光的陶瓷材质。相对于高光陶瓷而言，亚光陶瓷表面呈磨砂质感，如图7-6所示。

亚光陶瓷的高光范围较大，表面呈磨砂质感，但无明显颗粒感，根据这些特性就能设置材质的参数，如图7-7和图7-8所示，材质模拟效果如图7-9所示，案例效果如图7-10所示。

设置步骤

① 设置"漫反射"颜色为"黄色"。

② 设置"反射"颜色为"浅灰色"，"高光光泽"的设置范围为0.6~0.8，"反射光泽"的设置范围为0.7~0.85，"细分"为16。

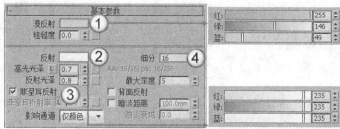

图7-6

图7-7

图7-8

图7-9

图7-10

一 紫砂

紫砂是一种较为粗糙的陶瓷，其颜色为紫褐色或红褐色，常用于制作茶具，如图7-11所示。

紫砂的反射较弱，高光范围较大，表面呈磨砂质感，但无明显颗粒感，根据这些特性就能设置材质的参数，如图7-12和图7-13所示，材质模拟效果如图7-14所示，案例效果如图7-15所示。

设置步骤

① 设置"漫反射"颜色为"紫褐色"。

② 设置"反射"颜色为"灰色"，"高光光泽"的设置范围为0.6~0.7，"反射光泽"的设置范围为0.5~0.75，"细分"为16。

图7-11

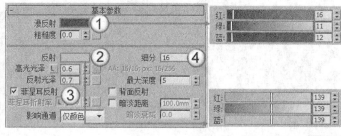

图7-12

图7-13

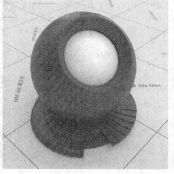

图7-14

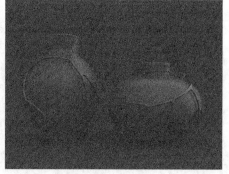

图7-15

165

实战 56	场景位置	场景文件 >CH07>02.max
金属类材质	实例位置	实例文件 >CH07> 实战 56 金属类材质 .max
	视频名称	实战 56 金属类材质 .mp4
	学习目标	掌握金属类材质效果图的制作方法和设置要点

高光不锈钢

高光不锈钢是一种日常常见的金属材质，常用于制作厨具和建筑材料等，如图7-16所示。

高光不锈钢的反射很强，高光范围小且表面光滑，根据这些特性就能设置材质的参数，如图7-17和图7-18所示，材质模拟效果如图7-19所示，案例效果如图7-20所示。

设置步骤

① 设置"漫反射"颜色为"黑色"。

② 设置"反射"颜色为"浅蓝色"，"高光光泽"的设置范围为0.8~0.9，"反射光泽"的设置范围为0.9~1，"菲涅耳折射率"的设置范围为10~20。

③ 在"双向反射分布函数"卷展栏中设置类型为"微面GTR（GGX）"，

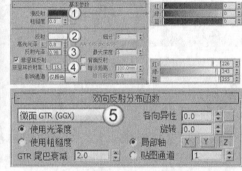

图7-16 图7-17

图7-18 图7-19 图7-20

亚光不锈钢

亚光不锈钢反射的图像不如高光不锈钢那样清晰，但能呈现厚重的质感，如图7-21所示。

亚光不锈钢的反射稍弱，高光范围大，表面粗糙，可能会带有颗粒感，根据这些特性就能设置材质的参数，如图7-22和图7-23所示，材质模拟效果如图7-24所示，案例效果如图7-25所示。

设置步骤

① 设置"漫反射"颜色为"黑色"。

② 设置"反射"颜色为"浅灰色"，"高光光泽"的设置范围为0.6~0.75，"反射光泽"的设置范围为0.6~0.85，"菲涅耳折射率"的设置范围为10~20，"细分"为16。

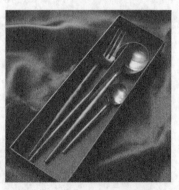

图7-21

③ 在"双向反射分布函数"卷展栏中设置类型为"微面GTR（GGX）"。

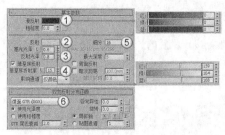

图7-22

图7-23　　　　　　　　图7-24　　　　　　　　　　　　　　　　　　　　图7-25

> **提示** 设置"细分"数值可以降低因"反射光泽"数值过小而造成的噪点。

拉丝不锈钢

拉丝不锈钢的表面会有拉丝纹理，常用于制作厨具和建筑材料等，如图7-26所示。

拉丝不锈钢与亚光不锈钢材质参数设置方法类似，只是在"漫反射"通道和"凹凸"通道中加载一张拉丝贴图。具体设置如图7-27和图7-28所示，材质模拟效果如图7-29所示，案例效果如图7-30所示。

设置步骤

① 在"漫反射"颜色通道中加载拉丝贴图。

② 设置"反射"颜色为"灰色"，"高光光泽"为0.6~0.75，"反射光泽"的设置范围为0.6~0.85，"菲涅耳折射率"的设置范围为10~20，"细分"为16。

③ 在"双向反射分布函数"卷展栏中设置类型为"微面GTR（GGX）"。

④ 在"凹凸"通道中加载拉丝贴图，其通道量的设置范围为5~15。

图7-26

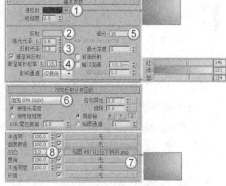

图7-27

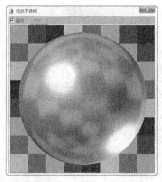

图7-28　　　　　　　　　　　图7-29　　　　　　　　　　　　　　图7-30

167

一 金

金是常见的有色金属，常用于制作首饰和装饰品等，如图7-31所示。

金材质反射较强，高光范围大，表面略有模糊。根据这些特性就能设置材质的参数，如图7-32和图7-33所示，材质模拟效果如图7-34所示，案例效果如图7-35所示。

设置步骤

① 设置"漫反射"颜色为"深黄色"。

② 设置"反射"颜色为"浅黄色"，"高光光泽"的设置范围为0.7~0.8，"反射光泽"的设置范围为0.65~0.9，"菲涅耳折射率"的设置范围为5~10，"细分"为16。

③ 在"双向反射分布函数"卷展栏中设置类型为"微面GTR（GGX）"。

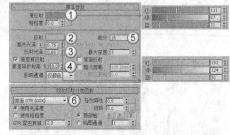

图7-31　　　　　　　　　　　　　　　　　　　　图7-32

图7-33　　　　　　　图7-34　　　　　　　图7-35

> **提示**　如果是打磨成磨砂表面的金材质，"反射光泽"的数值设置范围就在0.4~0.6之间。

一 银

银是常见的有色金属，比不锈钢材质要泛白，且反射弱，常用于制作首饰和装饰品等，如图7-36所示。

银材质反射较强，高光范围大，表面呈亚光效果。根据这些特性就能设置材质的参数，如图7-37和图7-38所示，材质模拟效果如图7-39所示，案例效果如图7-40所示。

设置步骤

① 设置"漫反射"颜色为"深灰色"。

② 设置"反射"颜色为"浅灰色"，"高光光泽"的设置范围为0.6~0.8，"反射光泽"的设置范围为0.65~0.85，"菲涅耳折射率"的设置范围为3~8，"细分"为16。

③ 在"双向反射分布函数"卷展栏中设置类型为"微面GTR（GGX）"。

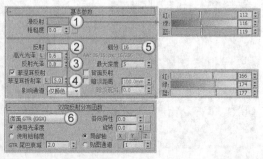

图7-36　　　　　　　　　　　　　　　　　　　　图7-37

| 图7-38 | 图7-39 | 图7-40 |

铁

铁是日常常见的金属，常用于制作劳动工具、日用品和装饰品，如图7-41所示。

普通的铁材质反射不强，颜色较深且粗糙，但经过打磨抛光后的铁材质反射较强，表面光滑。根据这些特性就能设置材质的参数，如图7-42和图7-43所示，材质模拟效果如图7-44所示，案例效果如图7-45所示。

设置步骤

① 设置"漫反射"颜色为"黑色"。

② 设置"反射"颜色为"灰色"，"高光光泽"的设置范围为0.6~0.8，"反射光泽"的设置范围为0.4~0.8，"菲涅耳折射率"的设置范围为3~8，"细分"为"16"。

③ 在"双向反射分布函数"卷展栏中设置类型为"微面GTR（GGX）"。

图7-41

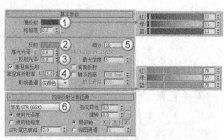

图7-42

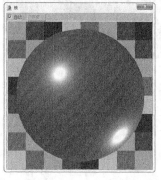
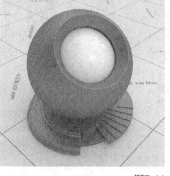

| 图7-43 | 图7-44 | 图7-45 |

实战 57	场景位置	场景文件 >CH07>03.max
液体类材质	实例位置	实例文件 >CH07> 实战 57 液体类材质 .max
	视频名称	实战 57 液体类材质 .mp4
	学习目标	掌握液体类材质效果图的制作方法和设置要点

水

水是常见的液体材质，呈透明状态。根据所处的环境有时会反射出蓝色或绿色，如图7-46所示。

图7-46

水材质拥有强反射，表面光滑，呈透明状。纯净水无色，海水或泳池水由于反射呈蓝色。根据这些特性就能设置材质的参数，如图7-47和图7-48所示，材质模拟效果如图7-49所示，案例效果如图7-50所示。

设置步骤

① 设置"漫反射"颜色为"黑色"。

② 设置"反射"颜色为"白色"，"高光光泽"的设置范围为0.8~1，"反射光泽"的设置范围为0.9~1，"细分"为16。

③ 设置"折射"颜色为"白色"，"折射率"为1.33，"细分"为16。

④ 在"凹凸"通道中加载"噪波"贴图，并设置"噪波类型"为"湍流"，"大小"为30，"凹凸"通道量为30。

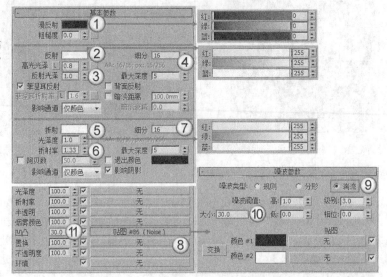

图7-47

图7-48

图7-49

图7-50

> **提示** 不同的模型所设置的"噪波"大小和"凹凸"通道量会有所不同，请读者灵活处理。

牛奶

牛奶浓度较大，透明度很低，呈乳白色，如图7-51所示。

牛奶表面光滑，但反射不是很强。由于透明度很低，可以不设置"折射"的参数。根据这些特性就能设置材质的参数，如图7-52和图7-53所示，材质模拟效果如图7-54所示，案例效果如图7-55所示。

设置步骤

① 设置"漫反射"颜色为"白色"。

② 设置"反射"颜色为"灰色"，"高光光泽"的设置范围为0.8~1，"反射光泽"的设置范围为0.9~1，"细分"为16。

图7-51

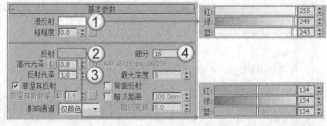

图7-52

图7-53

图7-54

图7-55

□ 咖啡

咖啡是一种有色液体，浓度大，呈半透明状态，如图7-56所示。

咖啡反射较强，表面光滑，呈褐色半透明状。根据这些特性就能设置材质的参数，如图7-57和图7-58所示，材质模拟效果如图7-59所示，案例效果如图7-60所示。

设置步骤

① 设置"漫反射"颜色为"深褐色"。

② 设置"反射"颜色为"灰色"，"高光光泽"的设置范围为0.8~1，"反射光泽"的设置范围为0.9~1，"细分"为16。

③ 设置"折射"颜色为"灰色"，"折射率"为1.33或1.34，"细分"为16。

④ 设置"烟雾颜色"为"浅褐色"，"烟雾倍增"为0.3。

图7-56

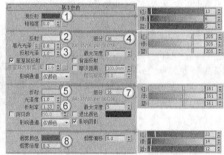
图7-57

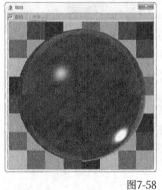
图7-58

图7-59

图7-60

> **提示** 咖啡的泡沫效果需要通过贴图进行表现。

□ 冰

冰块是由水凝固而成的半透明固体，是日常生活中常见的材质，如图7-61所示。

图7-61

冰块表面光滑，反射较强，呈半透明状，冰块中心部位透明度低，且较为模糊。根据这些特性就能设置材质的参数，如图7-62和图7-63所示，材质模拟效果如图7-64所示，案例效果如图7-65所示。

设置步骤

① 设置"漫反射"颜色为"浅灰色"。

② 设置"反射"颜色为"浅灰色"，"高光光泽"的设置范围为0.7~0.9，"反射光泽"的设置范围为0.9~1，"细分"为16。

③ 在"折射"通道中加载"衰减"贴图，设置"前"通道颜色为"深灰色"，"衰减类型"为"垂直/平行"，"光泽度"的设置范围为0.95~1，"折射率"的设置范围为1.034~1.309，"细分"为16。

④ 在"凹凸"通道中加载"噪波"贴图，设置"噪波类型"为"湍流"，"大小"为40，"凹凸"通道量为5。

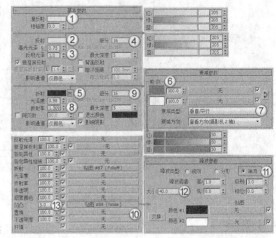

图7-62

图7-63

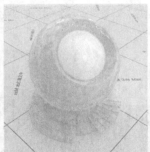

图7-64

图7-65

提示 只设置"折射"为灰色，可以快速制作冰块的半透明效果。

实战 58
布纹类材质

场景位置	场景文件 >CH07>04.max
实例位置	实例文件 >CH07> 实战 58 布纹类材质 .max
视频名称	实战 58 布纹类材质 .mp4
学习目标	掌握布纹类材质效果图的制作方法和设置要点

一 普通布料

普通布料是指日常生活中常见的棉麻布料，根据布料贴图的纹理形成不同的布料效果，如图7-66所示。

普通布料由于表面粗糙，所形成的的反射基本为漫反射，因此只需要在"漫反射"通道中加载布料的贴图即可。为了表现布料的凹凸纹理，需要在"凹凸"通道加载纹理贴图。根据这些特性就能设置材质的参数，如图7-67和图7-68所示，材质模拟效果如图7-69所示，案例效果如图7-70所示。

设置步骤

① 在"漫反射"通道中加载学习资源中的文件"实例文件>CH07>实战58 布纹类材质>map>len 1.jpg"。

② 在"凹凸"通道中加载学习资源中的文件"实例文件>CH07>实战58 布纹类材质>map>len 1.jpg"，并设置"凹凸"通道量为"30.0"。

图7-66

图7-67

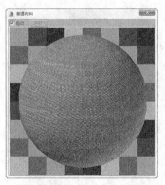

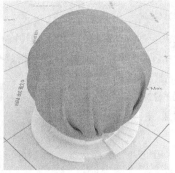

图7-68 图7-69 图7-70

绒布

绒布是常见的一种布料，会根据绒毛的移动而产生颜色的深浅变化，常用于沙发、床品和地毯等家具，如图7-71所示。

绒布会根据绒毛的角度形成深和浅两种颜色，且反射较强，表面也会随着绒毛的角度有不同的光滑度。根据这些特性就能设置材质的参数，如图7-72和图7-73所示，材质模拟效果如图7-74所示，案例效果如图7-75所示。

设置步骤

① 在"漫反射"通道中加载"衰减"贴图，然后在"前"和"侧"通道中加载学习资源中的文件"实例文件>CH07>实战58 布纹类材质>map>20160801180536_644.jpg"。

② 在"反射"和"反射光泽"通道中加载文件"实例文件>CH07>实战58 布纹类材质>map> 20160801180536_644.jpg"，然后将其复制到"凹凸"通道中，并设置"凹凸"通道量为5。

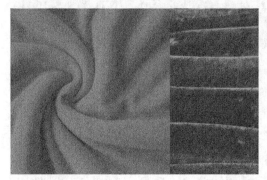

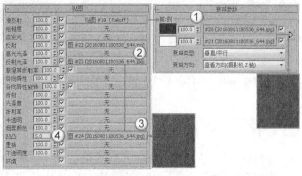

图7-71 图7-72

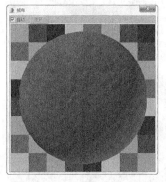

图7-73 图7-74 图7-75

> **提示** 在"反射"和"反射光泽"通道中加载绒布的贴图，系统会根据贴图的黑白信息自动识别反射强度和光滑程度，而且比单纯设置参数的效果要逼真。

173

⊟ 丝绸

丝绸与上面介绍的两种布料不同，具有较强的反射，且表面比较光滑，但仍然保留布料的纹理，如图7-76所示。

丝绸同绒布一样，会根据角度形成深和浅两种颜色，在转折处的反射较强，高光范围较大，表面虽然光滑，但不呈现镜面反射。根据这些特性就能设置材质的参数，如图7-77和图7-78所示，材质模拟效果如图7-79所示，案例效果如图7-80所示。

设置步骤

① 在"漫反射"通道中加载"衰减"贴图，然后设置"前"通道颜色为"深紫色"，"侧"通道颜色为"浅紫色"，"衰减类型"为"垂直/平行"。

② 设置"反射"颜色为"浅灰色"，"高光光泽"范围为0.6~0.7，"反射光泽"的设置范围为0.75~0.85。

图7-76

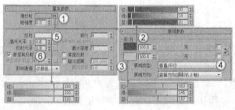

图7-77

图7-78

图7-79

图7-80

> **提示** 读者可以在"凹凸"通道中加载一张布纹贴图模拟丝绸材质的纹理。

⊟ 纱帘

纱帘是一种半透明布料，根据不同的面料也有不同的触感，如图7-81所示。

纱帘多为白色，几乎无反射。半透明效果可通过设置"折射"颜色或是在"折射"通道加载"衰减"贴图这两种做法得到。根据这些特性就能设置材质的参数，如图7-82和图7-83所示，材质模拟效果如图7-84所示，案例效果如图7-85所示。

设置步骤

① 设置"漫反射"颜色为"浅蓝色"。

② 在"折射"通道中加载"衰减"贴图，设置"前"通道为"灰色"，"衰减类型"为"垂直/平行"，"折射率"为1.01。

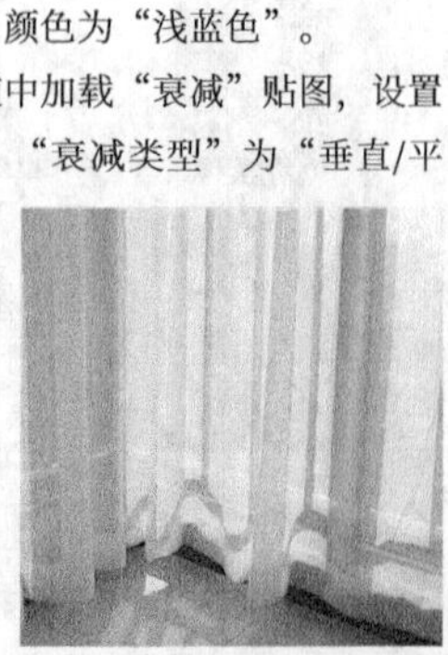

图7-81

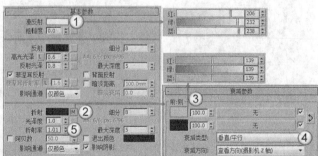

图7-82

中文版 3ds Max 2016/VRay 效果图制作实战基础教程

图7-83

图7-84

图7-85

实战 59 透明类材质		
场景位置	场景文件 >CH07>05.max	
实例位置	实例文件 >CH07> 实战 59 透明类材质 .max	
视频名称	实战 59 透明类材质 .mp4	
学习目标	掌握透明类材质效果图的制作方法和设置要点	

一　清玻璃

　　清玻璃是日常常见的玻璃类型，常用于玻璃装饰品、器皿和玻璃窗等，如图7-86所示。

　　清玻璃呈无色或浅青色，表面光滑，反射强烈，呈透明状态。根据这些特性就能设置材质的参数，如图7-87和图7-88所示，材质模拟效果如图7-89所示，案例效果如图7-90所示。

　　设置步骤

　　① 设置"漫反射"颜色为"黑色"。

　　② 设置"反射"颜色为"白色"，"反射光泽"的设置范围为0.95~1，"细分"为16。

　　③ 设置"折射"颜色为"白色"，"折射率"为1.517。

图7-86

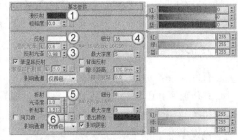
图7-87

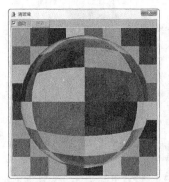
图7-88

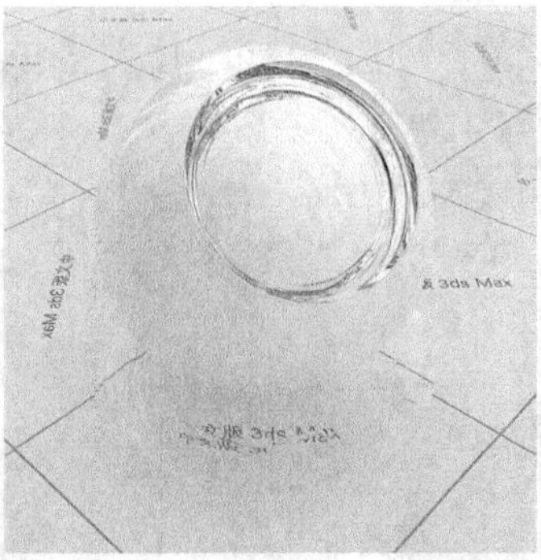

图7-89

图7-90

> **提示**　"漫反射"和"烟雾颜色"设置为"浅青色"就可以制作带有青色的玻璃。

🔲 磨砂玻璃

磨砂玻璃是在清玻璃的表面喷上一层磨砂图层，从而让玻璃呈半透明状，如图7-91所示。

磨砂玻璃的制作步骤与清玻璃相似，只是反射较弱，表面呈磨砂半透明状。根据这些特性就能设置材质的参数，如图7-92和图7-93所示，材质模拟效果如图7-94所示，案例效果如图7-95所示。

图7-91

设置步骤

① 设置"漫反射"颜色为"白色"。

② 设置"反射"颜色为"白色"，"高光光泽"的设置范围为0.6~0.8，"反射光泽"的设置范围为0.9~1，"细分"为16。

③ 设置"折射"颜色为"浅灰色"，"光泽度"的设置范围为0.8~0.99，"折射率"为1.517，"细分"为16。

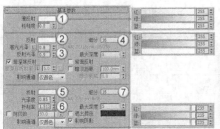

图7-92

图7-93　　　　图7-94

图7-95

🔲 有色玻璃

有色玻璃常用于制作一些装饰品或花窗，如图7-96所示。

有色玻璃是在清玻璃的基础上，调整"烟雾颜色"达到让玻璃显色的效果。根据以上特性就能设置材质的参数，如图7-97所示。材质球参数如图7-98所示，材质模拟效果如图7-99所示，案例效果如图7-100所示。

设置步骤

① 设置"漫反射"颜色为"黑色"。

② 设置"反射"颜色为"白色"，"高光光泽"的设置范围为0.8~1，"反射光泽"的设置范围为0.9~1，"细分"为16。

③ 设置"折射"颜色为"浅灰色"，"光泽度"的设置范围为0.9~1，"折射率"为"1.517"，"细分"为16。

④ 设置"烟雾颜色"为"深蓝色"，"烟雾倍增"为0.1。

图7-96

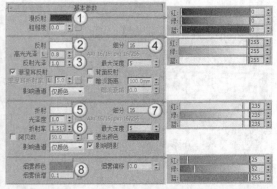

图7-97

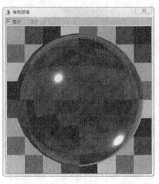
图7-98

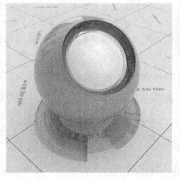
图7-99

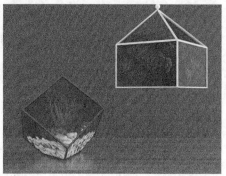
图7-100

"烟雾颜色"控制玻璃颜色。"烟雾倍增"控制玻璃颜色的浓度。

花纹玻璃

花纹玻璃是在普通玻璃的基础上增加花纹效果，花纹可以是磨砂玻璃、花纹纹理，也可以是其他材质，如图7-101所示。

通过凹凸纹理表现的花纹玻璃，只需要在"凹凸"通道中加载花纹贴图即可。两种材质表现的花纹玻璃则要复杂一些，需要使用"VRay混合材质"，将两种材质单独制作，并通过黑白花纹贴图进行混合。根据以上特性就能设置材质的参数，如图7-102和图7-103所示，材质模拟效果如图7-104所示，案例效果如图7-105所示。

设置步骤

① 在"VRay混合材质"的"基本材质"通道中加载"VRayMtl"材质，并设置清玻璃的材质参数。

② 在"镀膜材质"的通道中加载"VRayMtl"材质，并设置磨砂玻璃的参数。

③ 在"混合数量"通道中加载学习资源中的文件"实例文件>CH07>实战59 透明类材质>map> 226965.jpg"。

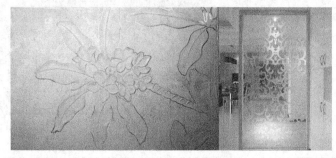
图7-101

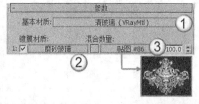
图7-102

图7-103

图7-104

图7-105

提示 清玻璃与磨砂玻璃的参数在之前的案例中讲解过，这里不赘述。"混合数量"通道中的贴图遵循"黑透白不透"的原则，黑色部分代表"基本材质"，白色部分代表"镀膜材质"。

第 7 章 效果图的常用材质

一 水晶

水晶是一种类似玻璃的宝石，具有强反射和透明的属性。水晶会根据其所包含的微量元素的不同，形成不同的颜色，如图7-106所示。

水晶材质是在玻璃材质的基础上增加设置"反射"和"折射率"参数。如果是彩色水晶，则需要设置"烟雾颜色"。根据以上特性就能设置材质的参数，如图7-107和图7-108所示，材质模拟效果如图7-109所示，案例效果如图7-110所示。

设置步骤

① 设置"漫反射"颜色为"白色"。

② 设置"反射"颜色为"白色"，"高光光泽"的设置范围为0.7~0.9，"反射光泽"的设置范围为0.8~1，"菲涅耳折射率"的设置范围为2~2.4，"细分"为16。

③ 设置"折射"颜色为白色，"折射率"为2.2，"细分"为16。

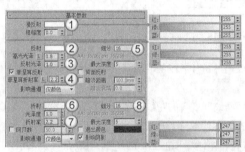

图7-106　　　　　　　　　　　　　　　　　　　　　　图7-107

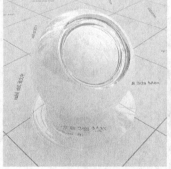
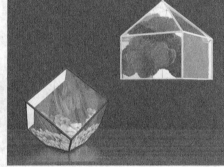

图7-108　　　　　　　　　　图7-109　　　　　　　　　　图7-110

实战 60 木质类材质		
场景位置	场景文件 >CH07>06.max	
实例位置	实例文件 >CH07> 实战 60 木质类材质 .max	
视频名称	实战 60 木质类材质 .mp4	
学习目标	掌握木质类材质效果图的制作方法和设置要点	

一 木地板

木地板是日常生活中常见的材质，绝大多数是复合地板，如图7-111所示。

木地板的反射较强，但高光范围大，表面不是很光滑，有明显的木板缝隙。根据以上特性就能设置材质的参数，如图7-112和图7-113所示，材质模拟效果如图7-114所示，案例效果如图7-115所示。

设置步骤

① 在"漫反射"通道中加载学习资源中的文件"实例文件>CH07>实战60 木质类材质>map> xiadele_tietu83.jpg"。

② 设置"反射"颜色为"灰色"，"高光光泽"的设置范围为0.6~0.8，"反射光泽"的设置范围为0.75~0.85。

③ 在"凹凸"通道中加载学习资源中的文件"实例文件>CH07>实战60 木质类材质>map> xiadele_tietu83.jpg"，设置"凹凸"通道量为30。

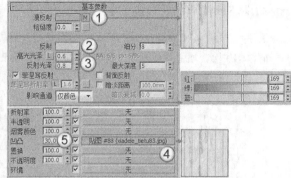

图7-111 图7-112

图7-113 图7-114 图7-115

⊝ 普通木质

普通木质运用的范围很广，家具、装饰品和建材中都经常见到，如图7-116所示。

木质的纹理颜色依靠"漫反射"通道中加载的贴图进行表现，反射适中，表面较为光滑。根据以上特性就能设置材质的参数，如图7-117和图7-118所示，材质模拟效果如图7-119所示，案例效果如图7-120所示。

设置步骤

① 在"漫反射"通道中加载学习资源中的文件"实例文件>CH07>实战60 木质类材质>map> xiadele_5.jpg"。

② 设置"反射"颜色为"灰色"，"高光光泽"的设置范围为0.75~0.85，"反射光泽"的设置范围为0.8~0.9。

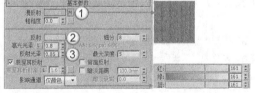

图7-116 图7-117

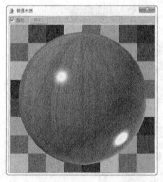
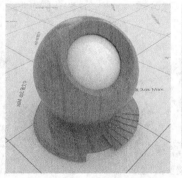

图7-118 图7-119 图7-120

⊟ 清漆木质

清漆木质是在原木的基础上涂上一层清漆或打蜡，以防止原木龟裂，如图7-121所示。

清漆木质比普通木质反射强，表面光滑，基本没有凹凸纹理。根据以上特性就能设置材质的参数，如图7-122和图7-123所示，材质模拟效果如图7-124所示，案例效果如图7-125所示。

设置步骤

① 在"漫反射"通道中加载学习资源中的文件"实例文件>CH07>实战60 木质类材质>map>xiadele_5.jpg"。

② 设置"反射"颜色为"白色"，"高光光泽"范围为0.8~0.9，"反射光泽"范围为0.9~0.99，"菲涅耳折射率"范围为1.6~3。

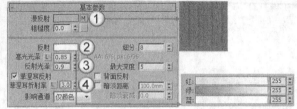

图7-121　　　　　　　　　　　　　　　　　　　　　　　　　　图7-122

图7-123　　　　　　　　　　图7-124　　　　　　　　　　图7-125

⊟ 原木

原木是没有经过抛光处理的木材，是建材和家具中常见的材质，如图7-126所示。

原木材质反射很弱，表面粗糙，且具有木纹的凹凸纹理。根据以上特性就能设置材质的参数，如图7-127和图7-128所示，材质模拟效果如图7-129所示，案例效果如图7-130所示。

设置步骤

① 在"漫反射"通道中加载学习资源中的文件"实例文件>CH07>实战60 木质类材质>map> 208735.jpg"。

② 设置"反射"颜色为"深灰色"，"高光光泽"的设置范围为0.5~0.7，"反射光泽"的设置范围为0.4~0.65。

③ 在"凹凸"通道中加载学习资源中的文件"实例文件>CH07>实战60 木质类材质> map>208735.jpg"，设置的通道量范围为30~50。

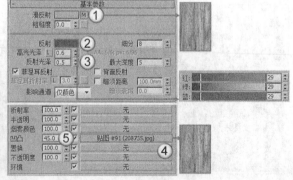

图7-126　　　　　　　　　　　　　　　　　　　　　　　　　图7-127

图7-128　　　　　　　　　　　图7-129　　　　　　　　　　　图7-130

实战 61 塑料类材质	场景位置	场景文件 >CH07>07.max
	实例位置	实例文件 >CH07> 实战 61 塑料类材质 .max
	视频名称	实战 61 塑料类材质 .mp4
	学习目标	掌握塑料类材质效果图的制作方法和设置要点

◯ 高光塑料

高光塑料是日常生活中常见的材料，常用于制作家具、建材和日用品等，如图7-131所示。

高光塑料反射强，表面光滑，高光范围较大。读者在制作材质时，一定要和高光陶瓷加以区别。根据以上特性就能设置材质的参数，如图7-132和图7-133所示，材质模拟效果如图7-134所示，案例效果如图7-135所示。

设置步骤

① 设置"漫反射"颜色为"橙色"。

② 设置"反射"颜色为"白色"，"高光光泽"的设置范围为0.7~0.8，"反射光泽"的设置范围为0.85~0.95。

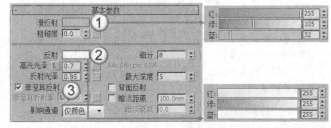

图7-131　　　　　　　　　　　　　　　　　　　　　　　　　　　图7-132

图7-133　　　　　　　　　　　图7-134　　　　　　　　　　　图7-135

181

亚光塑料

亚光塑料是在高光塑料的基础上打磨表面，形成磨砂的质感，如图7-136所示。

亚光塑料反射较强，高光范围大，表面粗糙。读者在制作材质时，一定要和亚光陶瓷加以区别。根据以上特性就能设置材质的参数，如图7-137和图7-138所示，材质模拟效果如图7-139所示，案例效果如图7-140所示。

设置步骤

① 设置"漫反射"颜色为"橙色"。

② 设置"反射"颜色为"浅灰色"，"高光光泽"的设置范围为0.6~0.8，"反射光泽"的设置范围为0.7~0.8。

图7-136

图7-137

图7-138

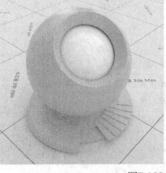

图7-139

图7-140

半透明塑料

塑料杯、塑料袋和饭盒都是生活中常见的半透明塑料制品，如图7-141所示。

半透明塑料是在上面两种塑料参数的基础上增加了"折射"参数，从而形成半透明效果。根据以上特性就能设置材质的参数，如图7-142和图7-143所示，材质模拟效果如图7-144所示，案例效果如图7-145所示。

设置步骤

① 设置"漫反射"颜色为"浅灰色"。

② 设置"反射"颜色为"深灰色"，"高光光泽"的设置范围为0.6~0.7，"反射光泽"的设置范围为0.6~0.8。

③ 设置"折射"颜色为"灰色"，"光泽度"的设置范围为0.9~1。

图7-141

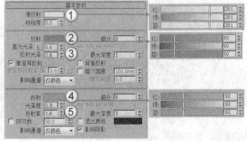

图7-142

图7-143

图7-144

图7-145

中文版 3ds Max 2016/VRay 效果图制作实战基础教程

第 8 章

渲染技术

　　本章将介绍效果图的渲染技术，主要讲解 VRay 渲染器的重要功能、渲染参数的设置方法、光子文件的渲染方法以及通道图的渲染方法。

本章技术重点

» 掌握 VRay 渲染器常用工具

» 掌握渲染参数的设置方法

» 掌握光子文件的渲染方法

» 掌握通道图的渲染方法

<table>
<tr><td rowspan="4">实战 62
图像抗锯齿</td><td>场景位置</td><td>场景文件 >CH08>01.max</td></tr>
<tr><td>实例位置</td><td>实例文件 >CH08> 实战 62 图像抗锯齿 .max</td></tr>
<tr><td>视频名称</td><td>实战 62 图像抗锯齿 .mp4</td></tr>
<tr><td>学习目标</td><td>掌握消除图像锯齿的方法</td></tr>
</table>

01 打开本书学习资源文件"场景文件>CH08>01.max",如图8-1所示。

02 按F10键打开"渲染设置"面板,切换到"VRay"选项卡,并展开"图像采样器(抗锯齿)"卷展栏,设置"类型"为"渐进",此时渲染面板自动增加"渐进图像采样器"卷展栏,如图8-2所示。进入摄影机视图按F9键进行渲染,效果如图8-3所示。可以观察到该模式在渲染图像时,是以点为基础渲染图像。

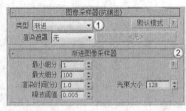

图8-1 图8-2 图8-3

> **提示** "渐进"图像采样器的渲染效果最好,但渲染时间较长,一般很少应用。

03 在"图像采样器(抗锯齿)"卷展栏中,设置"类型"为"渲染块",进入时渲染面板自动增加"渲染块图像采样器"卷展栏,如图8-4所示,在摄影机视图按F9键进行渲染,其效果如图8-5所示。可以观察到该模式在渲染图像时,是以块状为基础逐行渲染图像。

图8-4

图8-5

04 在"渲染块图像采样器"中,设置"最大细分"为25,如图8-6所示,此时渲染效果如图8-7所示。可以观察到,"最大细分"的数值越大,渲染效果越清晰。

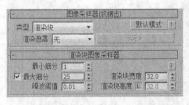

图8-6

图8-7

05 在"渲染块图像采样器"中，设置"噪波阈值"为0.01，此时渲染效果如图8-8所示。继续设置"噪波阈值"为0.005，此时渲染效果如图8-9所示。可以观察到"噪波阈值"的数值越小，图像噪点也越少，渲染速度越慢。

图8-8

图8-9

06 在"渲染块图像采样器"中，设置"渲染块宽度"和"渲染块高度"都为32，此时渲染效果如图8-10所示。继续设置"渲染块宽度"和"渲染块高度"都为16，此时渲染效果如图8-11所示。可以观察到这个数值是控制渲染时方块的大小。

图8-10

图8-11

提示 在渲染时，渲染块可能会出现2块、4块、8块或是更多。出现这种情况是根据计算机自身CPU的核和线程进行确定的。
启动计算机的"任务管理器"，选中3dsmax.exe进程，然后在鼠标右键菜单中选中"设置相关性"选项，并打开"处理器相关性"对话框，这里就会显示计算机的CPU数量。显示的CPU的数量，就是渲染时出现的渲染块数量，如图8-12所示。

图8-12

"图像过滤器"卷展栏中提供的过滤器，可以减少画面中物体边缘形成的锯齿，形成不同的画面效果。

07 在"图像过滤器"卷展栏中勾选"图像过滤器"选项，并设置"过滤器"为"区域"，如图8-13所示，在摄影机视图按F9键渲染当前场景，其效果如图8-14所示。可以观察到图像中存在明显的噪点，但渲染速度很快。

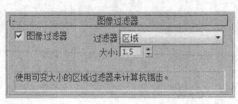

图8-13

图8-14

08 在"图像过滤器"卷展栏中设置"过滤器"为"Catmull-Rom"，如图8-15所示，进入摄影机视图渲染当前场景，效果如图8-16所示。可以观察到画面被明显锐化，边缘很清晰。

图8-15

图8-16

09 在"图像过滤器"卷展栏中，设置"过滤器"为"Mitchell-Netravali"，如图8-17所示，最后进入摄影机视图按F9键渲染当前场景，其效果如图8-18所示。可以观察到画面被轻微地模糊，噪点仍然存在。

图8-17

图8-18

10 在"图像过滤器"卷展栏中，设置"过滤器"为"VRay LanczosFilter"，如图8-19所示，最后进入摄影机视图按F9键渲染当前场景，其效果如图8-20所示。可以观察到画面被轻微锐化，噪点相对减少。

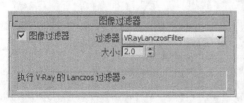

图8-19

图8-20

> **提示** "颜色贴图"卷展栏是控制整个画面曝光效果的工具，提供了7种曝光方式，如图8-21所示。
> "线性倍增""指数"和"莱因哈德"是日常制作中常用的曝光方式，对比效果如图8-22、图8-23和图8-24所示。

图8-21　　　　　　　　图8-22　　　　　　　　图8-23　　　　　　　　图8-24

> "莱因哈德"曝光方式是一种介于"线性倍增"和"指数"之间的曝光方式，通过"加深值"的数值进行控制。当"加深值"为1时，等同于"线性倍增"的曝光效果；当"加深值"为0时，等同于"指数"的曝光效果。介于这两者之间的数值，则是将两种曝光方式进行混合。在一些较早版本的VRay渲染器中，"莱因哈德"又被翻译为"混合曝光"。

实战 63	场景位置	场景文件 >CH08>02.max
渲染引擎	实例位置	实例文件 >CH08> 实战 63 渲染引擎 .max
	视频名称	实战 63 渲染引擎 .mp4
	学习目标	掌握常见渲染引擎组合的特点

01 打开本书学习资源文件"场景文件>CH08>02.max"，如图8-25所示。

02 按F10键，打开"渲染设置"面板，然后切换到GI选项卡，勾选"启用全局照明（GI）"选项，接着设置"首次引擎"为"发光图"，"二次引擎"为"灯光缓存"，如图8-26所示，最后进入摄影机视图，按F9键渲染当前场景，如图8-27所示。

图8-25

图8-27

图8-26

> **提示** 在真实世界中，光线的反弹一次比一次减弱。VRay渲染器中的全局照明有"首次引擎"和"二次引擎"，但并不是说光线只反射两次，"首次引擎"可以理解为直接照明的反弹，光线照射到A物体后反射到B物体，B物体接收到的光就是"首次引擎"，B物体再将光线反射到C物体，C物体再将光线反射到D物体……C物体以后的物体得到的光的反射就是"二次引擎"，如图8-28所示。

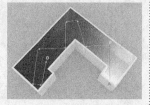

图8-28

03 设置"首次引擎"为"BF算法","二次引擎"为"灯光缓存",如图8-29所示,然后进入摄影机视图,按F9键渲染当前场景,如图8-30所示。与上图对比,渲染时间长,且渲染图片有杂点。

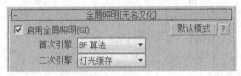

图8-29

图8-30

04 设置"首次引擎"为"BF算法","二次引擎"为"BF算法",如图8-31所示,然后进入摄影机视图,按F9键渲染当前场景,如图8-32所示。与上图对比,渲染时间长,且渲染图片有较多的杂点。

图8-31

图8-32

05 设置"首次引擎"为"发光图","二次引擎"为"BF算法",如图8-33所示,然后进入摄影机视图,按F9键渲染当前场景,如图8-34所示。与上图对比,渲染时间短,且渲染图片的质量很高。

图8-33

图8-34

> **提示** 在渲染正式图时,需要综合考虑渲染时间与渲染质量。常用的渲染引擎的搭配为:室外"发光图＋BF算法";室内"发光图＋灯光缓存"。

06 当设置"首次引擎"为"发光图"时，展开下方的"发光图"卷展栏，默认"当前预设"为"中"，渲染效果如图8-35所示；当设置"当前预设"为"非常低"时，渲染效果如图8-36所示。渲染时间减少，但质量有所降低。

| 图8-35 | 图8-36 |

07 当设置"细分"为50，渲染效果如图8-37所示；当设置"细分"为30时，渲染效果如图8-38所示。通过对比可以观察到，细分值越高，渲染效果越好。

| 图8-37 | 图8-38 |

08 当设置"插值采样"为50，渲染效果如图8-39所示；当设置"插值采样"为20时，渲染效果如图8-40所示。通过对比可以观察到，"插值采样"值越高，渲染效果越模糊。

| 图8-39 | 图8-40 |

09 当设置"二次引擎"为"灯光缓存"时，展开下方的"灯光缓存"卷展栏，默认"细分"为1000，渲染效果如图8-41所示；当设置"细分"为500时，进行渲染，效果如图8-42所示。细分数值越小，渲染速度更快，但画面较暗，细分点也很粗糙。

图8-41

图8-42

实战 64	场景位置	场景文件 >CH08>03.max
设置测试	实例位置	实例文件 >CH08> 实战 64 设置测试渲染参数 .max
渲染参数	视频名称	实战 64 设置测试渲染参数 .mp4
	学习目标	掌握测试渲染参数的设置和保存方法

01 打开本书学习资源中的文件"场景文件>CH08>03.max"，如图8-43所示。

02 按F10键打开"渲染设置"面板，在"输出大小"选项组中设置"宽度"为1000，"高度"为750，如图8-44所示。

03 在"图像采样器（抗锯齿）"卷展栏中设置"类型"为"渲染块"，如图8-45所示。

04 在"图像过滤器"卷展栏中设置"过滤器"为"区域"，如图8-46所示。

图8-43

图8-44

图8-45

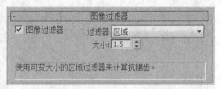

图8-46

05 在"渲染块图像采样器"卷展栏中设置"最小细分"为1，"最大细分"为4，"噪波阈值"为0.01，如图8-47所示。

06 在"全局确定性蒙特卡洛"卷展栏中勾选"使用局部细分"选项，然后设置"最小采样"为16，"自适应数量"为0.85，"噪波阈值"为0.005，如图8-48所示。

07 在"颜色贴图"卷展栏中设置"类型"为"线性倍增"，如图8-49所示。

图8-47　　　　　　　　　　图8-48　　　　　　　　　　图8-49

> **提示** 颜色贴图的类型会根据不同的场景灵活使用，这里的参数仅为参考。

08 在"全局照明[无名汉化]"卷展栏中设置"首次引擎"为"发光图"，"二次引擎"为"灯光缓存"，如图8-50所示。

09 在"发光图"卷展栏中设置"当前预设"为"非常低"，"细分"为50，"插值采样"为20，如图8-51所示。

10 在"灯光缓存"卷展栏中设置"细分"为600，如图8-52所示。

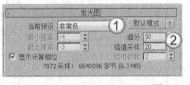

图8-50　　　　　　　　　　图8-51　　　　　　　　　　图8-52

> **提示** 在测试阶段，"灯光缓存"的"细分"数值设置范围可为200~600，数值越小计算速度越快。

11 在"系统"卷展栏中设置"序列"为"上->下"，"动态内存限制（MB）"为0，如图8-53所示。

> **提示** "序列"是设置渲染的顺序，一般设置为"上->下"。
> "动态内存限制（MB）"是控制软件在渲染时物理内存的最大使用量。当数值设置为0时，表示系统会自动分配最大的物理内存供软件进行渲染。当设置为默认的4000时，表示系统会分配4G的物理内存供软件进行渲染。设置该数值时，不能超过本机物理内存的最大值，否则会造成软件崩溃或死机现象，需要读者注意。

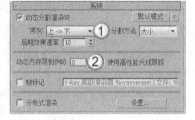

图8-53

12 按F9键在摄影机视图中进行渲染，效果如图8-54所示。测试渲染只要能观察出灯光的颜色和阴影位置合适，材质的纹理、颜色和质感合适即可，不需要关心噪点和图像质量。

图8-54

> **提示** 当我们每一次打开一个新的场景时，都需要设置一次测试渲染参数。有些读者可能会觉得麻烦，下面笔者为大家介绍如何储存渲染参数并进行调用的方法。
> 当我们设置完成测试渲染的参数后，单击渲染面板上方的"预设"下拉菜单，在下拉列表框中选择"保存预设"选项，如图8-55所示。

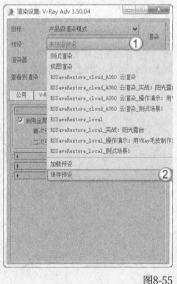

图8-55

在弹出的"保存渲染预设"对话框中，输入"文件名"为"测试渲染.rps"，然后单击"保存"按钮 <u>保存(S)</u>，如图8-56所示，此时刚刚设置的测试渲染参数就被系统保存为预设参数。

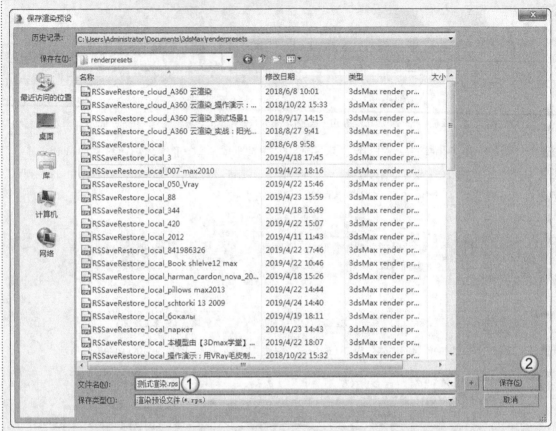

图8-56

系统这时会弹出"选择预设类别"对话框，在对话框中选中"V-Ray Adv 3.50.04"选项，然后单击"保存"按钮 <u>保存(S)</u>，如图8-57所示。如果读者想保存其他选项，也可以同时选中。

当我们打开一个新的场景时，单击"预设"下拉菜单，就可以在下拉列表框中找到我们刚才保存的"测试渲染"预设参数，如图8-58所示。

选中"测试渲染"选项后，会弹出"选择预设类别"对话框，选中"V-Ray Adv 3.50.04"选项后，单击"加载"按钮 <u>加载</u>，如图8-59所示。此时渲染面板的参数会自动切换到我们刚才设置的测试渲染参数。

图8-57

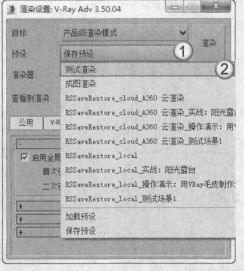

图8-58

图8-59

实战 65	场景位置	场景文件 >CH08>04.max
设置最终 渲染参数	实例位置	实例文件 >CH08> 实战 65 设置最终渲染参数 .max
	视频名称	实战 65 设置最终渲染参数 .mp4
	学习目标	掌握最终渲染参数的设置方法

01 打开本书学习资源中的文件"场景文件>CH08>04.max",如图8-60所示。在上一个案例的基础上继续设置最终渲染参数。

02 按F10键打开"渲染设置"面板,在"输出大小"选项组中设置"宽度"为2000,"高度"为1500,如图8-61所示。

03 在"渲染块图像采样器"卷展栏中设置"最小细分"为1,"最大细分"为6,"噪波阈值"为0.001,如图8-62所示。

图8-60

图8-61

图8-62

> **提示** "最大细分"的数值并不是固定的。对于简单的场景,设置范围可以为4~8;对于一些较为复杂,且有很多细小模型的场景,设置范围可以为20~50。

04 在"发光图"卷展栏中设置"当前预设"为"中","细分"为"80","插值采样"为"60",如图8-63所示。

05 在"灯光缓存"卷展栏中设置"细分"为1200,如图8-64所示。

06 按F9键对摄影机视图进行渲染,效果如图8-65所示。

图8-63

图8-64

图8-65

> **提示** 最终渲染参数也可以按照上个案例中讲到的方法,将其保存为预设渲染参数以便之后进行调用。

01 打开本书学习资源中的文件"场景文件>CH08>05.max",如图8-66所示。

02 下面设置保存光子图的方法。按F10键打开"渲染设置"面板,然后在"输出大小"选项组中设置"宽度"为600,"高度"为450,如图8-67所示。

图8-66   图8-67

提示 光子图的尺寸需要根据渲染图的尺寸决定。理论上光子图的尺寸最小为渲染图的1/10,但为了保证成图的质量,设置在1/4左右即可。

03 在"全局开关"卷展栏中勾选"不渲染最终的图像"选项,如图8-68所示。

04 在"发光图"卷展栏中设置"当前预设"为"中","细分"为80,"插值采样"为60,然后在"模式"中选择"单帧",勾选"自动保存"选项,单击下方保存按钮 ,设置发光图的保存路径,如图8-69所示。

05 在"灯光缓存"卷展栏中设置"细分"为1500,然后在"模式"中选择"单帧",勾选"自动保存"选项,单击下方保存按钮 ,设置灯光缓存的保存路径,如图8-70所示。

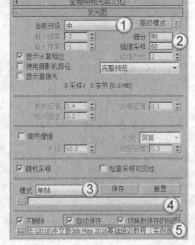

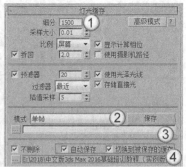

图8-68   图8-69   图8-70

提示 其余参数的设置方法与最终渲染参数相似,这里不赘述。

06 在摄影机视图中渲染当前场景后，会在保存光子图文件的文件夹中查找到这两个文件，如图8-71所示。

提示 发光图的文件名后缀为.vrmap，灯光缓存的文件名后缀为.vrlmap。

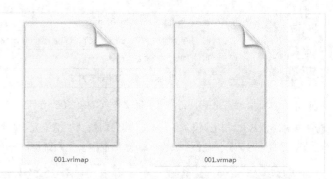

001.vrlmap   001.vrmap

图8-71

07 下面渲染成图。在"公用"选项卡中设置"宽度"为2000，"高度"为1500，如图8-72所示。

08 在"VRay"选项卡中，展开"全局开关"卷展栏，然后取消勾选"不渲染最终的图像"选项，如图8-73所示。

09 在"GI"选项卡中，展开"发光图"卷展栏可以观察到此时"模式"已经自动切换为"从文件"，并且下方有发光图文件的路径，如图8-74所示。

图8-72

图8-73

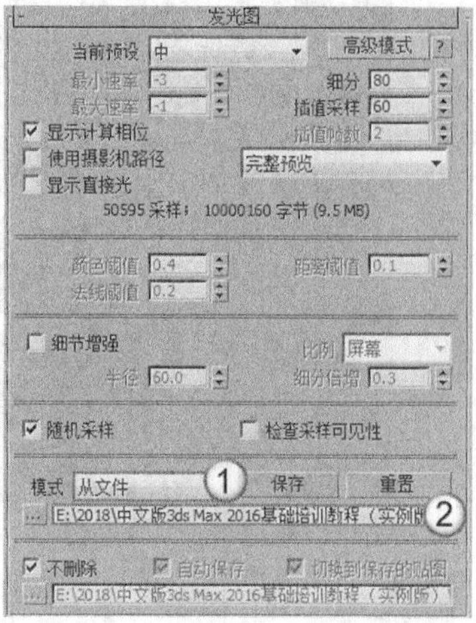

图8-74

提示 在某些时候，"模式"选项仍保持"单帧"选项，这就需要手动将其选择为"从文件"选项。

10 展开"灯光缓存"卷展栏，同发光图一样，灯光缓存文件也自动加载，如图8-75所示。

11 按F9键渲染当前场景，最终效果如图8-76所示。

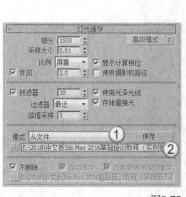

图8-75

图8-76

提示 当场景中的模型、灯光和材质漫反射修改后，光子图需要重新渲染，否则会出现错误的渲染效果。

第8章 渲染技术

实战 67	场景位置	场景文件 >CH08>06.max
渲染后 **期通道**	实例位置	实例文件 >CH08> 实战 67 渲染后期通道 .max
	视频名称	实战 67 渲染后期通道 .mp4
	学习目标	掌握通道文件的渲染设置方法

01 打开本书学习资源中的文件"场景文件>CH08>06.max",如图8-77所示。

02 按F10键打开"渲染设置"面板,然后切换到"渲染元素"选项卡,单击"添加"按钮 添加... ,系统会弹出"渲染元素"对话框,如图8-78所示。对话框内就是系统提供的所有可渲染的通道。

图8-77   图8-78

> **提示** 根据不同的场景和后期制作的需求,用户可以选择需要的通道进行渲染,不需要全部选中所有的通道。下面介绍一些常用的通道。
>
> VRayDenoiser(VRay物理降噪):添加该通道可以降低图片中生成的噪点。
>
> VRayGlobalIllumination(VRay全局光照):添加该通道可以单独渲染全局光照的效果。
>
> VRayLighting(VRay灯光):添加该通道可以单独渲染场景的灯光效果。
>
> VRayReflection(VRay反射):添加该通道可以单独渲染场景的反射效果。
>
> VRayRefraction(VRay折射):添加该通道可以单独渲染场景的折射效果。
>
> VRayRenderID(VRay渲染ID):添加该通道可以单独渲染对象的彩色通道,方便在后期软件中单独选取。
>
> VRayZDepth(VRayZ深度):添加该通道可以单独渲染一个灰度图像,方便在后期软件中制作景深和雾效。

03 将渲染参数设置为"测试渲染"参数,然后渲染场景效果,如图8-79所示,可以观察到场景中存在大量反射的物体,且窗外的庭院部分被玻璃遮挡。

图8-79

04 在"渲染元素"对话框中选中"VRayReflection"、"VRayRefraction"和"VRayRenderID"选项后，单击"确定"按钮 ▐确定▐，将选中的通道添加到面板，如图8-80所示。

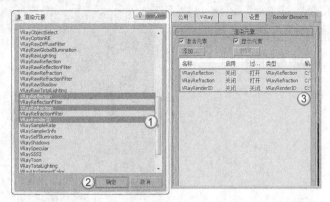

图8-80

05 将渲染参数设置为"最终渲染"参数，然后渲染场景，如图8-81所示。

图8-81

06 打开"V-Ray frame buffer"界面左上角的下拉列表，可以看到列表框中是一同渲染的各个通道，如图8-82所示。

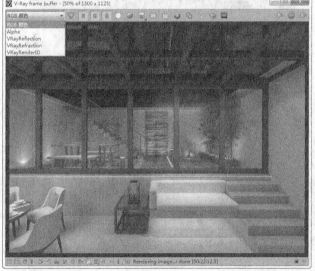

图8-82

07 依次选中每一个通道，然后将其单独保存，如图8-83所示。

Alpha

VRayReflection

VRayRefraction

VRayRenderID

图8-83

提示 在现有的VRayRenderID通道图中，由于玻璃的遮挡，通道图不能展示庭院中的对象。这个时候需要隐藏玻璃模型，再单独渲染一张VRayRenderID通道，如图8-84所示。这样就可以方便在后期处理中进行调整。

图8-84

第 9 章
后期处理技术

　　本章将介绍效果图的后期处理技术，包括图片裁剪、调色、效果、添加背景和通道图的使用方法。通过学习这些工具，读者可以掌握在 Photoshop CC 中进行效果图后期处理的常用技能。

本章技术重点

» 掌握图片裁剪

» 掌握调色的各种方法

» 掌握常见图片效果的制作方法

» 掌握添加背景的方法

» 掌握通道图调整效果图的方法

场景位置	场景文件 >CH09>01.jpg
实例位置	实例文件 >CH09> 实战 68 裁剪工具：构图裁剪 .psd
视频名称	实战 68 裁剪工具：构图裁剪 .mp4
学习目标	掌握"裁剪"工具的使用方法

工具剖析

⊙ 参数解释

"裁剪工具" 🔲 的
面板如图9-1所示。

🔲 ∨　比例　∨　　　　　　⇄　　　清除　🖽 拉直　⊞　⚙　☑ 删除裁剪的像素　☐ 内容识别

图9-1

重要参数讲解

比例： 选择该选项后，可以自由调整裁剪框的大小。

⊙ 操作演示

工具： 🔲　**位置：** 工具箱　**演示视频：** 68-裁剪工具

实战介绍

⊙ 效果介绍

本案例是用"裁剪工具" 🔲 裁剪图像，如图9-2所示是本案例的对比效果。

⊙ 运用环境

在渲染效果图时，由于摄影机的视野过大，造成效果图的构图不是很理想。使用"裁剪"工具 🔲 可以解决这个问题，裁剪多余的部分，使其构图达到理想的效果，如图9-3所示。

图9-2

图9-3

思路分析

⊙ 制作简介

本案例需要用"裁剪工具" 🔲，将多余的部分裁剪，保留画面表现
的重点，使其位于画面的分割点上。

⊙ 图示导向

图9-4所示是正裁剪的图像。

图9-4

01 在Photoshop CC中打开本书学习资源中的文件"场景文件>CH09>01.jpg"，如图9-5所示。

02 观察效果图可以发现顶部所占面积过大，画面的重点部分都位于画面的下方。单击"裁剪工具"按钮 🔲，此时窗口中会出现一个裁剪框，如图9-6所示。

03 将光标放置在裁剪框的顶部，然后向下拖曳鼠标，可以观察到裁剪框以外的部分显示为灰色，如图9-7所示。

图9-5

图9-6

图9-7

04 观察裁剪框，上面出现一个"九宫格"形状的网格。拖曳鼠标，让左下角的网格点位于床的位置，如图9-8所示。

05 裁剪框移动到合适的位置后，按Enter键即可完成裁剪，最终如图9-9所示。

图9-8

图9-9

第 9 章 后期处理技术

⊟ 经验总结

⊙ 技术总结

"裁剪工具" ◘ 是将效果图重新构图，并裁剪多余的部分。

⊙ 经验分享

Photoshop CC除了提供这种"三等分"的网格作为裁剪工具外，用户还可以选择系统提供的其他工具类型。单击"设置裁剪工具的叠加选项"按钮█ ，可以在下拉菜单中选择其他工具类型，如图9-10所示。

图9-10

课外练习：裁剪卧室效果图	场景位置	场景文件 >CH09>02.jpg
	实例位置	实例文件 >CH09> 课外练习 68.psd
	视频名称	课外练习 68.mp4
	学习目标	使用裁剪工具裁剪效果图

⊟ 效果展示

本案例是用"裁剪工具" ◘ 裁剪卧室效果图的多余部分，案例对比效果如图9-11所示。

⊟ 制作提示

使用的裁剪工具形式如图9-12所示。

图9-11

图9-12

201

<table>
<tr><td rowspan="5">实战 69

亮度/对比度：
提高图片亮度</td><td>场景位置</td><td>场景文件 >CH09>03.jpg</td></tr>
<tr><td>实例位置</td><td>实例文件 >CH09> 实战 69 亮度 / 对比度：提高图片亮度 .psd</td></tr>
<tr><td>视频名称</td><td>实战 69 亮度 / 对比度：提高图片亮度 .mp4</td></tr>
<tr><td>学习目标</td><td>掌握"亮度 / 对比度"工具的使用方法</td></tr>
</table>

工具剖析

⊙ 参数解释

"亮度/对比度"工具对话框如图9-13所示。

重要参数讲解

亮度：向左拖动滑块降低图片亮度，向右拖动滑块增加图片亮度。

对比度：向左拖动滑块降低图片对比度，向右拖动滑块增加图片对比度。

图9-13

⊙ 操作演示

工具：亮度/对比度　　位置：图像>调整　　演示视频：69-亮度/对比度

实战介绍

⊙ 效果介绍

本案例是用"亮度/对比度"工具增加图片的亮度。图9-14所示是本案例的对比效果。

⊙ 运用环境

"亮度/对比度"工具可以对图像色调整体进行调整。比起使用"色阶"和"曲线"工具，"亮度/对比度"工具操作更加简单、方便，如图9-15所示。

图9-14

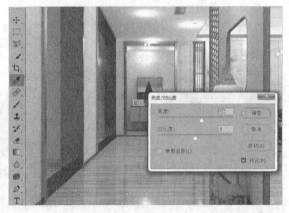

图9-15

思路分析

⊙ 制作简介

本案例的图片亮度不够，整体发灰，需要将图片的亮度提高，并增加一定的对比度。

⊙ 图示导向

图9-16所示是"亮度/对比度"工具对话框及其调整后的参数值。

步骤演示

01 打开本书学习资源中的文件"场景文件>CH09>03.jpg"，如图9-17所示。

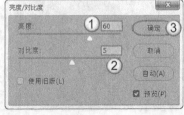

图9-16

图9-17

02 执行"图像>调整>亮度/对比度"命令，打开"亮度/对比度"对话框，设置"亮度"为60，"对比度"为5，单击"确定"按钮，如图9-18所示。

03 单击"确定"按钮后，图片效果如图9-19所示。可以观察到图片的亮度和对比度都有所提高。

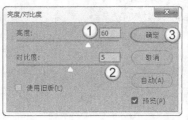

图9-18   图9-19

🔲 经验总结

⊙ 技术总结

本案例是用"亮度/对比度"工具提高图片的亮度和对比度。

⊙ 经验分享

"亮度/对比度"对话框的"使用旧版"选项在默认情况下处于不勾选状态，如图9-20所示。

如果勾选该选项，会得到和Photoshop CS3以前版本相同的调整结果，即线性调整，如图9-21所示。可以观察到旧版本的对比度更强，细节丢失也越多。

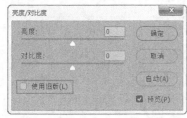

图9-20   图9-21

课外练习：	场景位置	场景文件 >CH09>04.jpg
调整图片亮度	实例位置	实例文件 >CH09> 课外练习 69.psd
	视频名称	课外练习 69.mp4
	学习目标	使用"亮度 / 对比度"工具调整图片亮度

🔲 效果展示

本案例用"亮度/对比度"工具提高图片的亮度，降低对比度，案例对比效果如图9-22所示。

🔲 制作提示

调整后的参数值如图9-23所示。

图9-22   图9-23

色阶：调整图片层次

场景位置	场景文件 >CH09>05.jpg
实例位置	实例文件 >CH09> 实战 70 色阶：调整图片层次 .psd
视频名称	实战 70 色阶：调整图片层次 .mp4
学习目标	掌握"色阶"工具的使用方法

⊟ 工具剖析

⊙ 参数解释

"色阶"工具对话框如图9-24所示。

重要参数讲解

通道：单击下拉菜单，可以选择一个颜色通道进行调整。调整通道会改变图像的颜色。

输入色阶：用于调整图像的阴影、中间调和高光区域，分别对应左侧滑块、中间滑块和右侧滑块。拖动滑块或是输入数值，都可以调整图像的亮度。

输出色阶：限制图像的亮度范围，从而降低对比度，图像呈现褪色效果。

自动 自动(A)：单击该按钮可自动进行颜色校正。

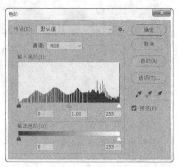

图9-24

⊙ 操作演示

工具：色阶　　**位置：**图像>调整　　**演示视频：**70-色阶

⊟ 实战介绍

⊙ 效果介绍

本案例是用"色阶"工具调整效果图的对比度。图9-25所示是本案例的对比效果。

⊙ 运用环境

"色阶"是效果图后期处理的重要工具之一，它可以调整画面的阴影、中间调和高光的强度，校正色调范围和颜色。"色阶"不仅可以调整亮度还可以调整整体色调，如图9-26所示。

图9-25

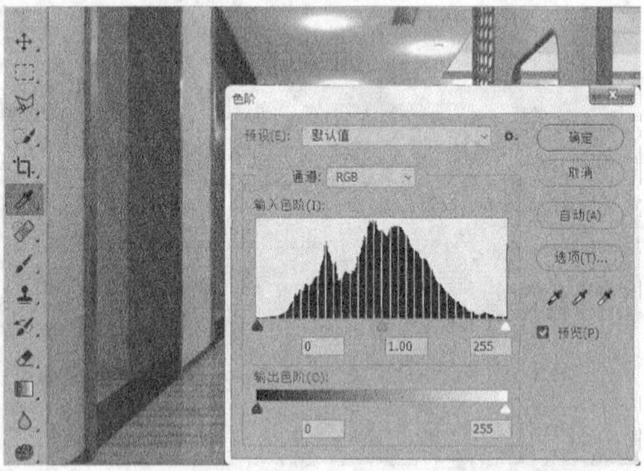

图9-26

⊟ 思路分析

⊙ 制作简介

本案例的素材图整体颜色偏暗，画面层次感不高，需要使用"色阶"工具提高画面的亮度，调整画面整体的光影层次。

⊙ 图示导向

图9-27所示是"色阶"工具对话框及调整后的参数值。

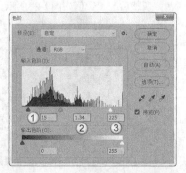

图9-27

步骤演示

01 打开本书学习资源中的文件"场景文件>CH09>05.jpg"，如图9-28所示。

02 执行"图像>调整>色阶"菜单命令（快捷键为Ctrl+L），打开"色阶"对话框，设置"阴影"为15，"中间调"为1.34，"高光"为255，如图9-29所示。

03 单击"确定"按钮 确定 ，调整后的效果如图9-30所示。调整后的效果图不仅提高了亮度，阴影与高光之间的层次也更加分明。

图9-28

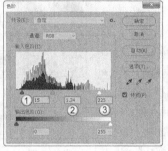
图9-29

图9-30

经验总结

⊙ 技术总结

"色阶"工具可以明显区分效果图的阴影和高光，这样会显得画面更加立体，层次分明。对于玻璃这类物体，区分层次会显得更加真实。

⊙ 经验分享

"色阶"工具常用于调整画面的光影层次，另外一个功能则是调整整体的色调。以案例中的效果图为例，画面整体偏冷色调。将"通道"选择为"红"，然后向左移动"高光"的滑块，此时画面中高光区域就显示为红色，如图9-31所示。

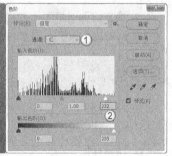

图9-31

> **第 9 章 后期处理技术**

<table>
<tr><td>课外练习：调整
效果图的层次感</td><td>场景位置</td><td>场景文件 >CH09>06.jpg</td></tr>
</table>

场景位置	场景文件 >CH09>06.jpg	
实例位置	实例文件 >CH09> 课外练习 70.psd	
视频名称	课外练习 70.mp4	
学习目标	使用"色阶"工具调整效果图的层次感	

效果展示

本案例是用"色阶"工具调整画面的层次，案例对比效果如图9-32所示。

制作提示

调整后的参数值如图9-33所示。

图9-32

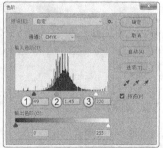
图9-33

色相/饱和度:
调整画面色调

场景位置	场景文件 >CH09>07.jpg
实例位置	实例文件 >CH09> 实战 71 色相 / 饱和度:调整画面色调 .psd
视频名称	实战 71 色相 / 饱和度:调整画面色调 .mp4
学习目标	掌握"色相 / 饱和度"工具的使用方法

⊟ 工具剖析

⊙ 参数解释

"色相/饱和度"工具的对话框如图9-34所示。

重要参数讲解

全图: 调整图像中所有颜色的色相、饱和度和明度。单击 按钮,在下拉菜单中可以单独调整红色、黄色和青色等颜色的色相、饱和度和明度,如图9-35所示。

色相: 用来改变图片的颜色,拖动按钮的时候颜色会按"红-黄-绿-青-蓝-洋红"的顺序改变,如选择"绿色"后再增加数值就会按"青-蓝-洋红"的顺序改变,减少数值就会按"黄-红"的顺序改变,对多种颜色调节规律一样。

图9-34　　图9-35

饱和度: 用来控制图片色彩浓淡的强弱,饱和度越大色彩就会越浓。饱和度只能对有色彩的图片调节,灰色、黑白图片是不能调节的。

明度: 相对来说比较好理解,就是图片的明暗程度,数值越大就越亮,相反就越暗。

着色: 勾选这个选项后,图片就会变成单色图片。我们也可以调整色相、饱和度、明度等做出单色图片。调色的时候,还可以用吸管吸取图片中任意的颜色进行调色。

⊙ 操作演示

工具: 色相/饱和度　　**位置:** 图像>调整　　**演示视频:** 71-色相/饱和度

⊟ 实战介绍

⊙ 效果介绍

本案例是用"色相/饱和度"工具调整画面的整体色调,如图9-36所示是本案例的对比效果。

⊙ 运用环境

"色相/饱和度"工具可以更改图片整体的色相、饱和度和明度,如图9-37所示。

图9-36

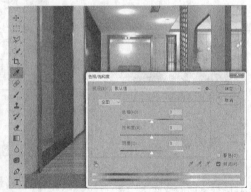

图9-37

⊟ 思路分析

⊙ 制作简介

素材效果图整体偏红,需要使用"色相/饱和度"命令将画面调整偏白。

中文版 3ds Max 2016/VRay 效果图制作实战基础教程

⊙ 图示导向

图9-38所示是"色相/饱和度"工具的对话框及其调整后的参数值。

步骤演示

01 打开本书学习资源中的文件"场景文件>CH09>07.jpg"，如图9-39所示。

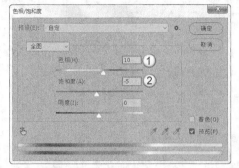

图9-38　　　　　　　　　　　　　　　　　　图9-39

02 执行"图像>调整>色相/饱和度"菜单命令（快捷键为Ctrl+U），打开"色相/饱和度"对话框，然后设置"色相"为10，"饱和度"为-5，如图9-40所示。

03 单击"确定"按钮，调整后的效果如图9-41所示。

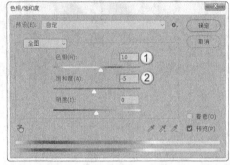

图9-40　　　　　　　　　　　　　　　　　　图9-41

经验总结

⊙ 技术总结

本案例使用"色相/饱和度"工具将偏红的效果图调整为整体偏白的效果图，减少了因材质和灯光的反射而造成的溢色现象。

⊙ 经验分享

"色相/饱和度"工具常用于调整画面的色相、饱和度和明度，也可以单独调整其中一个颜色的色相、饱和度和明度。以案例中的效果图为例，画面整体偏红。将"全图"选择为"红色"，然后设置"饱和度"为-10，此时画面中红色部分的饱和度降低，画面整体就不会显示偏红，如图9-42所示。

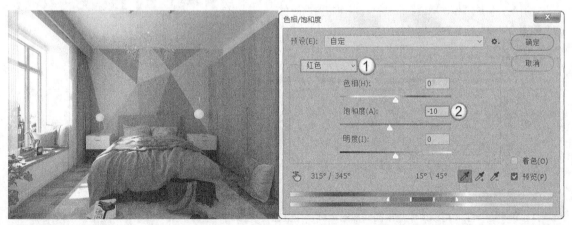

图9-42

<table>
<tr><td rowspan="4">课外练习：
调整画面色调</td><td>场景位置</td><td>场景文件 >CH09>08.jpg</td></tr>
<tr><td>实例位置</td><td>实例文件 >CH09> 课外练习 71.psd</td></tr>
<tr><td>视频名称</td><td>课外练习 71.mp4</td></tr>
<tr><td>学习目标</td><td>使用"色相 / 饱和度"工具更改画面色调</td></tr>
</table>

效果展示

本案例是用"色相/饱和度"工具调整画面的整体色调，案例对比效果如图9-43所示。

制作提示

"色相/饱和度"对话框及其调整后的参数值如图9-44所示。

图9-43

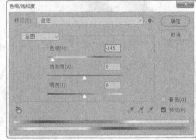

图9-44

<table>
<tr><td rowspan="4">实战 72

色彩平衡：
调整画面冷暖</td><td>场景位置</td><td>场景文件 >CH09>09.jpg</td></tr>
<tr><td>实例位置</td><td>实例文件 >CH09> 实战 72 色彩平衡：调整画面冷暖 .psd</td></tr>
<tr><td>视频名称</td><td>实战 72 色彩平衡：调整画面冷暖 .mp4</td></tr>
<tr><td>学习目标</td><td>掌握"色彩平衡"工具的使用方法</td></tr>
</table>

工具剖析

⊙ 参数解释

"色彩平衡"工具对话框如图9-45所示。

重要参数讲解

色彩平衡： 在"色阶"文本框中输入数值，或拖动滑块可以控制图像中颜色的占比。

色调平衡： 可选择"阴影""中间调"和"高光"中一个或多个色调进行调整。勾选"保持明度"选项，可以保持图像的色调不变，防止亮度随颜色的改变而改变。

图9-45

⊙ 操作演示

工具： 色彩平衡　　　**位置：** 图像>调整　　　**演示视频：** 72-色彩平衡

实战介绍

⊙ 效果介绍

本案例是用"色彩平衡"工具调整画面的冷暖对比效果。图9-46所示是案例的对比效果。

⊙ 运用环境

"色彩平衡"工具可以改变效果图局部的色调，使其偏冷或偏暖。这种方法可以弥补前期渲染的效果图的冷暖对比不足，也可以为渲染的效果图增加不同的氛围，如图9-47所示。

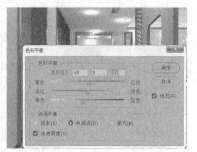

图9-46　　　　　　　　　　　　　　　　　　　　　　　　图9-47

⊟ 思路分析

⊙ 制作简介

本案例需要用"色彩平衡"命令为渲染的效果图增加冷暖对比效果。

⊙ 图示导向

图9-48所示是设置的冷暖两种效果的参数值。

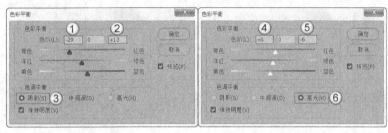

图9-48

⊟ 步骤演示

01 打开本书学习资源中的文件"场景文件>CH09>09.jpg"，如图9-49所示。

02 观察效果图可以发现画面整体偏暖，缺少冷色调。执行"图像>调整>色彩平衡"菜单命令（快捷键为Ctrl+B），然后设置"青色-红色"为-29，"黄色-蓝色"为13，"色调平衡"为"阴影"，如图9-50所示。

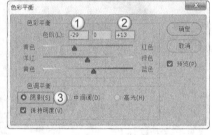

图9-49　　　　　　　　　　　　　　　图9-50

03 单击"确定"按钮后，此时效果如图9-51所示。

04 此时效果图中有冷色调，但又缺少暖色调。继续打开"色彩平衡"对话框，然后设置"青色-红色"为6，"黄色-蓝色"为-6，"色调平衡"为"高光"，如图9-52所示。

05 单击"确定"按钮，效果如图9-53所示。经过调整，效果图的阴影部分偏冷，高光部分偏暖。

图9-51　　　　　　　　　　　图9-52　　　　　　　　　　　图9-53

> **提示** 在调整"色彩平衡"的参数时，效果图会实时显示调整的效果。读者可以一边调整参数，一边观察效果。

第 9 章　后期处理技术

209

经验总结

⊙ 技术总结

本案例使用"色彩平衡"工具为效果图增加冷暖对比，使阴影部分偏冷，高光部分偏暖。

⊙ 经验分享

读者在调整参数后，若是想返回调整前的效果，有以下3种办法。

第1种： 在"历史记录"面板中选择调整前的选项，如图9-54所示。

第2种： 在调整效果图的色彩之前，先将导入的效果图复制一份，然后在复制的效果图上进行调整，如图9-55所示。关闭图层前的"指示图层可见性"图标 👁 或是将调整后的图层删除，都可以返回效果图最初的效果。

第3种： 使用调整图层进行调整。单击"创建新的填充或调整图层"按钮 ，然后选择"色彩平衡"选项，会弹出"色彩平衡"的调整图层面板，如图9-56所示。同第2种方法一样，会在原有的图层上新建一个图层。这种方法的好处是调整的参数可以随时修改。

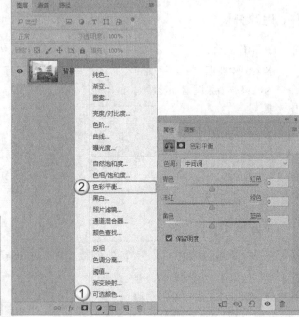

图9-54

图9-55

图9-56

课外练习：调整画面冷暖对比		
场景位置	场景文件 >CH09>10.jpg	
实例位置	实例文件 >CH09> 课外练习 72.psd	
视频名称	课外练习 72.mp4	
学习目标	使用"色彩平衡"工具调整画面冷暖对比	

效果展示

本案例是用"色彩平衡"工具调整效果图的冷暖对比和整体色调，效果对比如图9-57所示。

制作提示

调整后的参数值如图9-58所示。

图9-57

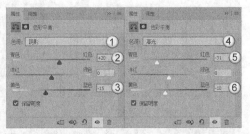

图9-58

中文版 3ds Max 2016/VRay 效果图制作实战基础教程

实战 73	场景位置	场景文件 >CH09>11.jpg
多边形套索： 制作体积光效果	实例位置	实例文件 >CH09> 实战 73 多边形套索：制作体积光效果 .psd
	视频名称	实战 73 多边形套索：制作体积光效果 .mp4
	学习目标	掌握"多边形套索"工具的使用方法

▣ 工具剖析

⊙ 参数解释

"多边形套索"工具 ▽ 的属性面板如图9-59所示。

图9-59

重要参数讲解

羽化： 用来设置选区的羽化范围。

消除锯齿： 勾选该选项后，系统会在选区边缘添加与周围图像相近的颜色，使选区看起来光滑。

⊙ 操作演示

工具： 多边形套索　　**位置：** 工具箱　　**演示视频：** 73-多边形套索

▣ 实战介绍

⊙ 效果介绍

本案例是用"多边形套索"工具 ▽ 和"快速填充"工具模拟体积光效果，如图9-60所示是本案例的对比效果。

⊙ 运用环境

体积光效果在3ds Max 2016中可以通过渲染得到，但渲染速度慢，且效果一般。在Photoshop CC中，通过"多边形套索"工具 ▽ 就可以直观且快速地制作体积光效果，如图9-61所示。

图9-60　　　　　　　　　　　　　　　　图9-61

▣ 思路分析

⊙ 制作简介

本案例需要使用"多边形套索"工具 ▽ 配合快速填充和设置图层透明度制作体积光效果。

⊙ 图示导向

图9-62所示是图层面板。

▣ 步骤演示

01 打开本书学习资源中的文件"场景文件>CH09>11.jpg"，如图9-63所示。

图9-62　　　　　　　　　　　　　　　　图9-63

02 单击"创建新图层"按钮 创建一个空白图层"图层1"，如图9-64所示。

03 在"工具箱"中单击"多边形套索工具"按钮 ，然后在绘图区域勾选出图9-65所示的区域。

04 设置"羽化"为20像素，"前景色"为白色，并按快捷键Alt+Delete用前景色填充选区，如图9-66所示。

图9-64

图9-65

图9-66

05 设置"图层1"的"不透明度"为50%，如图9-67所示。

06 按照上述方法，制作出其他体积光光束，案例最终效果如图9-68所示。

> **提示** 按快捷键Ctrl+D可以取消选区。

图9-67

图9-68

经验总结

⊙ 技术总结

本案例是用"多边形套索"工具 绘制体积光的轮廓，然后填充白色，并调整其不透明度。

⊙ 经验分享

在制作体积光效果时，读者可以多建立几个图层，每个图层的"不透明度"数值设置不同，且每一个图层的体积光粗细也不相同。这样呈现的体积光效果会更加自然，细节也会更丰富。读者也可以在网络上下载一些现成的体积光素材图，与效果图进行叠加。

课外练习：绘制选区并调色

场景位置	场景文件 >CH09>12.jpg
实例位置	实例文件 >CH09> 课外练习 73.psd
视频名称	课外练习 73.mp4
学习目标	使用"多边形套索"工具绘制选区并调色

效果展示

本案例是用"多边形套索"工具 为效果图填充颜色滤镜，对比效果如图9-69所示。

制作提示

图层面板如图9-70所示。

图9-69

图9-70

中文版 3ds Max 2016/VRay 效果图制作实战基础教程

实战 74
镜头模糊：
制作景深效果

场景位置	场景文件 >CH09>13-01.jpg、13-02.jpg
实例位置	实例文件 >CH09> 实战 74 镜头模糊：制作景深效果 .psd
视频名称	实战 74 镜头模糊：制作景深效果 .mp4
学习目标	掌握"镜头模糊"工具的使用方法

工具剖析

参数解释

"镜头模糊"工具的面板如图9-71所示。

重要参数讲解

深度映射：在下拉菜单中选择深度映射的方式，默认选择"图层蒙版"选项，可以识别Z深度通道，如图9-72所示。在通道面板中加入新的通道图层后，在下拉菜单中也可以被识别。

图9-71   图9-72

模糊焦距：设置焦距的深度。

形状：设置光圈的形状。

半径：设置最大模糊量。

操作演示

工具：镜头模糊   **位置**：滤镜>模糊   **演示视频**：74-镜头模糊

实战介绍

效果介绍

本案例是用"镜头模糊"工具制作效果图的景深效果，如图9-73所示是本案例的对比效果。

运用环境

在之前的案例中，我们讲过用摄影机直接渲染景深效果，但渲染速度较慢。在Photoshop CC中可以直接使用"镜头模糊"命令配合Z深度通道制作景深效果，不仅速度快，而且便于观察效果易于操作，如图9-74所示。

图9-73

图9-74

思路分析

⊙ 制作简介

本案例需要在"镜头模糊"滤镜中加载渲染的Z深度通道，通过识别图片的黑白灰信息，从而让系统判断出素材图的距离信息。根据距离的不同，添加模糊效果，从而制作出景深。

⊙ 图示导向

图9-75所示是案例的参数面板。

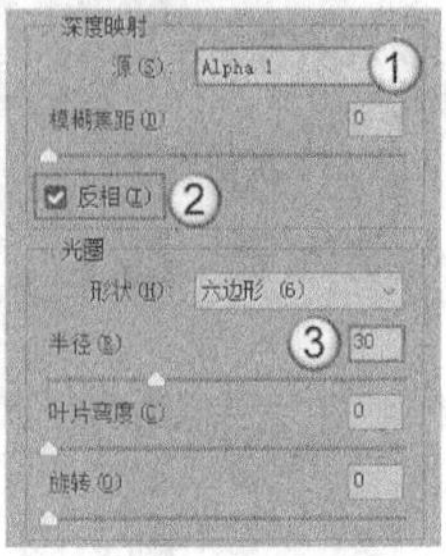

图9-75

步骤演示

01 打开本书学习资源中的文件"场景文件>CH09>13-01.jpg"，如图9-76所示。

02 继续将学习资源中的文件"场景文件>CH09>13-02.jpg"导入场景，如图9-77所示。

图9-76

图9-77

03 切换到"通道"面板，单击"将通道作为选区载入"按钮，此时Z深度通道图上出现虚线，如图9-78所示。

04 单击"将选区储存为通道"按钮，系统会为选区创建一个新的通道Alpha 1，如图9-79所示。

图9-78

图9-79

05 切换到"图层"面板后选中"背景"图层，然后执行"滤镜>模糊>镜头模糊"菜单命令，在弹出的"镜头模糊"对话框中设置"源"为"Alpha 1"，并勾选"反相"选项，接着设置"半径"为30，如图9-80所示。

> **提示** 默认情况下，画面近处的物体模糊，远处清晰。勾选"反相"选项后，远处的树会模糊，而近处的建筑则呈现清晰效果。读者需要根据深度通道的具体效果灵活处理。

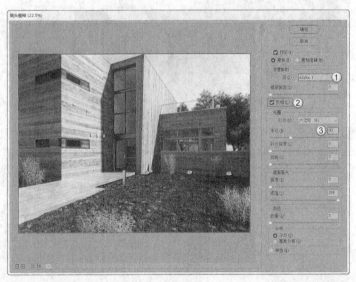

图9-80

06 观察预览图中的景深效果无误后，单击"确定"按钮 <u>确定</u> 退出对话框，案例最终效果如图9-81所示。

> **提示** 关闭图层1前的"指示图层可见性"按钮 ◎，就不会影响观察最终效果。

图9-81

经验总结

⊙ 技术总结

本案例是在"镜头模糊"工具的面板中拾取Z深度通道，从而形成带有景深的模糊效果。

⊙ 经验分享

本案例的一个难点是如何将Z深度通道从"图层"面板复制到"通道"面板。只有通过"将通道作为选区载入"按钮 ▦ 和"将选区储存为通道"按钮 ◙ 这两个工具，才能将Z深度通道复制到"通道"面板，否则"镜头模糊"命令无法拾取。

按照这个思路，读者可以简单绘制一个黑白通道，同样也可以形成景深效果，如图9-82所示。相对于渲染的Z深度通道，绘制的黑白通道所呈现的景深效果显得比较生硬。

图9-82

<table>
<tr><td rowspan="4">课外练习：
制作景深效果</td><td>场景位置</td><td>场景文件 >CH09>14-01.jpg、14-02.jpg</td></tr>
<tr><td>实例位置</td><td>实例文件 >CH09> 课外练习 74.psd</td></tr>
<tr><td>视频名称</td><td>课外练习 74.mp4</td></tr>
<tr><td>学习目标</td><td>掌握后期景深的制作方法</td></tr>
</table>

效果展示

本案例是用"镜头模糊"命令和绘制的黑白通道模拟景深效果，案例对比效果如图9-83所示。

制作提示

设置的"镜头模糊"命令参数值如图9-84所示。

图9-83　　　　　　　　　　　　图9-84

场景位置	场景文件 >CH09>15-01.jpg、15-02.jpg
实例位置	实例文件 >CH09> 实战 75 快速选择：制作环境背景 .psd
视频名称	实战 75 快速选择：制作环境背景 .mp4
学习目标	掌握"快速选择"工具的使用方法

工具剖析

⊙ 参数解释

"快速选择"工具 ⬚ 的参数面板如图9-85所示。

重要参数讲解

图9-85

新选区 ⬚： 创建一个新的选区。

添加到选区 ⬚： 在原有选区的基础上添加新的选区。

从选区减去 ⬚： 在原有选区的基础上减去当前选区。

对所有图层取样： 基于所有图层创建选区，而不只是当前选择的选区。

自动增强： 减少选区边缘的粗糙度。

⊙ 操作演示

工具： 快速选择工具　　**位置：** 工具箱　　**演示视频：** 75-快速选择工具

实战介绍

⊙ 效果介绍

本案例是用"快速选择工具" ⬚ 和"自由变换"工具将抠除原有背景替换新背景，如图9-86所示是本案例的对比效果。

⊙ 运用环境

在3ds Max 2016中渲染的效果图背景，有的不是很合适，有的没有背景。如果重新渲染会浪费很多时间，在 Photoshop CC中可以利用"快速选择"工具 ⬚ 或其他方法抠掉原有的背景，然后用新的背景素材文件替补。在替补过程中需要使用"自由变换"工具调整素材文件的角度。

图9-86

思路分析

⊙ 制作简介

本案例用"快速选择"工具 ⬚ 将效果图原有的蓝色背景抠除，导入背景素材后，使用"自由变换"工具调整背景素材的大小和角度。

⊙ 图示导向

图9-87所示是调整过程的效果图。

图9-87

步骤演示

01 打开本书学习资源中的文件"场景文件>CH09>15-01.jpg",如图9-88所示。

02 单击"快速选择"工具按钮 选中窗外的蓝色部分,如图9-89所示。

图9-88 　　　　　　　　图9-89

> **提示** 右下角藤椅的空隙部分不要忘记选择。

03 按键盘的Delete键删除蓝色部分,此时背景显示为透明效果,如图9-90所示。

04 将学习资源中的文件"场景文件>CH09>15-02.jpg"导入场景中,如图9-91所示。

> **提示** 在删除蓝色部分之前,需要双击"背景"图层解锁,否则删除时会出现问题。

图9-90 　　　　　　　　图9-91

05 按快捷键Ctrl+T使用"自由变换"工具放大并调整背景素材的大小与角度,如图9-92所示。

06 将背景素材的图层放置于"背景"图层下方,如图9-93所示。这样背景就出现在窗外。

07 观察画面,发现窗外背景的亮度与室内亮度不同,整个画面显得不和谐。使用"亮度/对比度"工具增大窗外背景的亮度,案例最终效果如图9-94所示。

图9-92 　　　　　　　　图9-93 　　　　　　　　图9-94

> **提示** 详细调整步骤请观看教学视频。

经验总结

⊙ 技术总结

本案例是用"快速选择"工具 ✔ 抠除原有背景，用"自由变换"工具调整导入的素材背景。

⊙ 经验分享

Photoshop CC中抠除背景的方法有很多，根据不同的情况使用不同的工具和命令。下面介绍一些常用的抠图工具。

第1种："魔棒工具" ✔。它和"快速选择工具" ✔ 类似，通过相近的颜色选择区域。

第2种："色彩范围"命令（选择>色彩范围）。它和"快速选择工具" ✔ 一样，也是通过选择相近的颜色选择区域，对于一些分散细小的地方可一次性选取，减少手动选择的麻烦，如图9-95所示。

第3种："多边形套索"工具 ✔。当背景颜色不是纯色时，该工具可以手动绘制需要替换的区域将其抠除。

第4种："以快速蒙版模式编辑"工具 ⬜。单击该按钮后，使用"画笔工具" ✔ 在场景中绘制红色的区域，然后再次单击该按钮退出蒙版编辑模式，红色区域以外的部分会自动形成选区状态，如图9-96所示。

图9-95

图9-96

其他的方法在这里就不再逐一介绍。每种方法有利有弊，读者需要根据图片的特点灵活选择抠图的方法。

课外练习： 制作天空背景	场景位置	场景文件 >CH09>16.jpg
	实例位置	实例文件 >CH09> 课外练习 75.psd
	视频名称	课外练习 75.mp4
	学习目标	使用"快速选择"工具抠除背景并替换

效果展示

本案例是用"快速选择"工具 ✔ 和"剪贴蒙版"替换天空背景，对比效果如图9-97所示。

制作提示

"图层"面板如图9-98所示。

图9-97

图9-98

实战 76	场景位置	场景文件 >CH09>17
运用通道图 调整效果图	实例位置	实例文件 >CH09> 实战 76 运用通道图调整效果图 .psd
	视频名称	实战 76 运用通道图调整效果图 .mp4
	学习目标	掌握运用通道图调整效果图的方法

实战介绍

⊙ 效果介绍

本案例是用通道图配合前面案例中讲过的工具调整效果图。图9-99所示是本案例的对比效果。

⊙ 运用环境

后期处理是制作效果图必不可少的一步。后期处理大致可分为外部素材合成、调色和添加滤镜效果这三大类。每一类所使用的工具和方法都有很多，处理也很灵活，只要能达到预想的效果即可。

图9-99

思路分析

⊙ 制作简介

本案例是用"实战67"中所渲染的效果图和通道图配合之前讲解的工具命令进行后期处理。这是一个综合性的案例，会用到很多效果图后期处理的知识点和方法。

⊙ 图示导向

图9-100所示是效果图处理的大致过程。

图9-100

步骤演示

01 打开本书学习资源中的"场景文件>CH09>17"文件夹中的效果图和通道图文件，如图9-101所示。这是在上一章案例中渲染的效果图与通道图。

图9-101

219

02 单击"指示图层可见性"按钮 ◉ 关闭除"背景"图层外的其他图层的显示效果，如图9-102所示。

03 首先添加背景图层。选中"17-Alpha"图层，使用"快速选择工具" ☑ 选中窗外部分，如图9-103所示。

04 选中"背景"图层，然后按快捷键Ctrl+J复制一层，图层面板如图9-104所示。

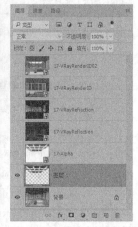

图9-102 　　　　　　　　　　　　　　　　　　　图9-103 　　　　　　　　　　　　　　　　图9-104

提示 没有将选中的窗外部分删除是因为上方的窗户部分有反射的内容，删除后会丢失图层信息，降低效果图的真实感。

05 导入学习资源中的文件"场景文件>CH09>17-background.jpg"，如图9-105所示。

06 将该图层放置于"图层 1"的上方，然后按住Alt键单击"17-background"图层和"图层 1"图层的中间，让"17-background"图层成为"图层 1"图层的剪贴蒙版，如图9-106所示。

图9-105 　　　　　　　　　　　　　　　　　　　　　　　　图9-106

07 选中"17-background图层"，然后设置图层混合模式为"滤色"，如图9-107所示。

提示 "滤色"模式可以过滤图像中的黑色，保留其他颜色。

图9-107

08 下面处理反射效果。选中并显示"17-VRayReflection"图层，然后设置图层混合模式为"滤色"，效果如图9-108所示。

图9-108

09 选中"17-VRayReflection"图层，然后单击"创建新的填充或调整图层"按钮 ◎，选中"色阶"选项，设置"中间调"为0.9，单击"调整剪切到此图层"按钮 ◎，如图9-109所示。

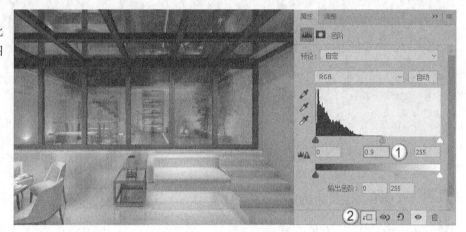

图9-109

> **提示** 单击"调整剪切到此图层"按钮 ◎ 后，"色阶"面板中的参数只对"17-VRayReflection"图层起作用，不影响其下方的其他图层。

10 下面处理庭院的效果。选中并显示"17-VRayRefraction"图层，然后设置图层混合模式为"滤色"，效果如图9-110所示。

图9-110

11 选中"17-VRayRefraction"图层，然后单击"创建新的填充或调整图层"按钮，选中"色阶"选项，设置"阴影"为15，"中间调"为1.4，单击"调整剪切到此图层"按钮，如图9-111所示。

图9-111

12 继续为"17-VRayRefraction"图层增加"色彩平衡"调整图层，然后设置"色调"为"中间调"，"青色-红色"为-18，"黄色-蓝色"为18，接着设置"色调"为"阴影"，"青色-红色"为-7，"黄色-蓝色"为26，如图9-112所示。效果如图9-113所示。

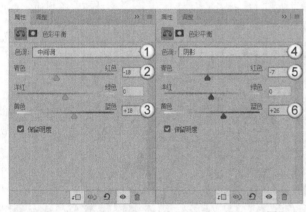

图9-112

图9-113

> **提示** 庭院中虽然有人工光源，但自然光源更多，因此整体色调会偏蓝。

13 下面处理玻璃材质。使用"快速选择工具"在"17-VRayRenderID"图层中选中玻璃区域，如图9-114所示。"17-VRayRenderID"图层不需要显示也可以被选中。

14 将选中的玻璃区域按快捷键Ctrl+J复制一层，然后为其添加"色阶"调整图层，设置"阴影"为10，"中间调"为0.9，"高光"为190，如图9-115所示。

图9-114

图9-115

15 下面调整室内的地砖。使用"快速选择工具"在"17-VRayRenderID"图层中选中地砖区域，如图9-116所示。

16 将选中的地砖区域按快捷键Ctrl+J复制一层，然后为其添加"色阶"调整图层，设置"阴影"为10，"中间调"为0.95，"高光"为230，如图9-117所示。

图9-116   图9-117

17 最后调整整体画面。选中图层面板中最上方的图层，然后按快捷键Ctrl+Alt+Shift+E盖印出一张新的图层，如图9-118所示。

18 选中盖印的"图层4"，为其添加"色彩平衡"命令调整图层，然后设置"色调"为"阴影"，"青色-红色"为-6，"黄色-蓝色"为6，接着设置"色调"为"高光"，"青色-红色"为4，"黄色-蓝色"为-4，如图9-119所示。最终效果如图9-120所示。

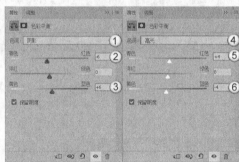

图9-118   图9-119   图9-120

> **提示** 盖印是将选中图层及其以下的图层合并复制出一个新的图层，但保留原有的图层不变。相比合并所有图层，盖印的操作是可逆的。一旦调整出错，可以将盖印图层删除重新盖印即可。

📖 经验总结

⊙ 技术总结

本案例是用通道图配合抠图工具和调色工具先对效果图进行局部调整，然后将各个图层盖印一个新图层后进行整体调整。

⊙ 经验分享

若是在后期处理时需要将场景中的部分材质更换颜色，就需要通过"VRayRenderID"通道将其单独选中并复制，然后进行调整，如图9-121所示。若是需要更换模型，就必须返回3ds Max 2016中重新渲染。

图9-121

一 效果展示

本案例是用效果图和通道图配合之前讲解的工具命令进行后期处理，对比效果如图9-122所示。

图9-122

一 制作提示

效果图处理的大致过程，如图9-123所示。

图9-123

第 10 章
商业综合实战

本章将通过 6 个实战案例讲解家装、工装和建筑商业效果图常见类型的制作方法，并通过 6 个课外练习加以巩固。

本章技术重点

» 掌握家装效果图的制作思路及方法
» 掌握工装效果图的制作思路及方法
» 掌握建筑效果图的制作思路及方法

实战 77	

实战 77	场景位置	场景文件 >CH10>01.max
家装：北欧风格 客厅空间表现	实例位置	实例文件 >CH10> 实战 77 家装：北欧风格客厅空间表现 .max
	视频名称	实战 77 家装：北欧风格客厅空间表现 .mp4
	学习目标	掌握家装效果图的制作思路及方法

案例分析

本案例是制作北欧风格的客厅空间的日光表现。从结构上看，客厅空间是一个半封闭空间，太阳光和天光是场景的主光源，人工光源则是辅助光源。图10-1所示是场景的灯光布置效果。

在材质方面，墙面乳胶漆、木地板、地毯、木质和窗帘等材质是案例的重点。图10-2所示是案例材质的效果。

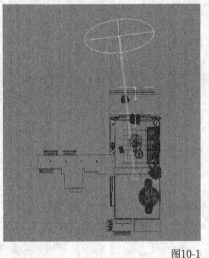

粉色乳胶漆

地砖

沙发布纹

木质

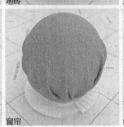
窗帘

纱帘

图10-1

图10-2

创建摄影机

01 打开本书学习资源中的文件"场景文件>CH10>01.max"，如图10-3所示。

02 在"创建"面板上单击"摄影机"按钮，然后单击"物理"按钮 物理 在餐桌旁创建一台摄影机，位置如图10-4所示。

中文版 3ds Max 2016/VRay 效果图制作实战基础教程

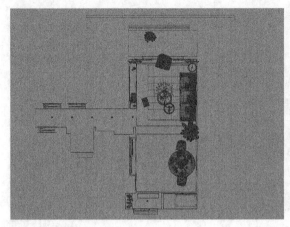

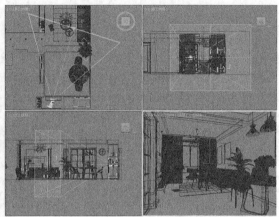

图10-3   图10-4

03 选中创建的摄影机，切换到"修改"面板，在"物理摄影机"卷展栏中设置"焦距"为28毫米，"光圈"为8，"ISO"为800，如图10-5所示。

04 按C键切换到摄影机视图，如图10-7所示。

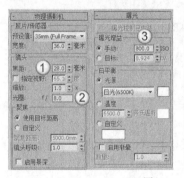

提示 读者若在创建摄影机时，发现摄影机视图有倾斜，需要勾选"自动垂直倾斜校正"选项，如图10-6所示。

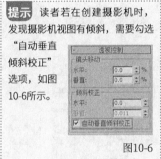

图10-6

图10-5   图10-7

设置测试渲染参数

01 按F10键打开"渲染设置"面板，在"输出大小"选项组中设置"宽度"为1000，"高度"为750，如图10-8所示。

02 在"图像采样器（抗锯齿）"卷展栏中设置"类型"为"渲染块"，如图10-9所示。

03 在"图像过滤器"卷展栏中设置"过滤器"为"区域"，如图10-10所示。

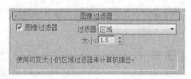

图10-8   图10-9   图10-10

04 在"渲染块图像采样器"卷展栏中设置"最小细分"为1，"最大细分"为4，"噪波阈值"为0.01，如图10-11所示。

05 在"全局确定性蒙特卡洛"卷展栏中勾选"使用局部细分"选项，然后设置"最小采样"为16，"自适应数量"为0.85，"噪波阈值"为0.005，如图10-12所示。

06 在"颜色贴图"卷展栏中设置"类型"为"线性倍增"，如图10-13所示。

图10-11   图10-12   图10-13

07 在"全局照明[无名汉化]"卷展栏中设置"首次引擎"为"发光图","二次引擎"为"灯光缓存",如图10-14所示。

08 在"发光图"卷展栏中设置"当前预设"为"非常低","细分"为50,"插值采样"为20,如图10-15所示。

09 在"灯光缓存"卷展栏中设置"细分"为600,如图10-16所示。

10 在"系统"卷展栏中设置"序列"为"上->下","动态内存限制（MB）"为0,如图10-17所示。

图10-15

图10-17

图10-14

图10-16

> **提示** 读者也可以调用在第8章的案例中设置的"测试渲染"预设参数。

创建灯光

01 在"创建"面板上单击"灯光"按钮，然后选择VRay选项，单击"VR-太阳"按钮 VR-太阳 在场景中创建一盏太阳光，位置如图10-18所示。

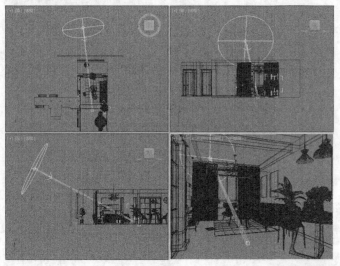

图10-18

> **提示** 创建灯光时，系统会弹出"VRay 太阳"对话框，这里选择"是" 是(Y) 选项，如图10-19所示。

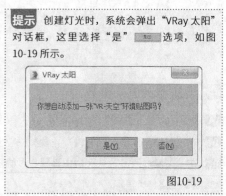

图10-19

02 选中创建的"VRay太阳"灯光，在"修改"面板"VRay太阳参数"卷展栏中设置"强度倍增"为0.05,"大小倍增"为5,"阴影细分"为8,如图10-20所示。

03 按C键切换到摄影机视图，然后按F9键进行渲染，效果如图10-21所示。此时阳光的强度合适，但屋内其他地方光线较暗，需要增加环境光补充亮度。

图10-20

图10-21

提示 为了更好地观察场景的灯光效果，笔者为场景添加一个白色的覆盖材质，具体制作方法如下。

第1步：设置"漫反射"为220灰度的材质，如图10-22所示。

第2步：打开"渲染设置"面板，将上一步设置的材质球拖曳到"全局开关"卷展栏的"覆盖材质"通道中，如图10-23所示。

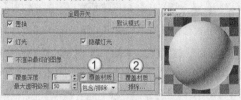

图10-22　　　　　　　　　　　　　　　　　　　　　图10-23

读者需要注意，如果有透光的物体（玻璃、纱帘等），需要单击"排除"按钮 ，将这些模型排除在"覆盖材质"以外，否则会影响观察灯光效果。

04 使用"VR-灯光"工具 在窗外创建一盏灯光模拟天光，如图10-24所示。

05 选中上一步创建的灯光，在"修改"面板中设置具体参数，如图10-25所示。

设置步骤

① 在"常规"卷展栏中设置"类型"为"平面"，"1/2长"为1141.398mm，"1/2宽"为1201.716mm，"倍增"为10，"颜色"为（红:188，绿:210，蓝:255）。

② 在"选项"卷展栏中勾选"不可见"选项。

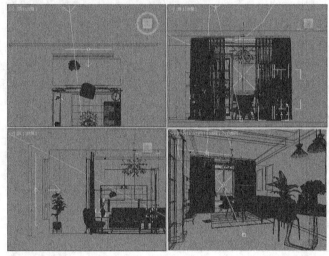

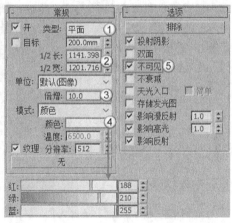

图10-24　　　　　　　　　　　　　　　　　　　　　图10-25

06 按C键切换到摄影机视图，然后按F9键进行渲染，效果如图10-26所示。

07 观察渲染效果，阳台位置亮度合适，但室内亮度不够。将创建的"VRay灯光"复制一盏，位置如图10-27所示。

图10-26　　　　　　　　　　　　　　　　　　　　　图10-27

08 选中上一步复制的灯光，在"修改"面板"常规"卷展栏中设置"倍增"为2，"颜色"为（红:237，绿:243，蓝:255），其余参数不变，如图10-28所示。

09 按C键切换到摄影机视图，然后按F9键进行渲染，效果如图10-29所示。

10 此时室内亮度合适，使用"VR-灯光"工具 VR-灯光 在餐桌上方的吊灯内创建一盏灯光，并复制到其余灯罩内，其位置如图10-30所示。

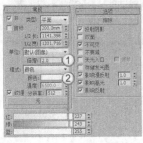

图10-28

图10-29

图10-30

11 选中上一步创建的灯光，在"修改"面板中设置具体参数，如图10-31所示。

设置步骤

① 在"常规"卷展栏中设置"类型"为"球体"，"半径"为39.248mm，"倍增"为30，"温度"为4000。

② 在"选项"卷展栏中勾选"不可见"选项。

12 按C键切换到摄影机视图，然后按F9键进行渲染，效果如图10-32所示。

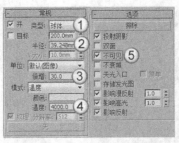

图10-31

图10-32

🗆 制作材质

本案例需要制作粉色乳胶漆材质、地砖材质、沙发布纹材质、木质材质和窗帘材质等。

⊙ 粉色乳胶漆材质

按M键打开材质编辑器，然后选择一个空白材质球，设置"材质类型"为"VRayMtl"材质，接着设置"漫反射"颜色为（红:191，绿:161，蓝:167），如图10-33所示。制作好的材质球效果如图10-34所示。

 屋顶的白色乳胶漆材质设置"漫反射"颜色为白色即可。

图10-33

图10-34

⊙ 地砖材质

01 按M键打开材质编辑器，然后选择一个空白材质球，接着设置"材质类型"为"VRayMtl"材质，具体参数设置如图10-35所示。制作好的材质球效果如图10-36所示。

设置步骤

① 在"漫反射"通道中加载"平铺"贴图，设置"预设类型"为"堆栈砌合"，在"纹理"通道中加载学习资源中的文件"实例文件>CH10>实战77 家装：北欧风格客厅空间表现>map>black marble.jpg"，并设置"水平数"和"垂直数"都为1，然后设置"纹理"颜色为（红:213，绿:213，蓝:213），"水平间距"和"垂直间距"都为0.1。

② 设置"反射"颜色为（红:104，绿:104，蓝:104），"高光光泽"为0.6，"反射光泽"为0.8。

02 将材质赋予地板模型，并加载"UVW贴图"修改器，设置"贴图"类型为"平面"，"长度"为800mm，"宽度"为800mm，如图10-37所示。

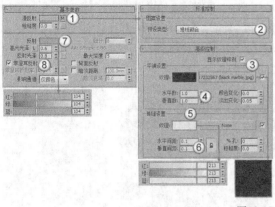
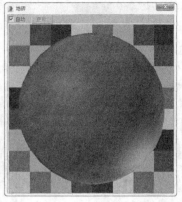
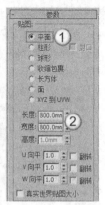

图10-35　　　　　　　　　　　图10-36　　　　　　　　图10-37

⊙ 沙发布纹材质

按M键打开材质编辑器，然后选择一个空白材质球，接着设置"材质类型"为"VRayMtl"材质，具体参数设置如图10-38所示。制作好的材质球效果如图10-39所示。

设置步骤

① 在"漫反射"通道中加载"衰减"贴图，然后在"前"通道中加载学习资源中的文件"实例文件>CH10>实战77　家装：北欧风格客厅空间表现>map>2016-E013-28-408468.jpg"，设置"侧"颜色为（红:158，绿:176，蓝:186），"衰减类型"为"垂直/平行"。

② 在"凹凸"通道中加载学习资源中的文件"实例文件>CH10>实战77　家装：北欧风格客厅空间表现>map>2018-M025-30-411919.jpg"，设置"凹凸"通道量为30。

> **提示**　黄色沙发布纹的制作步骤与蓝色的一致，只是更换"前"通道中加载的贴图和"侧"通道的颜色即可，材质球效果如图10-40所示。

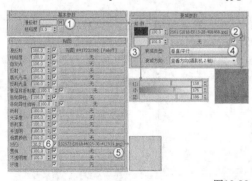

图10-38　　　　　　　图10-39　　　　　　　　　　图10-40

⊙ 木质材质

按M键打开材质编辑器，选择一个空白材质球，设置"材质类型"为"VRayMtl"材质，然后在"漫反射""反射""反射光泽"和"凹凸"通道中加载学习资源中的文件"实例文件>CH10>实战77　家装：北欧风格客厅空间表现>map> 000.png"，如图10-41所示。制作好的材质球效果如图10-42所示。

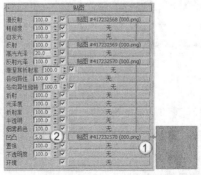

图10-41　　　　　　　　　　图10-42

231

⊙ **窗帘材质**

01 按M键打开材质编辑器，然后选择一个空白材质球，设置"材质类型"为"VRayMtl"材质，在"漫反射"和"凹凸"通道中加载学习资源中的文件"实例文件>CH10>实战77 家装：北欧风格客厅空间表现>map>3cdcf021deca949a0185272465e1abd9.jpg"，如图10-43所示。制作好的材质球效果如图10-44所示。

02 将材质赋予窗帘模型，然后为其加载"UVW贴图"修改器，设置"贴图"类型为"长方体"，"长度"为500mm，"宽度"为500mm，"高度"为500mm，如图10-45所示。

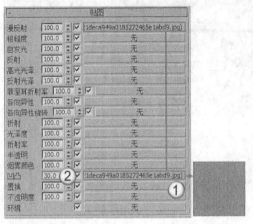
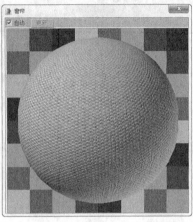
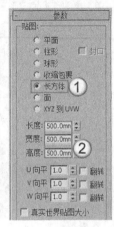

图10-43　　　　　　　　　　　　　　　　图10-44　　　　　　　　图10-45

⊙ **纱帘材质**

按M键打开材质编辑器，然后选择一个空白材质球，接着设置"材质类型"为"VRayMtl"材质，具体参数设置如图10-46所示。制作好的材质球效果如图10-47所示。

设置步骤

① 设置"漫反射"颜色为（红:255，绿:255，蓝:255）。

② 在"折射"通道中加载"衰减"贴图，设置"前"通道颜色为（红:164，绿:164，蓝:164），"衰减类型"为"垂直/平行"，"光泽度"为0.9。

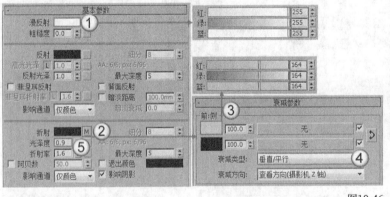

图10-46　　　　　　　　　　　　　　　　　　　　　图10-47

提示 其余未讲解的材质都较为简单，具体参数请查看实例文件。

（一）设置最终渲染参数

01 按F10键打开"渲染设置"面板，在"输出大小"选项组中设置"宽度"为3000，"高度"为2250，如图10-48所示。

02 在"渲染块图像采样器"卷展栏中设置"最小细分"为1，"最大细分"为6，"噪波阈值"为0.001，如图10-49所示。

03 在"图像过滤器"卷展栏中设置"过滤器"为"Mitchell-Netravali"，如图10-50所示。

图10-48

图10-49

图10-50

04 在"全局确定性蒙特卡洛"卷展栏中设置"噪波阈值"为0.001，如图10-51所示。

05 在"发光图"卷展栏中设置"当前预设"为"中"，"细分"为80，"插值采样"为60，如图10-52所示。

06 在"灯光缓存"卷展栏中设置"细分"为1200，如图10-53所示。

图10-51

图10-52

图10-53

07 在"渲染元素"面板中添加"VRayAlpha""VRayReflection""VRayRefraction"和"VRayRenderID"通道，如图10-54所示。

08 按C键切换到摄影机视图，然后按F9键进行渲染。效果和通道如图10-55和图10-56所示。

图10-54

图10-55

图10-56

> **提示** 笔者省略了渲染"发光图"文件的过程，读者可按照需求自行设置是否渲染"发光图"文件。

☐ 后期处理

01 在Photoshop CC中导入渲染的效果图和通道，如图10-57所示。

02 通过"实战77-VRayAlpha"图层抠掉窗外部分，如图10-58所示。

图10-57

图10-58

03 导入学习资源中的文件"实例文件>CH10>实战77 家装：北欧风格客厅空间表现>map>225025.jpg"，并调整其位置和大小，如图10-59所示。

04 选中并显示"实战77- VRayReflection"图层，然后设置图层混合模式为"滤色"，如图10-60所示。

图10-59   图10-60

05 为"实战77- VRayReflection"图层添加"色阶"工具调整图层，然后设置"中间调"为1.2，如图10-61所示。

06 选中并显示"实战77- VRayRefraction"图层，然后设置图层混合模式为"滤色"，如图10-62所示。

图10-61   图10-62

> **提示** 调整图层是针对"实战77- VRayReflection"图层单独进行调整，需要选中"调整剪切到此图层"选项。

07 为"实战77- VRayRefraction"图层添加"色阶"工具调整图层，然后设置"阴影"为10，"中间调"为0.95，"高光"为240，如图10-63所示。

08 按快捷键Ctrl+Shift+Alt+E盖印所有图层，生成"图层1"，如图10-64所示。

图10-63   图10-64

09 为"图层1"添加"色阶"工具调整图层，设置"中间调"为2.2，"高光"为245，如图10-65所示。

提示 渲染的效果图Gamma为2.2，而保存的效果图Gamma为1.0，所以保存的图片颜色要比渲染的颜色深。在Photoshop CC中将色阶的中间调设置为2.2，就可以将图片调整为Gamma为2.2的效果。这一步也可以在图片导入后进行。

图10-65

10 为"图层1"添加"色彩平衡"工具调整图层，然后设置"色调"为"阴影"，"青色-红色"为-7，"黄色-蓝色"为5，接着设置"色调"为"中间调"，"青色-红色"为7，"黄色-蓝色"为-9，如图10-66所示。效果如图10-67所示。

11 通过"实战77- VRayRenderID"通道使用"快速选择"工具 ，选中蓝色和黄色的沙发布纹区域，如图10-68所示。

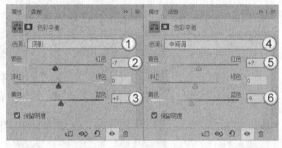

图10-66

图10-67

图10-68

12 将选中的区域按快捷键Ctrl+J复制一层，然后为其加载"色阶"工具调整图层，设置"中间调"为0.9，"高光"为190，如图10-69所示。

13 为"图层1"添加"亮度/对比度"工具调整图层，设置"亮度"为40。最终效果如图10-70所示。

图10-69

图10-70

场景位置	场景文件 >CH10>02.max
实例位置	实例文件 >CH10> 课外练习 77.max
视频名称	课外练习 77.mp4
学习目标	掌握家装效果图的制作思路及方法

效果展示

本案例是制作北欧风格的客厅空间表现。案例效果如图10-71所示。

制作提示

案例的灯光布
置如图10-72所示。
案例材质效果如图
10-73所示

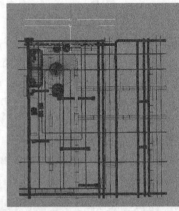

图10-71 图10-72

绿色墙漆　白色墙漆　烤漆　地砖　窗帘　沙发布　绿色绒布

图10-73

实战 78

**家装：简欧风格卧
室空间的夜景表现**

场景位置	场景文件 >CH10>03.max
实例位置	实例文件 >CH10> 实战 78 家装：简欧风格卧室空间的夜景表现 .max
视频名称	实战 78 简欧风格卧室空间的夜景表现表现 .mp4
学习目标	掌握夜晚家装效果图的制作思路及方法

案例分析

本案例是制作简欧风格卧室空间的夜景表现。从结构上看，卧室空间是一个半封闭空间，室内人造光源是场景的主光源，自然光则是辅助光源。图10-74所示是场景的灯光布置效果。

在材质方面，墙纸、木地板、烤漆、地毯和床罩等材质是案例的重点。图10-75所示是案例材质的效果。

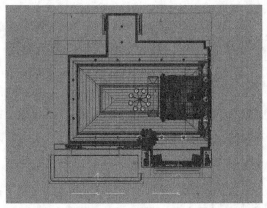

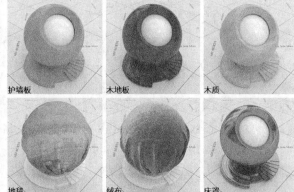

图10-74 　　　　　　　　　　　　　　　　　　　　　图10-75

创建摄影机

01 打开本书学习资源中的文件"场景文件>CH10>03.max"，如图10-76所示。

02 在"创建"面板上单击"摄影机"按钮，然后单击"物理"按钮 物理 在床旁创建一台摄影机，其位置如图10-77所示。

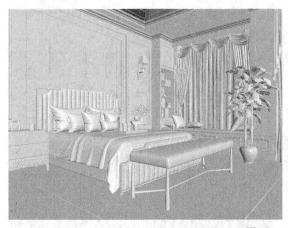

图10-76 　　　　　　　　　　　　　　　　　　　　　图10-77

03 选中创建的摄影机，切换到"修改"面板，在"物理摄影机"卷展栏中设置"焦距"为28毫米，"光圈"为8，"ISO"为800，如图10-78所示。

04 按C键切换到摄影机视图，如图10-79所示。

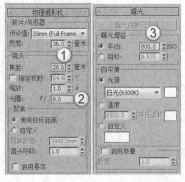

图10-78 　　　　　　　　　　　　　　　　　图10-79

⊟ 设置测试渲染参数

01 按F10键打开"渲染设置"面板，在"输出大小"选项组中设置"宽度"为1000，"高度"为750，如图10-80所示。

02 在"图像采样器（抗锯齿）"卷展栏中设置"类型"为"渲染块"，如图10-81所示。

03 在"图像过滤器"卷展栏中设置"过滤器"为"区域"，如图10-82所示。

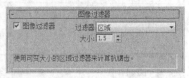

图10-80　　　　　　　　　　　　图10-81　　　　　　　　　　　　图10-82

04 在"渲染块图像采样器"卷展栏中设置"最小细分"为1，"最大细分"为4，"噪波阈值"为0.01，如图10-83所示。

05 在"全局确定性蒙特卡洛"卷展栏中勾选"使用局部细分"选项，然后设置"最小采样"为16，"自适应数量"为0.85，"噪波阈值"为0.005，如图10-84所示。

06 在"颜色贴图"卷展栏中设置"类型"为"莱因哈德"，如图10-85所示。

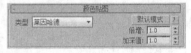

图10-83　　　　　　　　　　　　图10-84　　　　　　　　　　　　图10-85

> **提示** 默认的"莱因哈德"的效果等同"线性倍增"的效果。

07 在"全局照明"卷展栏中设置"首次引擎"为"发光图"，"二次引擎"为"灯光缓存"，如图10-86所示。

08 在"发光图"卷展栏中设置"当前预设"为"非常低"，"细分"为50，"插值采样"为20，如图10-87所示。

09 在"灯光缓存"卷展栏中设置"细分"为600，如图10-88所示。

10 在"系统"卷展栏中设置"序列"为"上->下"，"动态内存限制（MB）"为0，如图10-89所示。

图10-87

图10-86　　　　　　　　　　　　图10-88　　　　　　　　　　　　图10-89

⊟ 创建灯光

01 在"创建"面板上单击"灯光"按钮，然后选择VRay选项，单击"VR-灯光"按钮 在吊灯灯罩内创建一盏灯光，并以"实例"形式复制到其他吊灯的灯罩内，其位置如图10-90所示。

> **提示** 由于吊灯没有出现在镜头中，也可以在吊灯下方创建一盏平面灯光代替球体灯光。这样灯光的数量变少，渲染速度加快。

图10-90

02 选中创建的灯光，在"修改"面板中设置具体参数，如图10-91所示。

设置步骤

① 在"常规"卷展栏中设置"类型"为"球体"，"半径"为43.199mm，"倍增"为160，"温度"为4500。

② 在"选项"卷展栏中勾选"不可见"选项。

03 按C键切换到摄影机视图，然后按F9键进行渲染，效果如图10-92所示。吊灯作为场景的主光源，起到照亮整个场景的作用。

04 使用"VR-灯光"工具 VR-灯光 在壁灯灯罩内创建一盏灯光，并以"实例"方式复制到另一盏壁灯灯罩内，如图10-93所示。

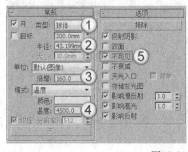

图10-91　　　　　　　　　　图10-92　　　　　　　　　　图10-93

05 选中上一步创建的灯光，在"修改"面板中设置具体参数，如图10-94所示。

设置步骤

① 在"常规"卷展栏中设置"类型"为"球体"，"半径"为41.805mm，"倍增"为30，"温度"为3500。

② 在"选项"卷展栏中勾选"不可见"选项。

06 按C键切换到摄影机视图，然后按F9键进行渲染，效果如图10-95所示。壁灯是辅助光源，起到点缀画面的作用。

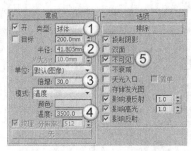

图10-94　　　　　　　　　　图10-95

07 使用"VRayIES"工具 VRayIES 在筒灯下方创建一盏灯光，并以"实例"形式复制到其他筒灯模型下方，其位置如图10-96所示。

08 选中上一步创建的灯光，在"修改"面板的"IES文件"通道中加载学习资源中的文件"实例文件>CH10>实战78　简欧风格卧室空间的夜景表现>map>好射灯.ies"，然后设置"颜色模式"为温度，"色温"为5000，"强度值"为2500，如图10-97所示。

提示 笔者没有创建画面以外的筒灯灯光，这样可以减少渲染的计算量。

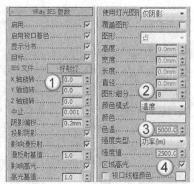

图10-96　　　　　　　　　　图10-97

09 按C键切换到摄影机视图，然后按F9键进行渲染，效果如图10-98所示。筒灯的作用是增加画面的明暗层次，使画面看起来更加丰富。

10 场景中缺少冷色灯光，使用"VR-灯光"工具  在窗外创建一盏灯光，并复制到另一扇窗外，如图10-99所示。

图10-98

图10-99

11 选中上一步创建的灯光，在"修改"面板中设置具体参数，如图10-100所示。

设置步骤

① 在"常规"卷展栏中设置"类型"为"平面"，"1/2长"为1163.191mm，"1/2宽"为1273.76mm，"倍增"为5，"颜色"为（红:11，绿:46，蓝:159）。

② 在"选项"卷展栏中勾选"不可见"选项。

12 按C键切换到摄影机视图，然后按F9键进行渲染。效果如图10-101所示。

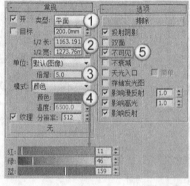

> **提示** "覆盖材质"需要排除纱帘模型，否则窗外的灯光不能穿透。

图10-100

图10-101

制作材质

本案例需要制作护墙板材质、木地板材质、木质材质、地毯材质和绒布材质等。

⊙ 护墙板材质

01 按M键打开材质编辑器，然后选择一个空白材质球，接着设置"材质类型"为"VRayMtl"材质，具体材质参数如图10-102所示。制作好的材质球效果如图10-103所示。

设置步骤

① 设置"漫反射"颜色为（红:58，绿:85，蓝:95）。

② 设置"反射光泽"为0.5。

③ 在"反射"通道和"反射光泽"通道中加载学习资源中的文件"实例文件>CH10>实战78 简欧风格卧室空间的夜景表现>map>DRIT (1).png"，并设置"反射"通道量为50，"反射光泽"通道量为80。

02 将材质赋予护墙板模型，然后加载"UVW贴图"修改器，置"贴图"类型为"长方体"，"长度"为1000mm，"宽度"为1000mm，"高度"为1000mm，如图10-104所示。

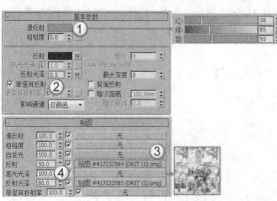

图10-102　　　　　　　　　　　图10-103　　　　　　　　　图10-104

> **提示** 用贴图控制材质的反射和反射光泽，可以增加材质的细节。

⊙ 木地板材质

01 按M键打开材质编辑器，然后选择一个空白材质球，接着设置"材质类型"为"VRayMtl"材质，具体参数设置如图10-105所示。制作好的材质球效果如图10-106所示。

设置步骤

① 在"漫反射"通道中加载学习资源中的文件"实例文件>CH10>实战78　家装：简欧风格卧室空间的夜景表现>map>20151217140925_111.jpg"。

② 设置"反射"颜色为（红:119，绿:119，蓝:119），"高光光泽"为0.65，"反射光泽"为0.88。

02 将材质赋予地板模型，并加载"UVW贴图"修改器，设置"贴图"类型为"平面"，"长度"为2500mm，"宽度"为2500mm，如图10-107所示。

图10-105　　　　　　　　　　图10-106　　　　　　　　图10-107

⊙ 木质材质

按M键打开材质编辑器，然后选择一个空白材质球，接着设置"材质类型"为"VRayMtl"材质，具体参数设置如图10-108所示。制作好的材质球效果如图10-109所示。

设置步骤

① 在"漫反射"通道中加载学习资源中的文件"实例文件>CH10>实战78　家装：简欧风格卧室空间的夜景表现>map>橡木-11.jpg"。

② 设置"反射"颜色为（红:84，绿:84，蓝:84），"高光光泽"为0.6，"反射光泽"为0.8。

图10-108　　　　　　　　图10-109

⊙ **地毯材质**

01 按M键打开材质编辑器，然后选择一个空白材质球，接着设置"材质类型"为"VRayMtl"材质，在"漫反射"和"凹凸"通道中加载学习资源中的文件"实例文件>CH10>实战78　家装：简欧风格卧室空间的夜景表现>map>2 20170524155758_59253d0602d92.jpg"，并设置"凹凸"通道量为30，如图10-110所示。制作好的材质球效果如图10-111所示。

02 将材质赋予地毯模型，并加载"UVW贴图"修改器，设置"贴图"类型为"平面"，"长度"为2947.94mm，"宽度"为1886.88mm，如图10-112所示。

图10-110　　　　　　　　　图10-111　　　　　图10-112

⊙ **绒布材质**

按M键打开材质编辑器，然后选择一个空白材质球，接着设置"材质类型"为"VRayMtl"材质，具体参数设置如图10-113所示。制作好的材质球效果如图10-114所示。

设置步骤

① 在"漫反射"通道中加载"衰减"贴图，设置"前"通道颜色为(红:3, 绿:12, 蓝:31)，"侧"通道颜色为(红:143, 绿:172, 蓝:194)，"衰减类型"为"垂直/平行"。

② 在"凹凸"通道中加载"VRay法线贴图"，然后在"法线贴图"通道中加载"混合"贴图，接着在"颜色#1"通道中加载学习资源中的文件"实例文件>CH10>实战78　家装：简欧风格卧室空间的夜景表现>map>YY019X.jpg"，在"颜色#2"通道中加载学习资源中的文件"实例文件>CH10>实战78　家装：简欧风格卧室空间的夜景表现>map>YY018X.jpg"，设置"混合量"为70，再设置"凹凸"通道量为200。

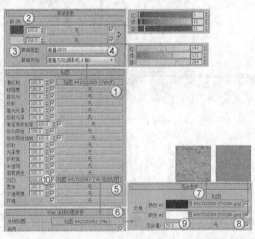 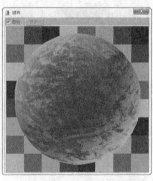

图10-113　　　　　　　　　　　　图10-114

提示　"混合"贴图可以将两种贴图按照"混合量"的比例混合为一张贴图。

⊙ **黑钛材质**

按M键打开材质编辑器，然后选择一个空白材质球，接着设置"材质类型"为"VRayMtl"材质，具体参数设置如图10-115所示。制作好的材质球效果如图10-116所示。

设置步骤

① 设置"漫反射"颜色为黑色。

② 设置"反射"颜色为（红:77,绿:77, 蓝:77）, "高光光泽"为0.7, "反射光泽"为0.85, "菲涅耳折射率"为30。

③ 在"双向反射分布函数"卷展栏中设置类型为"微面GTR（GGX）"。

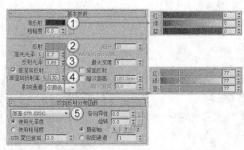

图10-115　　　　　　　　　　图10-116

设置最终渲染参数

01 按F10键打开"渲染设置"面板, 在"输出大小"选项组中设置"宽度"为3000, "高度"为2250, 如图10-117所示。

02 在"渲染块图像采样器"卷展栏中设置"最小细分"为1, "最大细分"为6, "噪波阈值"为0.001, 如图10-118所示。

03 在"图像过滤器"卷展栏中设置"过滤器"为Mitchell-Netravali, 如图10-119所示。

图10-117　　　　　　　　　　图10-118　　　　　　　　　　图10-119

04 在"全局确定性蒙特卡洛"卷展栏中设置"噪波阈值"为0.001, 如图10-120所示。

05 在"发光图"卷展栏中设置"当前预设"为"中", "细分"为80, "插值采样"为60, 如图10-121所示。

06 在"灯光缓存"卷展栏中设置"细分"为1200, 如图10-122所示。

图10-120　　　　　　　　　　图10-121　　　　　　　　　　图10-122

07 在"渲染元素"面板中添加"VRay Alpha""VRayReflection""VRay Refraction"和"VRayRenderID"通道, 如图10-123所示。

08 按C键切换到摄影机视图, 然后按F9键进行渲染。效果和通道如图10-124和图10-125所示。

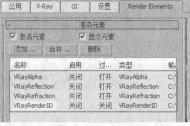

图10-123　　　　　　　　　　图10-124

图10-125

第 10 章 商业综合实战

243

后期处理

01 在Photoshop CC中导入渲染的效果图和通道，如图10-126所示。

02 选中并显示"实战78-reflection"图层，然后设置图层混合模式为"滤色"，如图10-127所示。

图10-126 图10-127

03 为"实战78-reflection"图层添加"色阶"工具调整图层，然后设置"阴影"为10，"中间调"为0.85，如图10-128所示。

04 选中并显示"实战78-refraction"图层，然后设置图层混合模式为"滤色"，如图10-129所示。

图10-128 图10-129

05 为"实战78-refraction"图层添加"色阶"工具调整图层，然后设置"阴影"为30，"中间调"为0.85，如图10-130所示。

06 按快捷键Ctrl+Shift+Alt+E盖印所有图层，生成"图层1"，如图10-131所示。

 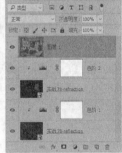

图10-130 图10-131

07 为"图层1"添加"色阶"工具调整图层，设置"阴影"为5，"中间调"为0.95，"高光"为240，如图10-132所示。

图10-132

中文版 3ds Max 2016/VRay 效果图制作实战基础教程

08 为"图层1"添加"色彩平衡"工具调整图层，然后设置"色调"为"阴影"，"青色-红色"为-5，"黄色-蓝色"为5，接着设置"色调"为"中间调"，"青色-红色"为9，"黄色-蓝色"为-9，如图10-133所示。效果如图10-134所示。

09 通过"实战77- VRayRenderID"通道使用"快速选择"工具 ，选中床上的杯子和托盘区域，如图10-135所示。

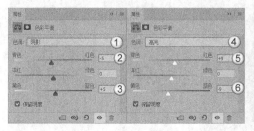

图10-133　　　　　　　　　　　图10-134　　　　　　　　　　　图10-135

10 将选中的区域按快捷键Ctrl+J复制一层，然后为其加载"色阶"工具调整图层，设置"阴影"为45，"中间调"为0.7，如图10-136所示。

11 为"图层1"添加"亮度/对比度"工具调整图层，设置"亮度"为20，"对比度"为-10。最终效果如图10-137所示。

图10-136　　　　　　　　　　　图10-137

第 10 章　商业综合实战

课外练习：简欧风格卧室阴天表现

场景位置	场景文件 >CH10>04.max
实例位置	实例文件 >CH10> 课外练习 78.max
视频名称	课外练习 78.mp4
学习目标	掌握家装效果图的制作思路及方法

效果展示

　　本案例是制作简欧风格卧室空间的阴天效果表现。案例效果如图10-138所示。

图10-138

⊖ 制作提示

案例的灯光布置如图10-139所示。案例材质效果如图10-140所示。

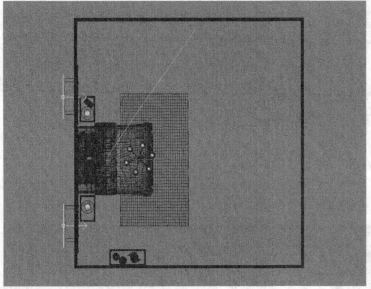

图10-139

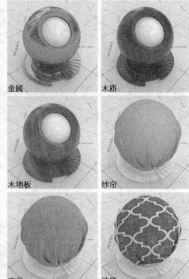

金属　　　　木质

木地板　　　纱帘

床品　　　　地毯

图10-140

实战 79	场景位置	场景文件 >CH10>05.max
家装：新中式风格浴室空间的日景表现	实例位置	实例文件 >CH10> 实战 79 家装：新中式风格浴室空间的日景表现 .max
	视频名称	实战 79 家装：新中式风格浴室空间的日景表现 .mp4
	学习目标	掌握家装效果图的制作思路及方法

案例分析

本案例是制作新中式风格浴室空间的日景表现。从结构上看，浴室空间是一个半封闭空间，室外自然光源是场景的主光源，室内人造光源是辅助光源。图10-141所示是场景的灯光布置效果。

在材质方面，陶瓷类、金属和玻璃材质是案例的重点。图10-142所示是案例材质的效果。

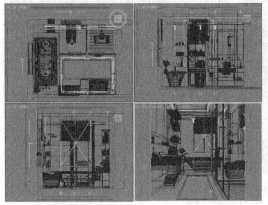

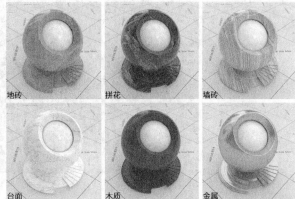

| 图10-141 | 图10-142 |

创建摄影机

01 打开本书学习资源的文件"场景文件>CH10>05.max"，如图10-143所示。

02 在"创建"面板上单击"摄影机"按钮 ，然后单击"物理"按钮 物理 在门前方创建一台摄影机，其位置如图10-144所示。

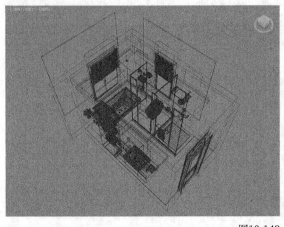

图10-143

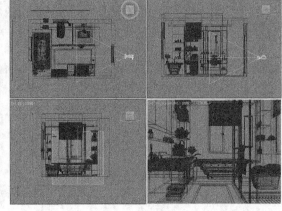

图10-144

03 选中创建的摄影机，切换到"修改"面板，在"物理摄影机"卷展栏中设置"焦距"为36毫米，"光圈"为8，"ISO"为800，如图10-145所示。

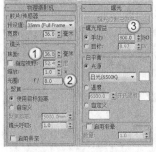

图10-145

> **提示** 按F3键切换到实体模型显示时，会发现浴室门挡住摄影机。在摄影机的"其他"卷展栏中勾选"启用"选项，然后设置"近"为873.777mm，如图10-146所示。此时可以发现浴室门部分从摄影机的画面中被移除。
>
> 图10-146

04 按C键切换到摄影机视图，如图10-147所示。

05 按F10键打开"渲染设置"面板，设置"输出大小"的"宽度"和"高度"都为640，如图10-148所示。

06 在摄影机视图中按快捷键Shift+F打开安全框，摄影机视角的最终效果如图10-149所示。

图10-148

图10-147

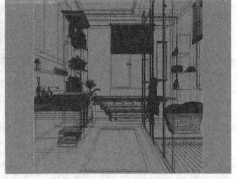

图10-149

⊟ 设置测试渲染参数

01 按F10键打开"渲染设置"面板，在"图像采样器（抗锯齿）"卷展栏中设置"类型"为"渲染块"，如图10-150所示。

02 在"图像过滤器"卷展栏中设置"过滤器"为"区域"，如图10-151所示。

03 在"渲染块图像采样器"卷展栏中设置"最小细分"为1，"最大细分"为4，"噪波阈值"为0.01，如图10-152所示。

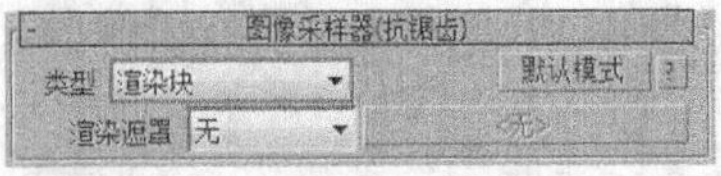

图10-150

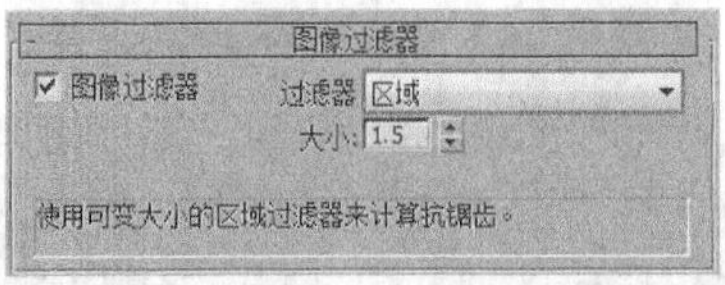

图10-151

图10-152

04 在"全局确定性蒙特卡洛"卷展栏中勾选"使用局部细分"选项，然后设置"最小采样"为16，"自适应数量"为0.85，"噪波阈值"为0.005，如图10-153所示。

05 在"颜色贴图"卷展栏中设置"类型"为"莱因哈德"，如图10-154所示。

06 在"全局照明[无名汉化]"卷展栏中设置"首次引擎"为"发光图"，"二次引擎"为"灯光缓存"，如图10-155所示。

图10-153

图10-154

图10-155

07 在"发光图"卷展栏中设置"当前预设"为"非常低"，"细分"为50，"插值采样"为20，如图10-156所示。

08 在"灯光缓存"卷展栏中设置"细分"为600，如图10-157所示。

09 在"系统"卷展栏中设置"序列"为"上->下"，"动态内存限制（MB）"为0，如图10-158所示。

图10-156

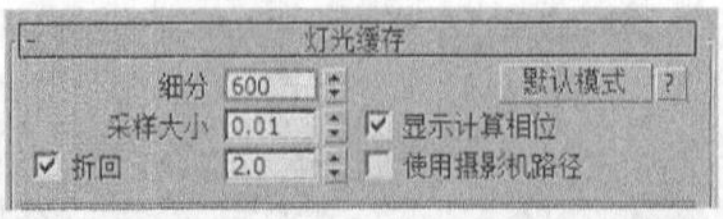

图10-157

图10-158

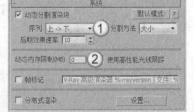

一 创建灯光

01 先创建主光源。在"创建"面板上单击"灯光"按钮 ，然后选择 VRay 选项，单击"VR-灯光"按钮 VR-灯光 ，在窗外创建一盏灯光并复制到另一扇窗外，其位置如图 10-159 所示。

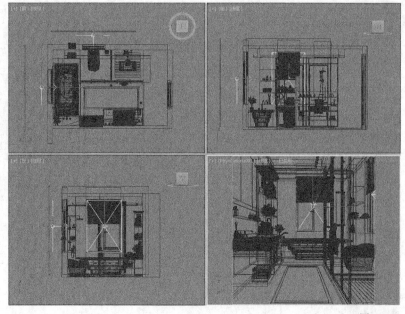

图10-159

02 选中上一步创建的灯光，在"修改"面板中设置具体参数，如图10-160所示。

设置步骤

① 在"常规"卷展栏中设置"类型"为"平面"，"1/2长"为585.973mm，"1/2宽"为878.96mm，"倍增"为8，"颜色"为（红:178，绿:209，蓝:255）。

② 在"选项"卷展栏中勾选"不可见"选项，并取消勾选"影响高光"和"影响反射"选项。

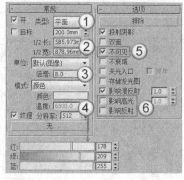

提示 浴室空间会大量使用具有强反射的瓷砖类材质，取消勾选"影响高光"和"影响反射"选项可以避免在材质上反射出灯光形成的曝光白片。

图10-160

03 按C键切换到摄影机视图，然后按F9键进行渲染，效果如图10-161所示。主光源创建完毕，下面创建辅助光源。

04 下面创建辅助光源。使用"VR-灯光"工具 VR-灯光 在吊顶的灯槽内创建一盏灯光，然后以"实例"的形式复制3盏到其余灯槽，其位置如图10-162所示。

图10-161

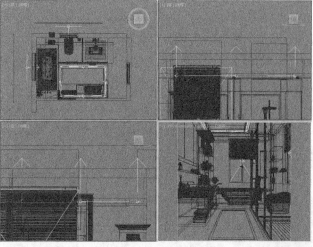

图10-162

05 选中上一步创建的灯光，在"修改"面板中设置具体参数，如图10-163所示。

设置步骤

① 在"常规"卷展栏中设置"类型"为"平面"，"1/2长"为933.827mm，"1/2宽"为31.871mm，"倍增"为3，"温度"为4000。

② 在"选项"卷展栏中勾选"不可见"选项，并取消勾选"影响高光"和"影响反射"选项。

06 按C键切换到摄影机视图，然后按F9键进行渲染。效果如图10-164所示。

> **提示** 使用"选择并均匀缩放"工具 🔲可以直接缩放灯光的长度。

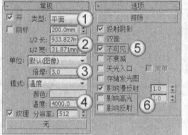

图10-163   图10-164

07 使用"VR-灯光"工具 VR-灯光 在墙边的灯槽内创建一盏灯光，其位置如图10-165所示。

08 选中上一步创建的灯光，在"修改"面板中设置具体参数，如图10-166所示。

设置步骤

① 在"常规"卷展栏中设置"类型"为"平面"，"1/2长"为1376.619mm，"1/2宽"为52.463mm，"倍增"为3，"温度"为4000。

② 在"选项"卷展栏中勾选"不可见"选项，并取消勾选"影响高光"和"影响反射"选项。

09 按C键切换到摄影机视图，然后按F9键进行渲染。效果如图10-167所示。

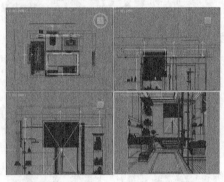

图10-165   图10-166   图10-167

10 使用"VRayIES"工具 VRayIES 在筒灯下方创建一盏灯光，并复制到其他筒灯下方，其位置如图10-168所示。

11 选中上一步创建的灯光，在"修改"面板中的"IES文件"通道中加载学习资源中的文件"实例文件>CH10>实战79 家装：新中式风格浴室空间的日景表现>map>_55.ies"，然后设置"颜色模式"为"温度"，"色温"为5000，"强度值"为1500，如图10-169所示。

12 按C键切换到摄影机视图，然后按F9键进行渲染。效果如图10-170所示。

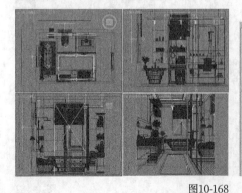

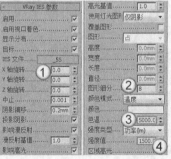

图10-168   图10-169   图10-170

制作材质

本案例需要制作地砖材质、墙砖材质和金属材质等。

⊙ 地砖材质

01 按M键打开材质编辑器，然后选择一个空白材质球，接着设置"材质类型"为"VRayMtl"材质，具体参数设置如图10-171所示。制作好的材质球效果如图10-172所示。

设置步骤

① 在"漫反射"通道中加载学习资源中的文件"实例文件>CH10>实战79 家装：新中式风格浴室空间的日景表现>map>_15.jpg"。

② 设置"反射"颜色为（红:255，绿:255，蓝:255），"高光光泽"为0.9，"反射光泽"为0.95。

02 将材质赋予地面模型，并加载"UVW贴图"修改器，设置"贴图"类型为"平面"，"长度"为800mm，"宽度"为800mm，如图10-173所示。

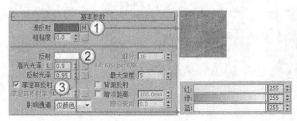
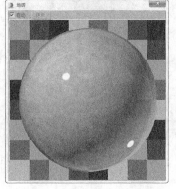

图10-171　　　　　图10-172　　　　图10-173

> **提示** 地砖和墙砖都是瓷砖，适用于陶瓷类材质的制作方法。

⊙ 拼花材质

01 按M键打开材质编辑器，然后选择一个空白材质球，接着设置"材质类型"为"VRayMtl"材质，具体参数设置如图10-174所示。制作好的材质球效果如图10-175所示。

设置步骤

① 在"漫反射"通道中加载学习资源中的文件"实例文件>CH10>实战79 家装：新中式风格浴室空间的日景表现>map>_45.jpg"。

② 设置"反射"颜色为（红:255，绿:255，蓝:255），"高光光泽"为0.9，"反射光泽"为0.95。

02 将材质赋予地面模型，并加载"UVW贴图"修改器，设置"贴图"类型为"平面"，"长度"为800mm，"宽度"为800mm，如图10-176所示。

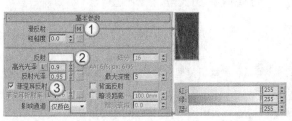
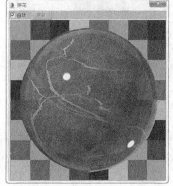

图10-174　　　　　图10-175　　　　图10-176

⊙ 墙砖材质

01 按M键打开材质编辑器，然后选择一个空白材质球，接着设置"材质类型"为"VRayMtl"材质，具体参数设置如图10-177所示。制作好的材质球效果如图10-178所示。

设置步骤

① 在"漫反射"通道中加载"平铺"贴图，设置"预设类型"为"堆栈砌合"，然后在"平铺设置"的"纹理"通道中加载学习资源中的文件"实例文件>CH10>实战79 家装：新中式风格浴室空间的日景表现>map>_14.jpg"，设置"水平数"和"垂直数"都为1，接着设置"砖缝设置"的"纹理"颜色为（红:248，绿:248，蓝:248），"水平间距"和"垂直间距"都为0.15。

② 设置"反射"颜色为（红:255，绿:255，蓝:255），"高光光泽"为0.9，"反射光泽"为0.98。

02 将材质赋予地面模型，并加载"UVW贴图"修改器，设置"贴图"类型为"长方体"，"长度"为800mm，"宽度"为800mm，"高度"为400mm，如图10-179所示。

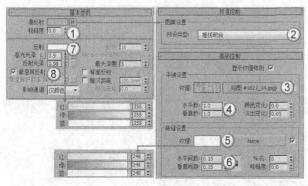  

图10-177　　　　　　　　　　　图10-178　　　　　图10-179

⊙ 台面材质

01 按M键打开材质编辑器，然后选择一个空白材质球，接着设置"材质类型"为"VRayMtl"材质，具体参数设置如图10-180所示。制作好的材质球效果如图10-181所示。

设置步骤

① 在"漫反射"通道中加载学习资源中的文件"实例文件>CH10>实战79 家装：新中式风格浴室空间的日景表现>map>_17.jpg"。

② 设置"反射"颜色为（红:255，绿:255，蓝:255），"高光光泽"为0.85，"反射光泽"为0.88。

02 将材质赋予地面模型，并加载"UVW贴图"修改器，设置"贴图"类型为"长方体"，"长度"为600mm，"宽度"为600mm，"高度"为600mm，如图10-182所示。

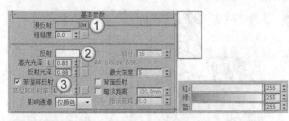  

图10-180　　　　　　　　　　图10-181　　　　　图10-182

⊙ 木质材质

01 按M键打开材质编辑器，然后选择一个空白材质球，接着设置"材质类型"为"VRayMtl"材质，具体参数设置如图10-183所示。制作好的材质球效果如图10-184所示。

设置步骤

① 在"漫反射"通道中加载学习资源中的文件"实例文件>CH10>实战79 家装：新中式风格浴室空间的日景表现>map>_18.jpg"。

② 设置"反射"颜色为（红:158，绿:158，蓝:158），"高光光泽"为0.8，"反射光泽"为0.83。

02 将材质赋予地面模型，并加载"UVW贴图"修改器，设置"贴图"类型为"长方体"，"长度"为600mm，"宽度"为600mm，"高度"为1400mm，如图10-185所示。

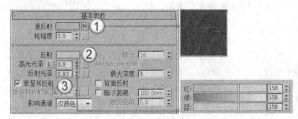
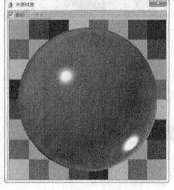

图10-183　　　　　　　　　图10-184　　　　　　图10-185

> **提示** 不同模型的贴图坐标可能会有差异，请读者灵活调整。

⊙ **金属材质**

按M键打开材质编辑器，然后选择一个空白材质球，接着设置"材质类型"为"VRayMtl"材质，具体参数设置如图10-186所示。制作好的材质球效果如图10-187所示。

设置步骤

① 设置"漫反射"颜色为（红:50，绿:42，蓝:34）。

② 设置"反射"颜色为（红:158，绿:147，蓝:134），"高光光泽"为0.7，"反射光泽"为0.8，"菲涅耳折射率"为15。

③ 在"双向反射分布函数"卷展栏中设置类型为"微面GTR（GGX）"。

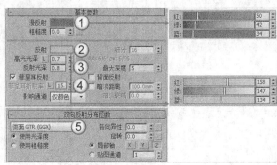

图10-186　　　　　　　　图10-187

⊙ **玻璃材质**

按M键打开材质编辑器，然后选择一个空白材质球，接着设置"材质类型"为"VRayMtl"材质，具体参数设置如图10-188所示。制作好的材质球效果如图10-189所示。

设置步骤

① 设置"漫反射"颜色为（红:1，绿:1，蓝:1）。

② 设置"反射"颜色为（红:255，绿:255，蓝:255），"菲涅耳折射率"为2。

③ 设置"折射"颜色为（红:250，绿:250，蓝:250），"折射率"为1.517。

> **提示** 玻璃材质设置"菲涅耳折射率"的数值，可以增加材质的反射效果。

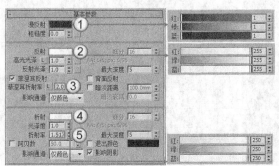

图10-188　　　　　　　　图10-189

一 设置最终渲染参数

01 按F10键打开"渲染设置"面板，在"输出大小"选项组中设置"宽度"为2500，"高度"为2500，如图10-190所示。

02 在"渲染块图像采样器"卷展栏中设置"最小细分"为1，"最大细分"为6，"噪波阈值"为0.001，如图10-191所示。

03 在"图像过滤器"卷展栏中设置"过滤器"为"Mitchell-Netravali"，如图10-192所示。

图10-190　　　　　　　　　　　　　　　图10-191　　　　　　　　　　　　　　　图10-192

04 在"全局确定性蒙特卡洛"卷展栏中设置"噪波阈值"为0.001，如图10-193所示。

05 在"发光图"卷展栏中设置"当前预设"为"中"，"细分"为80，"插值采样"为60，如图10-194所示。

06 在"灯光缓存"卷展栏中设置"细分"为1200，如图10-195所示。

07 按C键切换到摄影机视图，然后按F9键进行渲染。效果和通道如图10-196和图10-197所示。

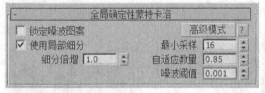

图10-193

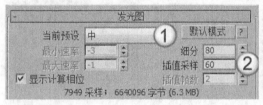

图10-194

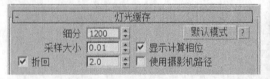

图10-195

图10-196

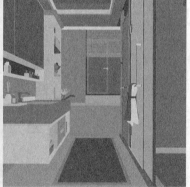

图10-197

🖵 后期处理

01 在Photoshop CC中导入渲染的效果图和通道，如图10-198所示。

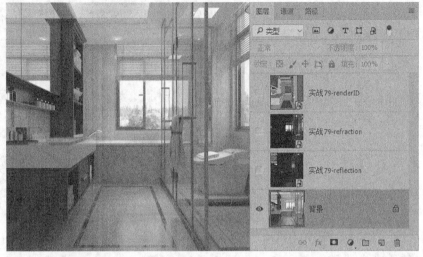

图10-198

02 选中并显示"实战79-reflection"图层，然后设置图层混合模式为"滤色"，如图10-199所示。

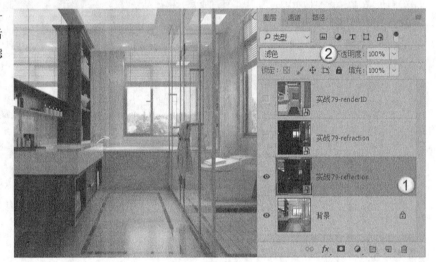

图10-199

03 为"实战79-reflection"图层添加"色阶"工具调整图层，然后设置"阴影"为10，"中间调"为1.35，"高光"为160，如图10-200所示。

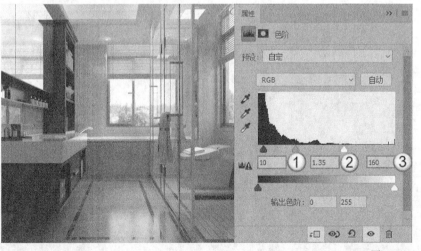

图10-200

04 选中并显示"实战79-refraction"图层，然后设置图层混合模式为"滤色"，如图10-201所示。

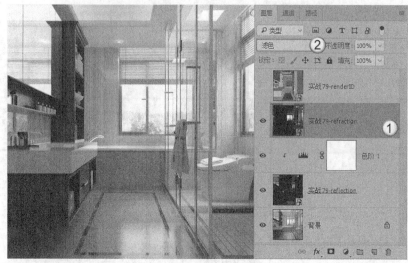

图10-201

05 为"实战79-refraction"图层添加"色阶"工具调整图层，然后设置"阴影"为50，"高光"为225，如图10-202所示。

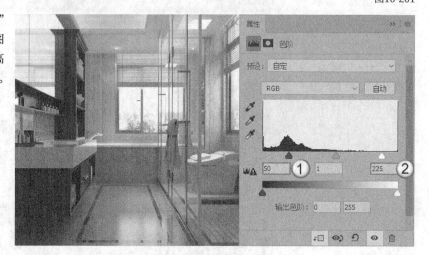

图10-202

06 按快捷键Ctrl+Shift+Alt+E盖印所有图层，生成"图层1"，如图10-203所示。

07 为"图层1"添加"色阶"工具调整图层，设置"阴影"为0，"中间调"为1.2，"高光"为250，如图10-204所示。

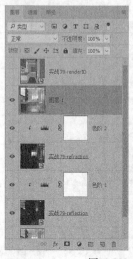

图10-203

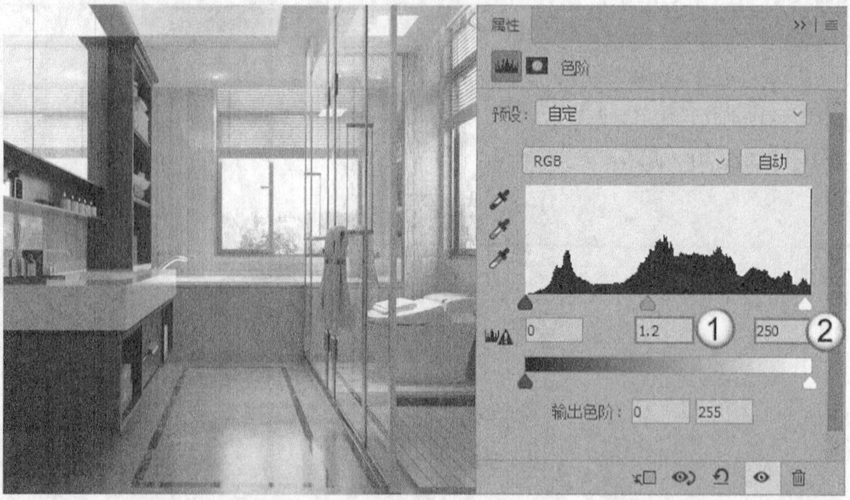

图10-204

中文版 3ds Max 2016/VRay 效果图制作实战基础教程

08 为"图层1"添加"色彩平衡"工具调整图层，然后设置"色调"为"阴影"，"青色-红色"为-9，接着设置"色调"为"高光"，"青色-红色"为2，如图10-205所示。效果如图10-206所示。

09 通过"实战79-VRayRenderID"通道使用"快速选择"工具 选中玻璃隔断，如图10-207所示。

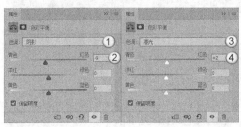

图10-205　　　　　　　　图10-206　　　　　　　　图10-207

10 将选中的区域按快捷键Ctrl+J复制一层，然后为其加载"色阶"工具调整图层，设置"阴影"为50，"中间调"为1.25，"高光"为235，如图10-208所示。

11 为"图层1"添加"亮度/对比度"工具调整图层，设置"亮度"为20。最终效果如图10-209所示。

图10-208　　　　　　　　图10-209

课外练习：新中式风格茶室日景表现

场景位置	场景文件 >CH10>06.max
实例位置	实例文件 >CH10> 课外练习 79.max
视频名称	课外练习 79.mp4
学习目标	掌握家装效果图的制作思路及方法

效果展示

本案例是制作新中式风格茶室日景表现。案例效果如图10-210所示。

制作提示

案例的灯光布置如图10-211所示。案例材质效果如图10-212所示。

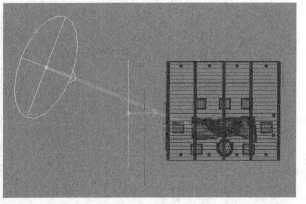

图10-210　　　　　　　　　　　　　　图10-211

257

木地板

水泥墙面

背景墙

木质

白漆

坐垫

图10-212

实战 80	场景位置	场景文件 >CH10>07.max
工装：工业风格会议室空间的日景表现	实例位置	实例文件 >CH10> 实战 80 工装：工业风格会议室空间日景表现 .max
	视频名称	实战 80 工装：工业风格会议室空间日景表现 .mp4
	学习目标	掌握工装效果图的制作思路及方法

中文版 3ds Max 2016/VRay 效果图制作实战基础教程

□ 案例分析

本案例是制作工业风格会议室空间日景表现。从结构上看，会议室是一个半开放空间，室外自然光源是场景的主光源，室内光源是辅助光源。图10-213所示是场景的灯光布置效果。

在材质方面，黑色墙面、亚光不锈钢和木质等是案例的重点。图10-214所示是案例材质的效果。

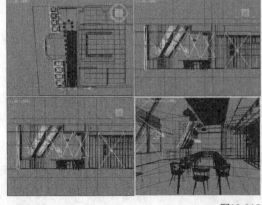

图10-213

黑色墙面

亚光不锈钢

深色木质

水泥地面

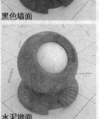
白色吊顶

浅色木纹

图10-214

创建摄影机

01 打开本书学习资源中的文件"场景文件>CH10>07.max",如图10-215所示。

02 在"创建"面板上单击"摄影机"按钮，然后单击"物理"按钮 物理 在会议桌前方创建一台摄影机，位置如图10-216所示。

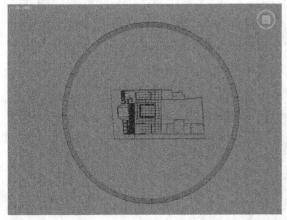
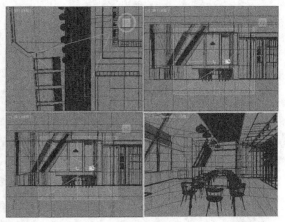

图10-215   图10-216

03 选中创建的摄影机，切换到"修改"面板，在"物理摄影机"卷展栏中设置"焦距"为24毫米，"光圈"为8，"ISO"为800，如图10-217所示。

04 按C键切换到摄影机视图，如图10-218所示。

提示 在创建摄影机时，难免会造成摄影机倾斜。在"透视控制"卷展栏中勾选"自动垂直倾斜校正"选项，可以将略微倾斜的镜头校正为垂直，如图10-219所示。

图10-217   图10-218   图10-219

设置测试渲染参数

01 按F10键打开"渲染设置"面板，在"输出大小"选项组中设置"宽度"为1000，"高度"为750，如图10-220所示。

02 在"图像采样器（抗锯齿）"卷展栏中设置"类型"为"渲染块"，如图10-221所示。

03 在"图像过滤器"卷展栏中设置"过滤器"为"区域"，如图10-222所示。

图10-220   图10-221   图10-222

04 在"渲染块图像采样器"卷展栏中设置"最小细分"为1，"最大细分"为4，"噪波阈值"为0.01，如图10-223所示。

05 在"全局确定性蒙特卡洛"卷展栏中勾选"使用局部细分"选项，然后设置"最小采样"为16，"自适应数量"为0.85，"噪波阈值"为0.005，如图10-224所示。

06 在"颜色贴图"卷展栏中设置"类型"为"莱因哈德"，如图10-225所示。

图10-223　　　　　　　　　　　　　　　图10-224　　　　　　　　　　　　　　　图10-225

07 在"全局照明[无名汉化]"卷展栏中设置"首次引擎"为"发光图"，"二次引擎"为"灯光缓存"，如图10-226所示。

08 在"发光图"卷展栏中设置"当前预设"为"非常低"，"细分"为50，"插值采样"为20，如图10-227所示。

09 在"灯光缓存"卷展栏中设置"细分"为600，如图10-228所示。

10 在"系统"卷展栏中设置"序列"为"上->下"，"动态内存限制（MB）"为0，如图10-229所示。

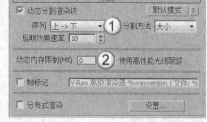

图10-227

图10-226　　　　　　　　　　　　　　　图10-228　　　　　　　　　　　　　　　图10-229

创建灯光

01 在"创建"面板上单击"灯光"按钮，然后选择"VRay选项"，单击"VR-灯光"按钮 VR-灯光 在窗外创建一盏灯光，并复制到其他窗外，位置如图10-230所示。

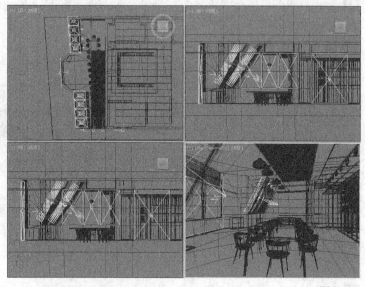

图10-230

02 选中上一步创建的灯光，在"修改"面板中设置具体参数，如图10-231所示。

设置步骤

① 在"常规"卷展栏中设置"类型"为"平面"，"1/2长"为133.275cm，"1/2宽"为179.126cm，倍增为10，"颜色"为"纯白色"。

② 在"选项"卷展栏中勾选"不可见"选项。

03 按C键切换到摄影机视图，然后按F9键进行渲染。效果如图10-232所示。此时阳光的强度合适，但屋内其他地方光线较暗，需要增加环境光补充亮度。

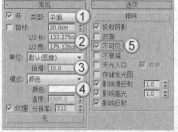

图10-231　　　　　　　　　　　图10-232

制作材质

本案例需要制作黑色墙面材质、亚光不锈钢板材质和水泥地面材质等。

⊙ 黑色墙面材质

01 按M键打开材质编辑器，然后选择一个空白材质球，接着设置"材质类型"为"VRayMtl"材质，具体参数设置如图10-233所示。制作好的材质球效果如图10-234所示。

设置步骤

① 设置"漫反射"颜色为（红:10，绿:10，蓝:10）。

② 设置"反射光泽"为0.7。

③ 在"反射"通道和"反射光泽"通道中加载学习资源中的文件"实例文件>CH10>实战80 工装：工业风格会议室空间的日景表现>map>AI40_005_dirt_001_color_01.jpg"，设置"反射"通道量为80，"反射光泽"通道量为40

02 将材质赋予墙面模型，并加载"UVW贴图"修改器，设置"贴图"类型为"长方体"，"长度"为1000cm，"宽度"为1000cm，"高度"为1000cm，如图10-235所示。

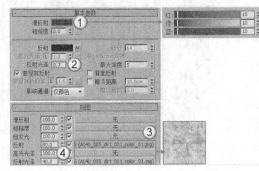
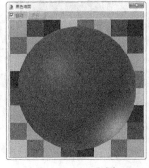

图10-233　　　　　　　　图10-234　　　　图10-235

⊙ 亚光不锈钢材质

01 按M键打开材质编辑器，然后选择一个空白材质球，接着设置"材质类型"为"VRayMtl"材质，具体参数设置如图10-236所示。制作好的材质球效果如图10-237所示。

设置步骤

① 设置"漫反射"颜色为（红:62，绿:69，蓝:75）。

② 设置"高光光泽"为0.5，"反射光泽"为0.65，"菲涅耳折射率"为10。

③ 在"双向反射分布函数"卷展栏中设置类型为"微面GTR（GGX）"。

④ 在"反射"和"反射光泽"通道中加载学习资源中的文件"实例文件>CH10>实战80 工装：工业风格会议室空间的日景表现>map>AI40_005_white_plaster_bw.jpg"，设置"反射"通道量为50，"反射光泽"通道量为40。

02 将材质赋予立柱模型，并加载"UVW贴图"修改器，设置"贴图"类型为"长方体"，"长度"为100cm，"宽度"为100cm，"高度"为100cm，如图10-238所示。

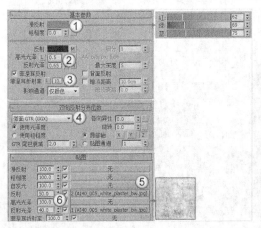

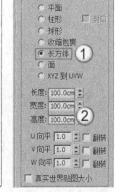

图10-236　　　　　　　　图10-237　　　　图10-238

⊙ **深色木质材质**

01 按M键打开材质编辑器，然后选择一个空白材质球，接着设置"材质类型"为"VRayMtl"材质，具体参数设置如图10-239所示。制作好的材质球效果如图10-240所示。

设置步骤

① 在"漫反射"通道中加载学习资源中的文件"实例文件>CH10>实战80 工装：工业风格会议室空间表现>map>AM_138_050_diff.jpg"。

② 设置"反射光泽"为0.8。

③ 在"反射"通道、"反射光泽"通道和"凹凸"通道中加载学习资源中的文件"实例文件>CH10>实战80 工装：工业风格会议室空间的日景表现>map>AM_138_050_bump.jpg"，并设置"凹凸"通道量为5。

02 将材质赋予会议桌和椅子模型，并加载"UVW贴图"修改器，设置"贴图"类型为"长方体"，"长度"为115.227cm，"宽度"为227.653cm，"高度"为2.081cm，如图10-241所示。

图10-239　　　　　　　　图10-240　　　　　　图10-241

提示 上面列举的是桌面的贴图坐标数值，不同模型的贴图坐标数值会有差异，请读者灵活处理。

⊙ **水泥地面材质**

01 按M键打开材质编辑器，然后选择一个空白材质球，接着设置"材质类型"为"VRayMtl"材质，具体参数设置如图10-242所示。制作好的材质球效果如图10-243所示。

设置步骤

① 在"漫反射"通道中加载学习资源中的文件"实例文件>CH10>实战80 工装：工业风格会议室空间的日景表现>map>AI40_005_floor_03.jpg"。

② 设置"高光光泽"为0.7，"反射光泽"为0.9。

③ 在"反射"和"反射光泽"通道中加载学习资源中的文件"实例文件>CH10>实战80 工装：工业风格会议室空间的日景表现>map>AI40_005_dirt_001_color_01.jpg"，并设置"反射"通道量为70，"反射光泽"通道量为60，在"凹凸"通道中加载"漫反射"通道中的贴图，并设置通道量为7。

02 将材质赋予地面模型，并加载"UVW贴图"修改器，设置"贴图"类型为"平面"，"长度"为500cm，"宽度"为500cm，如图10-244所示。

图10-242　　　　　　　　图10-243　　　　　　图10-244

⊙ 白色吊顶材质

01 按M键打开材质编辑器，然后选择一个空白材质球，接着设置"材质类型"为"VRayMtl"材质，具体参数设置如图10-245所示。制作好的材质球效果如图10-246所示。

设置步骤

① 设置"漫反射"颜色为（红:185，绿:185，蓝:185）。

② 设置"反射光泽"为0.6。

③ 在"反射""反射光泽"和"凹凸"通道中加载学习资源中的文件"实例文件>CH10>实战80 工装：工业风格会议室空间的日景表现>map>AI40_005_white_plaster_bw.jpg"，并设置"反射"通道量为40，"反射光泽"通道量为45，"凹凸"通道量为5。

02 将材质赋予吊顶模型，并加载"UVW贴图"修改器，设置"贴图"类型为"平面"，"长度"为500cm，"宽度"为500cm，如图10-247所示。

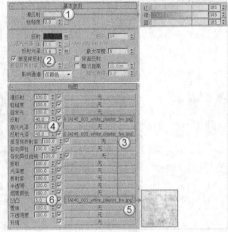

图10-245　　　　　　　　　　　图10-246　　　　　　图10-247

⊙ 浅色木纹材质

01 按M键打开材质编辑器，然后选择一个空白材质球，接着设置"材质类型"为"VRayMtl"材质，具体参数设置如图10-248所示。制作好的材质球效果如图10-249所示。

设置步骤

① 在"漫反射"通道中加载学习资源中的文件"实例文件>CH10>实战80 工装：工业风格会议室空间的日景表现>map>AM_138_050_gloss.jpg"。

② 设置"反射"颜色为（红:92，绿:92，蓝:92），"高光光泽"为0.75，"反射光泽"为0.85。

③ 在"凹凸"通道中加载学习资源中的文件"实例文件>CH10>实战80 工装：工业风格会议室空间的日景表现>map>AM_138_050_refl.jpg"，设置通道量为10。

02 将材质赋予书柜模型，并加载"UVW贴图"修改器，设置"贴图"类型为"长方体"，"长度"为515.2cm，"宽度"为314.08cm，"高度"为52cm，如图10-250所示。

图10-248　　　　　　　　　　　图10-249　　　　　　图10-250

📐 设置最终渲染参数

01 按F10键打开"渲染设置"面板,在"输出大小"选项组中设置"宽度"为3000,"高度"为2250,如图10-251所示。

02 在"渲染块图像采样器"卷展栏中设置"最小细分"为1,"最大细分"为6,"噪波阈值"为0.001,如图10-252所示。

03 在"图像过滤器"卷展栏中设置"过滤器"为"Mitchell-Netravali",如图10-253所示。

图10-251

图10-252

图10-253

04 在"全局确定性蒙特卡洛"卷展栏中设置"噪波阈值"为0.001,如图10-254所示。

05 在"发光图"卷展栏中设置"当前预设"为"中","细分"为80,"插值采样"为60,如图10-255所示。

06 在"灯光缓存"卷展栏中设置"细分"为1200,如图10-256所示。

07 按C键切换到摄影机视图,然后按F9键进行渲染。效果和通道如图10-257和图10-258所示。

图10-254

图10-255

图10-256

图10-257

图10-258

📐 后期处理

01 在Photoshop CC中导入渲染的效果图和通道,如图10-259所示。

02 选中并显示"实战80- reflection"图层,然后设置图层混合模式为"滤色",如图10-260所示。

图10-259

图10-260

中文版 3ds Max 2016/VRay 效果图制作实战基础教程

03 为"实战80- reflection"图层添加"色阶"工具调整图层，然后设置"阴影"为15，"中间调"为1.2，如图10-261所示。

04 选中并显示"实战80- refraction"图层，然后设置图层混合模式为"滤色"，如图10-262所示。

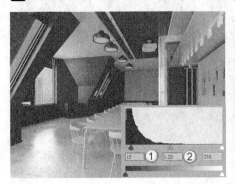

图10-261

图10-262

05 按快捷键Ctrl+Shift+Alt+E盖印所有图层，生成"图层1"，如图10-263所示。

06 为"图层1"添加"色阶"工具调整图层，设置"中间调"为0.95，"高光"为240，如图10-264所示。

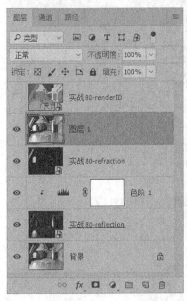

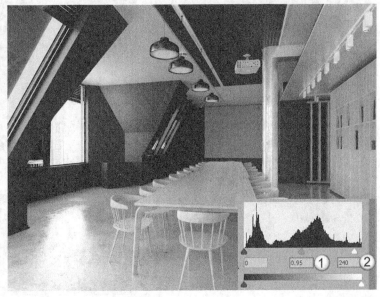

图10-263

图10-264

07 为"图层1"添加"色彩平衡"工具调整图层，然后设置"色调"为"中间调"，"青色-红色"为-3，"黄色-蓝色"为6，接着设置"色调"为"高光"，"青色-红色"为4，"黄色-蓝色"为-4，如图10-265所示。效果如图10-266所示。

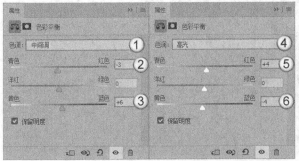

图10-265

图10-266

08 通过"实战80- VRayRenderID"通道使用"快速选择"工具 选中地面,并复制一层,如图10-267所示。

09 为复制出的地面部分"图层2"加载"色阶"工具调整图层,设置"阴影"为15,"中间调"为0.95,如图10-268所示。

图10-267 图10-268

10 继续为"图层2"加载"自然饱和度"工具调整图层,设置"自然饱和度"为-20,如图10-269所示。

11 通过"实战80- VRayRenderID"通道使用"快速选择"工具 选中会议桌和椅子,并复制一层,如图10-270所示。

图10-269 图10-270

12 为复制出的"图层3"添加"色相/饱和度"工具调整图层,设置"色相"为-2,"饱和度"为33,"明度"为-10,如图10-271所示。

图10-271

13 继续为"图层3"加载"色阶"工具调整图层,设置"阴影"为10,"中间调"为0.8,"高光"为240,如图10-272所示。

图10-272

14 按照调整会议桌的方法调整书柜的材质效果，如图10-273所示。

15 为"图层1"加载"自然饱和度"工具调整图层，设置"自然饱和度"为-5。最终效果如图10-274所示。

图10-273　　　　　　　　　　　　　　　　　　　图10-274

<table>
<tr><td rowspan="4">课外练习：现代风格会客室日景表现</td><td>场景位置</td><td>场景文件 >CH10>08.max</td></tr>
<tr><td>实例位置</td><td>实例文件 >CH10> 课外练习 80.max</td></tr>
<tr><td>视频名称</td><td>课外练习 80.mp4</td></tr>
<tr><td>学习目标</td><td>掌握工装效果图的制作思路及方法</td></tr>
</table>

⊟ 效果展示

本案例是制作现代风格会客室日景表现。效果如图10-275所示。

⊟ 制作提示

案例的灯光布置如图10-276所示。案例材质效果如图10-277所示。

图10-275　　　　　　　　　　　　　　　　　　　图10-276

木质　　　　玻璃　　　　乳胶漆　　　　地毯　　　　沙发布　　　　皮革

图10-277

场景位置	场景文件 >CH10>09.max
实例位置	实例文件 >CH10> 实战 81 工装：现代风格咖啡厅夜景表现 .max
视频名称	实战 81 现代风格咖啡厅夜景表现 .mp4
学习目标	掌握工装效果图的制作思路及方法

案例分析

本案例是制作现代风格咖啡厅夜景表现。从结构上看，咖啡厅是一个半封闭空间，室内人工光源是场景的主光源，室外自然光源是辅助光源。图 10-278 所示是场景的灯光布置效果。

在材质方面，地砖、砖墙和木质等材质是案例的重点。图 10-279 所示是案例材质的效果。

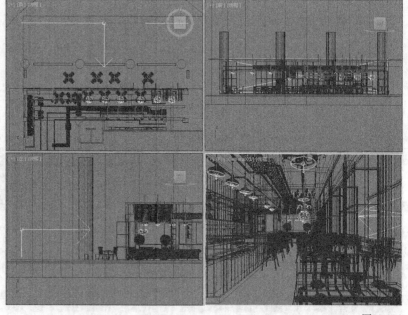

图10-278

地砖

砖墙

深色木质

浅色木质

大理石

塑钢

图10-279

创建摄影机

01 打开本书学习资源的文件"场景文件>CH10>09.max"，如图10-280所示。

02 在"创建"上面板单击"摄影机"按钮，然后单击"物理"按钮 物理 在场景右侧创建一台摄影机，位置如图10-281所示。

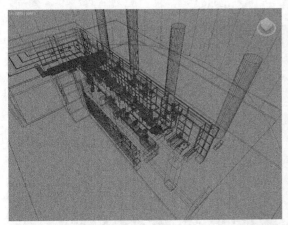

图10-280

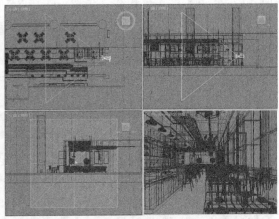

图10-281

03 选中创建的摄影机，切换到"修改"面板，在"物理摄影机"卷展栏中设置"焦距"为24毫米，"光圈"为8，"ISO"为800，如图10-282所示。

04 按C键切换到摄影机视图，如图10-283所示。

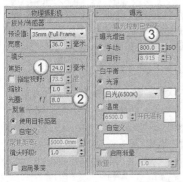

图10-282

图10-283

设置测试渲染参数

01 按F10键打开"渲染设置"面板，在"输出大小"选项组中设置"宽度"为1000，"高度"为750，如图10-284所示。

02 在"图像采样器（抗锯齿）"卷展栏中设置"类型"为"渲染块"，如图10-285所示。

03 在"图像过滤器"卷展栏中设置"过滤器"为"区域"，如图10-286所示。

图10-284

图10-285

图10-286

第 10 章 商业综合实战

269

04 在"渲染块图像采样器"卷展栏中设置"最小细分"为1，"最大细分"为4，"噪波阈值"为0.01，如图10-287所示。

05 在"全局确定性蒙特卡洛"卷展栏中勾选"使用局部细分"选项，然后设置"最小采样"为16，"自适应数量"为0.85，"噪波阈值"为0.005，如图10-288所示。

06 在"颜色贴图"卷展栏中设置"类型"为"莱因哈德"，如图10-289所示。

图10-287　　　　　　　　　　　　　　　　图10-288　　　　　　　　　　　　　　　　图10-289

07 在"全局照明"卷展栏中设置"首次引擎"为"发光图"，"二次引擎"为"灯光缓存"，如图10-290所示。

08 在"发光图"卷展栏中设置"当前预设"为"非常低"，"细分"为50，"插值采样"为20，如图10-291所示。

09 在"灯光缓存"卷展栏中设置"细分"为600，如图10-292所示。

10 在"系统"卷展栏中设置"序列"为"上->下"，"动态内存限制（MB）"为0，如图10-293所示。

图10-291

图10-290　　　　　　　　　　图10-292

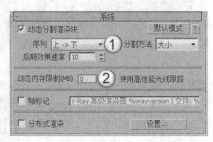

图10-293

□ 创建灯光

01 先创建主光源。在"创建"面板上单击"灯光"按钮，然后选择"VRay"选项，单击"VR-灯光"按钮 在桌子上方的吊灯内创建一盏灯光，并复制到其他灯罩内，其位置如图10-294所示。

02 选中上一步创建的灯光，在"修改"面板中设置具体参数，如图10-295所示。

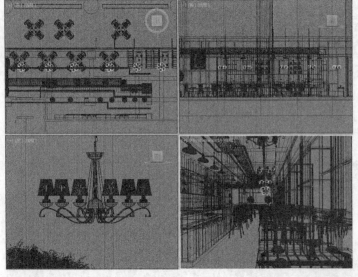

图10-294

设置步骤

① 在"常规"卷展栏中设置"类型"为"球体"，"半径"为13.002mm，"倍增"为100，"温度"为4500。

② 在"选项"卷展栏中勾选"不可见"选项。

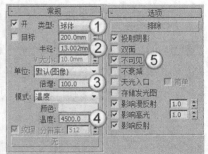

图10-295

提示　灯罩内的灯光可以将其成组后再进行复制，这样操作起来更为简便。

03 按C键切换到摄影机视图，然后按F9键进行渲染。效果如图10-296所示。吊灯的灯光没有照射桌面和地面的效果，需要在吊灯下方创建一个虚拟的补光。

04 使用"VR-灯光"工具 VR-灯光 在吊顶的下方创建一盏灯光，然后以"实例"的形式复制到其余吊灯下方，位置如图10-297所示。

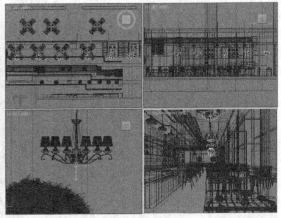

图10-296

图10-297

05 选中上一步创建的灯光，在"修改"面板中设置具体参数，如图10-298所示。

设置步骤

① 在"常规"卷展栏中设置"类型"为"圆形"，"半径"为150mm，"倍增"为100，"温度"为4500。

② 在"选项"卷展栏中勾选"不可见"选项。

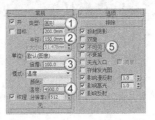

图10-298

06 按C键切换到摄影机视图，然后按F9键进行渲染。效果如图10-299所示。

07 下面创建辅助光源。使用"VR-灯光"工具 VR-灯光 在吧台上方的吊灯下创建一盏灯光，并复制到其他同款吊灯下，位置如图10-300所示。

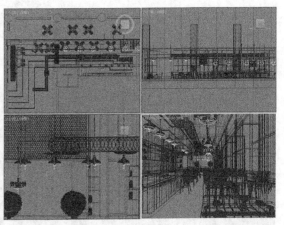

图10-299

图10-300

> **提示** 这一步创建的虚拟灯光是模拟吊灯朝下方照射的效果，也可以使用VRayIES灯光模拟。

08 选中上一步创建的灯光，在"修改"面板中设置具体参数，如图10-301所示。

设置步骤

① 在"常规"卷展栏中设置"类型"为"圆形"，"半径"为200mm，"倍增"为50，"温度"为5000。

② 在"选项"卷展栏中勾选"不可见"选项。

09 按C键切换到摄影机视图，然后按F9键进行渲染。效果如图10-302所示。

10 使用"VR-灯光"工具 在窗外创建一盏灯光。位置如图10-303所示。

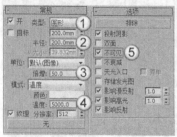

图10-301

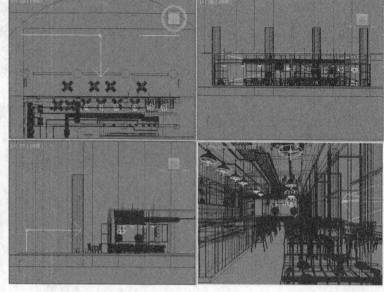

图10-302

图10-303

11 选中上一步创建的灯光，在"修改"面板中设置具体参数，如图10-304所示。

设置步骤

① 在"常规"卷展栏中设置"类型"为"平面"，"1/2长"为11046.04mm，"1/2宽"为2180.412mm，"倍增"为3，"颜色"为（红:30，绿:56，蓝:255）。

② 在"选项"卷展栏中勾选"不可见"选项。

12 按C键切换到摄影机视图，然后按F9键进行渲染。效果如图10-305所示。

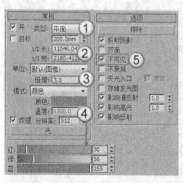

图10-304

图10-305

☐ 制作材质

本案例需要制作地砖材质、墙砖材质和木质材质等。

⊙ 地砖材质

01 按M键打开材质编辑器，然后选择一个空白材质球，接着设置"材质类型"为"VRayMtl"材质，具体参数设置如图10-306所示。制作好的材质球效果如图10-307所示。

设置步骤

① 在"漫反射"通道中加载学习资源中的文件"实例文件>CH10>实战81 工装：现代风格咖啡厅夜景表现>map>20160914162255_945.jpg"。

② 设置"反射"颜色为（红:195，绿:195，蓝:195），"高光光泽"为0.6，"反射光泽"为0.8。

③ 在"凹凸"通道中加载学习资源中的文件"实例文件>CH10>实战81 工装：现代风格咖啡厅夜景表现>map>20160914162255_945.jpg"，设置通道量为-4。

02 将材质赋予地面模型，并加载"UVW贴图"修改器，设置"贴图"类型为"平面"，"长度"为16000mm，"宽度"为16000mm，如图10-308所示。

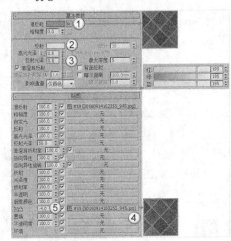  

图10-306　　　　　　　图10-307　　　　　　图10-308

⊙ 砖墙材质

01 按M键打开材质编辑器，然后选择一个空白材质球，接着设置"材质类型"为"VRayMtl"材质，在"漫反射"通道和"凹凸"通道中加载学习资源中的文件"实例文件>CH10>实战81 工装：现代风格咖啡厅夜景表现>map>0_bjccgj_201202151306021.jpg"，并设置"凹凸"通道量为200，如图10-309所示。制作好的材质球效果如图10-310所示。

02 将材质赋予立柱模型，并加载"UVW贴图"修改器，设置"贴图"类型为"长方体"，"长度"为800mm，"宽度"为800mm，"高度"为800mm，如图10-311所示。

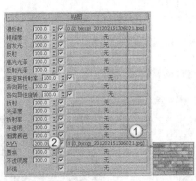  

图10-309　　　　　　　图10-310　　　　　　图10-311

⊙ 深色木质材质

01 按M键打开材质编辑器，然后选择一个空白材质球，接着设置"材质类型"为"VRayMtl"材质，具体参数设置如图10-312所示。制作好的材质球效果如图10-313所示。

设置步骤

① 在"漫反射"通道中加载学习资源中的文件"实例文件>CH10>实战81 工装：现代风格咖啡厅夜景表现>map>旧实木板（老船王）.jpg"。

② 设置"反射"颜色为（红:143，绿:143，蓝:143），"高光光泽"为0.68，"反射光泽"为0.8。

02 将材质赋予咖啡桌模型，并加载"UVW贴图"修改器，设置"贴图"类型为"长方体"，"长度"为600.6mm，"宽度"为600.6mm，"高度"为30.03mm，如图10-314所示。

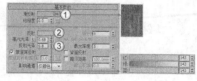

图10-312 　　　　　　　　　　　图10-313 　　　　　　图10-314

⊙ **浅色木质材质**

01 按M键打开材质编辑器，然后选择一个空白材质球，接着设置"材质类型"为"VRayMtl"材质，具体参数设置如图10-315所示。制作好的材质球效果如图10-316所示。

设置步骤

① 在"漫反射"通道中加载学习资源中的文件"实例文件>CH10>实战81 工装：现代风格咖啡厅夜景表现>map>u=1311220057,1158795621&fm=21&gp=0.jpg"。

② 设置"反射"颜色为（红:215，绿:215，蓝:215），"高光光泽"为0.7，"反射光泽"为0.85。

02 将材质赋予吧台和吧台后的背景墙模型，并加载"UVW贴图"修改器，设置"贴图"类型为"长方体"，"长度"为800mm，"宽度"为800mm，"高度"为1160mm，如图10-317所示。

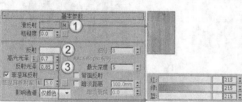

图10-315 　　　　　　　　　　　图10-316 　　　　　　图10-317

⊙ **大理石材质**

01 按M键打开材质编辑器，然后选择一个空白材质球，接着设置"材质类型"为"VRayMtl"材质，具体参数设置如图10-318所示。制作好的材质球效果如图10-319所示。

设置步骤

① 在"漫反射"通道中加载学习资源中的文件"实例文件>CH10>实战81 工装：现代风格咖啡厅夜景表现>map>黑金沙-604.jpg"。

② 设置"反射"颜色为（红:255，绿:255，蓝:255），"高光光泽"为0.85。

02 将材质赋予地面模型，并加载"UVW贴图"修改器，设置"贴图"类型为"长方体"，"长度"为800mm，"宽度"为800mm，"高度"为800mm，如图10-320所示。

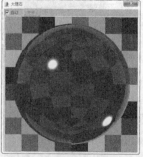

图10-318 　　　　　　　　　　　图10-319 　　　　　　图10-320

⊙ **塑钢材质**

按M键打开材质编辑器，然后选择一个空白材质球，接着设置"材质类型"为"VRayMtl"材质，具体参数设置如图10-321所示。制作好的材质球效果如图10-322所示。

设置步骤

① 设置"漫反射"颜色为（红:18，绿:18，蓝:20）。

② 设置"反射"颜色为（红:185，绿:185，蓝:185），"高光光泽"为0.63，"反射光泽"为0.6，"菲涅耳折射率"为3。

③ 在"双向反射分布函数"卷展栏中设置类型为"微面GTR（GGX）"，"各向异性"为0.4，"旋转"为85。

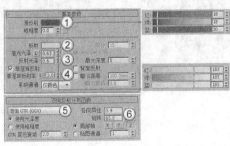

图10-321

图10-322

⊙ **玻璃材质**

按M键打开材质编辑器，然后选择一个空白材质球，接着设置"材质类型"为"VRayMtl"材质，具体参数设置如图10-323所示。制作好的材质球效果如图10-324所示。

设置步骤

① 设置"漫反射"颜色为（红:0，绿:0，蓝:0）。

② 设置"反射"颜色为（红:255，绿:255，蓝:255）。

③ 设置"折射"颜色为（红:248，绿:248，蓝:248），"折射率"为1.517。

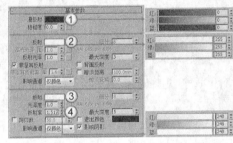

图10-323

图10-324

🔲 设置最终渲染参数

01 按F10键打开"渲染设置"面板，在"输出大小"中设置"宽度"为3000，"高度"为2250，如图10-325所示。

02 在"渲染块图像采样器"中设置"最小细分"为1，"最大细分"为6，"噪波阈值"为0.001，如图10-326所示。

03 在"图像过滤器"卷展栏中设置"过滤器"为"Mitchell-Netravali"，如图10-327所示。

图10-327

04 在"全局确定性蒙特卡洛"卷展栏中设置"噪波阈值"为0.001，如图10-328所示。

图10-325

图10-326

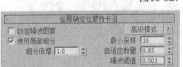

图10-328

05 在"发光图"卷展栏中设置"当前预设"为"中"，"细分"为80，"插值采样"为60，如图10-329所示。

06 在"灯光缓存"卷展栏中设置"细分"为1200，如图10-330所示。

07 按C键切换到摄影机视图，然后按F9键进行渲染。效果和通道如图10-331和图10-332所示。

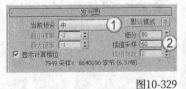

图10-329

图10-330

图10-331

图10-332

后期处理

01 在Photoshop CC中导入渲染的效果图和通道，如图10-333所示。

02 选中并显示"实战81- reflection"图层，然后设置图层混合模式为"滤色"，如图10-334所示。

图10-333

图10-334

03 为"实战81- reflection"图层添加"色阶"工具调整图层，然后设置"阴影"为20，"高光"为240，如图10-335所示。

04 选中并显示"实战81- refraction"图层，然后设置图层混合模式为"滤色"，如图10-336所示。

图10-335

图10-336

05 为"实战81- refraction"图层添加"色阶"工具调整图层，然后设置"阴影"为15，"高光"为255，如图10-337所示。

图10-337

06 按快捷键Ctrl+Shift+Alt+E盖印所有图层，生成"图层1"，如图10-338所示。

07 为"图层1"添加"色阶"工具调整图层，设置"阴影"为10，"高光"为230，如图10-339所示。

图10-338   图10-339

08 为"图层1"添加"色彩平衡"工具调整图层，然后设置"色调"为"阴影"，"黄色-蓝色"为2，接着设置"色调"为"高光"，"青色-红色"为3，"黄色-蓝色"为-3，如图10-340所示。效果如图10-341所示。

09 通过"实战81- VRayRenderID"通道使用"快速选择"工具 选中吧台上方的吊灯灯泡，如图10-342所示。

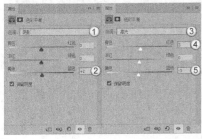

图10-340   图10-341   图10-342

10 将选中的区域按快捷键Ctrl+J复制一层，然后为其加载"亮度/对比度"工具调整图层，设置"亮度"为80，如图10-343所示。

11 按照相同的方法调整其余区域。最终效果如图10-344所示。

图10-343   图10-344

课外练习：现代风格大堂日景表现	场景位置	场景文件 >CH10>10.max
	实例位置	实例文件 >CH10> 课外练习 81.max
	视频名称	课外练习 81.mp4
	学习目标	掌握工装效果图的制作思路及方法

⊟ 效果展示

本案例是制作现代风格大堂日景表现。案例效果如图10-345所示。

制作提示

案例的灯光布置如图10-346所示。案例材质效果如图10-347所示。

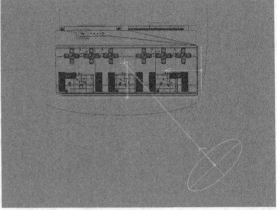

图10-345

图10-346

木质

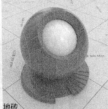
地砖

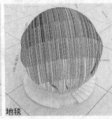
地毯

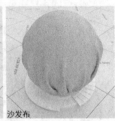
沙发布

大理石

图10-347

实战 82

**建筑：写字楼
外观的日景表现**

场景位置	场景文件 >CH10>11.max
实例位置	实例文件 >CH10> 实战 82 建筑：写字楼外观的日景表现 .max
视频名称	实战 82 写字楼外观的日景表现 .mp4
学习目标	掌握建筑效果图的制作思路及方法

案例分析

本案例是制作写字楼外观的日景表现。场景依靠太阳光和环境光进行照明，如图10-348所示。

在材质方面，玻璃幕墙、白色铝合金和窗框材质是案例的重点。图10-349所示是案例材质的效果。

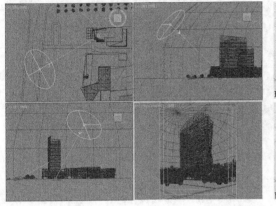

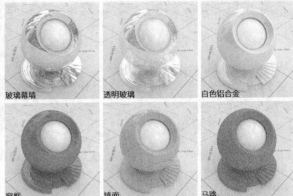

玻璃幕墙　　透明玻璃　　白色铝合金

窗框　　墙面　　马路

图10-348　　　　　　　　　　　　　　　　　图10-349

创建摄影机

01 打开本书学习资源中的文件"场景文件>CH10>11.max"，如图10-350所示。

02 在"创建"面板上单击"摄影机"按钮 🎥，然后单击"物理"按钮 物理 在场景左侧创建一盏摄影机，位置如图10-351所示。

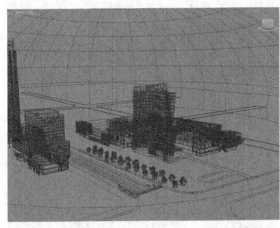

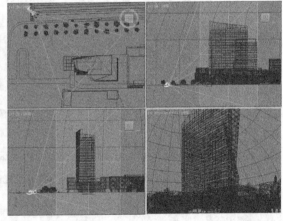

图10-350　　　　　　　　　　　　　　　　　图10-351

> **提示** 表现写字楼这种较高的建筑物，最好采用仰视的角度创建摄影机，这样可以表现建筑的高度和气势。

03 选中创建的摄影机，切换到"修改"面板，在"物理摄影机"卷展栏中设置"焦距"为36毫米，"光圈"为8，"ISO"为800，如图10-352所示。

04 按 C 键切换到摄影机视图，如图 10-353 所示。

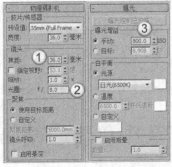

图10-352　　　　　　　　　　　　　　　　　图10-353

05 按F10键打开"渲染设置"面板，在"输出大小"选项组中设置"宽度"为800，"高度"为1000，如图10-354所示。

06 按快捷键Shift+F打开安全框工具。摄影机视图的效果如图10-355所示。

图10-354

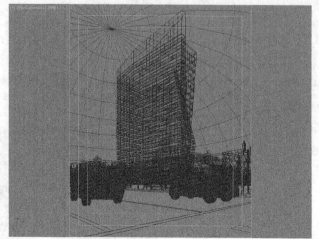

图10-355

> **提示** 本案例的场景已经为读者布置好各种配景。在实际工作中，场景一般只有主建筑和地面。汽车、行人、灯杆和树木等配景都需要制作者自行加入并进行布置。

设置测试渲染参数

01 在"图像采样器（抗锯齿）"卷展栏中设置"类型"为"渲染块"，如图10-356所示。

02 在"图像过滤器"卷展栏中设置"过滤器"为"区域"，如图10-357所示。

03 在"渲染块图像采样器"卷展栏中设置"最小细分"为1，"最大细分"为4，"噪波阈值"为0.01，如图10-358所示。

图10-356　　　　　图10-357　　　　　图10-358

04 在"全局确定性蒙特卡洛"卷展栏中勾选"使用局部细分"选项，然后设置"最小采样"为16，"自适应数量"为0.85，"噪波阈值"为0.005，如图10-359所示。

05 在"颜色贴图"卷展栏中设置"类型"为"莱因哈德"，如图10-360所示。

06 在"全局照明"卷展栏中设置"首次引擎"为"发光图"，"二次引擎"为"BF算法"，如图10-361所示。

图10-359　　　　　图10-360　　　　　图10-361

07 在"发光图"卷展栏中设置"当前预设"为"非常低"，"细分"为50，"插值采样"为20，如图10-362所示。

08 在"BF算法计算全局照明（GI）"卷展栏中设置"细分"为8，"反弹"为3，如图10-363所示。

09 在"系统"卷展栏中设置"序列"为"上->下"，"动态内存限制（MB）"为0，如图10-364所示。

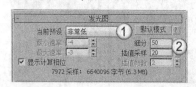

图10-362　　　　　图10-363　　　　　图10-364

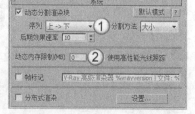

☐ 创建灯光

01 在"创建"上面板单击"灯光"按钮，然后选择"VRay"选项，单击"VR-太阳"按钮 VR-太阳 在主建筑左侧创建一束灯光，其位置如图10-365所示。

02 选中上一步创建的灯光，在"修改"面板"VRay太阳参数"卷展栏中设置"强度倍增"为0.03，"大小倍增"为5，"阴影细分"为8，如图10-366所示。在创建灯光时，同时添加"VRay天空"贴图。

03 按C键切换到摄影机视图，然后按F9键进行渲染。效果如图10-367所示。太阳光明显地区分出建筑的受光面和背光面，从而使建筑显得更为立体。

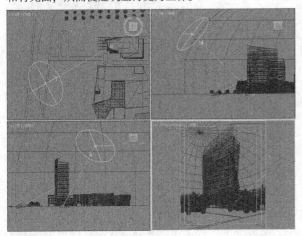  

图10-365   图10-366   图10-367

> **提示** 笔者对建筑背后的球天模型设置了对摄影机不可见的效果，因而不能在渲染的窗口中直接观察。

☐ 制作材质

本案例需要制作幕墙玻璃材质、白色铝合金材质和窗框材质等。

⊙ 幕墙玻璃材质

按M键打开材质编辑器，然后选择一个空白材质球，具体参数设置如图10-368所示。制作好的材质球效果如图10-369所示。

设置步骤

① 设置"环境光"颜色为"纯黑色"。

② 设置"漫反射"颜色为（红:27，绿:39，蓝:48）。

③ 设置"高光级别"为70，"光泽度"为40，"不透明度"为85。

④ 在"反射"通道中加载"VRay贴图"，并设置通道量为67。

> **提示** 建筑类模型的玻璃材质大多数使用默认的"标准材质"进行制作，这样做是为了提高渲染速度。
>
> 在"反射"通道中加载"VR-贴图"是为了将标准材质与VRay渲染器更好地进行关联，从而表现出更为真实的反射效果。

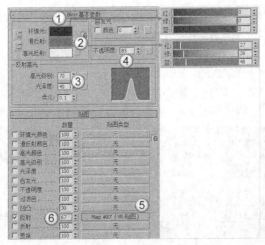 

图10-368   图10-369

⊙ 透明玻璃材质

按M键打开材质编辑器，然后选择一个空白材质球，其具体参数设置如图10-370所示。制作好的材质球效果如图10-371所示。

设置步骤

① 设置"环境光"颜色为"纯黑色"。

② 设置"漫反射"颜色为（红:27，绿:39，蓝:48）。

③ 设置"高光级别"为36，"光泽度"为25，"不透明度"为45。

④ 在"反射"通道中加载"VR-贴图"，并设置"反射"通道量为55。

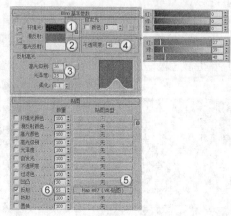
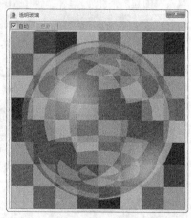

图10-370　　　　　　　　　　　图10-371

⊙ 白色铝合金材质

按M键打开材质编辑器，然后选择一个空白材质球，接着设置"材质类型"为"VRayMtl"材质，其具体参数设置如图10-372所示。制作好的材质球效果如图10-373所示。

设置步骤

① 设置"漫反射"颜色为（红:195，绿:195，蓝:195）。

② 设置"反射"颜色为（红:102，绿:102，蓝:102），"高光光泽"为0.61，"反射光泽"为0.84，"菲涅耳折射率"为6。

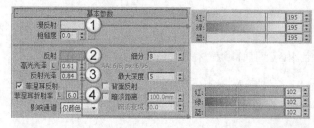
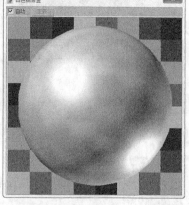

图10-372　　　　　　　　　　　图10-373

⊙ 窗框材质

按M键打开材质编辑器，然后选择一个空白材质球，接着设置"材质类型"为"VRayMtl"材质，其具体参数设置如图10-374所示。制作好的材质球效果如图10-375所示。

设置步骤

① 设置"漫反射"颜色为（红:35，绿:39，蓝:44）。

② 设置"反射"颜色为（红:44，绿:44，蓝:44），"高光光泽"为0.67，"反射光泽"为0.9，"菲涅耳折射率"为6。

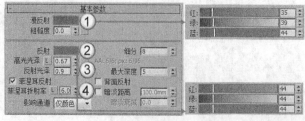
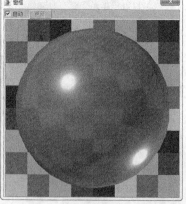

图10-374　　　　　　　　　　　图10-375

⊙ **墙面材质**

01 按M键打开材质编辑器，然后选择一个空白材质球，接着设置"材质类型"为"VRayMtl"材质，具体参数设置如图10-376所示。制作好的材质球效果如图10-377所示。

设置步骤

① 在"漫反射"通道中加载"平铺"贴图，设置"预设类型"为"堆栈砌合"，在"平铺设置"的"纹理"通道中加载学习资源中的文件"实例文件 >CH10> 实战 82 建筑:写字楼外观的日景表现 >map>Archexteriors4_05_14_wall.jpg"文件，"水平数"为2，"垂直数"为1，设置"砖缝设置"的"纹理"颜色为（红 :14,绿 :14,蓝 :14），"水平间距"和"垂直间距"都为0.2。

② 设置"反射"颜色为（红:138，绿:138，蓝:138），"高光光泽"为0.8。

02 将材质赋予主建筑下方的墙面模型，并加载"UVW贴图"修改器，设置"贴图"类型为"长方体"，"长度"为6000mm，"宽度"为6000mm，"高度"为6000mm，如图10-378所示。

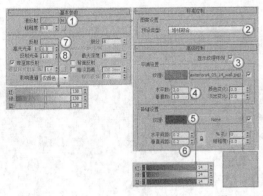
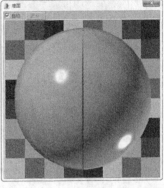

图10-376　　　　　　　　　　图10-377　　　　　　　图10-378

⊙ **马路材质**

01 按M键打开材质编辑器，然后选择一个空白材质球，接着设置"材质类型"为"VRayMtl"材质，其具体参数设置如图10-379所示。制作好的材质球效果如图10-380所示。

设置步骤

① 在"漫反射"通道中加载"混合"贴图，然后在"颜色#1"通道中加载学习资源中的文件"实例文件>CH10>实战82建筑: 写字楼外观的日景表现>map>174beton.jpg"，在"颜色#2"通道中加载学习资源中的文件"实例文件>CH10>实战82建筑: 写字楼外观的日景表现>map>rway_pave.jpg"，接着设置"混合量"为80。

② 在"反射"通道中加载学习资源中的文件"实例文件>CH10>实战82　建筑: 写字楼外观的日景表现>map>GRNG_28B.jpg"，设置"反射光泽"为0.6。

③ 将"漫反射"通道中的贴图复制到"凹凸"通道中，并设置通道量为51。

02 将材质赋予马路模型，并加载"UVW贴图"修改器，设置"贴图"类型为"平面"，"长度"为2000mm，"宽度"为2000mm，"高度"为3000mm，如图10-381所示。

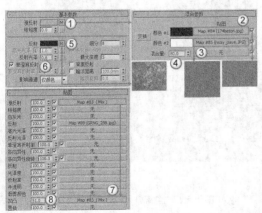
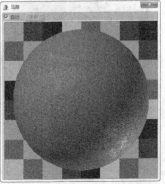

图10-379　　　　　　　　　　图10-380　　　　　　　图10-381

⊟ 设置最终渲染参数

01 按F10键打开"渲染设置"面板，在"输出大小"选项组中设置"宽度"为2400，"高度"为3000，如图10-382所示。

02 在"渲染块图像采样器"卷展栏中设置"最小细分"为1，"最大细分"为6，"噪波阈值"为0.001，如图10-383所示。

03 在"图像过滤器"卷展栏中设置"过滤器"为"Mitchell-Netravali"，如图10-384所示。

图10-382 　　　　　　　　　　　图10-383 　　　　　　　　　　　图10-384

04 在"全局确定性蒙特卡洛"卷展栏中设置"噪波阈值"为0.001，如图10-385所示。

05 在"发光图"卷展栏中设置"当前预设"为"中"，"细分"为80，"插值采样"为60，如图10-386所示。

06 在"BF算法计算全局照明（GI）"卷展栏中设置"细分"为16，"反弹"为8，如图10-387所示。

07 按C键切换到摄影机视图，然后按F9键进行渲染。效果和通道如图10-388和图10-389所示。

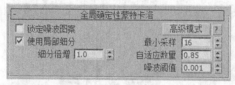

图10-385

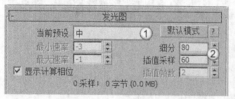

图10-386

图10-387

图10-388

图10-389

> **提示** 如果场景中的所有材质都是VRay类型的材质，可以使用"VRayMtlID"通道，系统会按照材质的ID数值渲染出类似于"VRayRenderID"通道的彩色图。

☐ 后期处理

01 在Photoshop CC中导入渲染的效果图和通道，如图10-390所示。

02 选中"实战82-Alpha"图层，然后使用"快速选择"工具 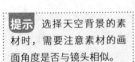 选中天空部分，如图10-391所示。

图10-390

图10-391

03 将选中的天空部分按快捷键Ctrl+J复制一层，生成"图层1"，如图10-392所示。

04 导入学习资源中的文件"实例文件 >CH10> 实战 82 建筑：写字楼外观的日景表现 >map>225251.jpg"，放置于"图层1"的上方，如图 10-393 所示。

> **提示** 选择天空背景的素材时，需要注意素材的画面角度是否与镜头相似。

图10-392

图10-393

05 按住Alt键，然后鼠标单击"225251"图层和"图层1"的中间位置，使"225251"图层成为"图层1"的剪贴图层，如图10-394所示。

06 为"225251"图层添加"色阶"工具调整图层，设置"中间调"为1.85,"高光"为225，如图 10-395 所示。

图10-394

图10-395

07 继续为"225251"图层添加"色相/饱和度"工具调整图层，设置"色相"为-7，"饱和度"为50，"明度"为10，如图10-396所示。

08 选择并显示"实战82-reflection"图层，并设置图层混合模式为"滤色"，如图10-397所示。

图10-396 图10-397

09 为"实战82-reflection"图层添加"色阶"工具调整图层，设置"阴影"为30，"中间调"为0.85，"高光"为240，如图10-398所示。

10 通过"实战82-renderID"图层选中玻璃幕墙部分，并将选中的区域按快捷键Ctrl+J复制一层，然后为其加载"色阶"工具调整图层，设置"阴影"为30，"中间调"为0.85，"高光"为220，如图10-399所示。

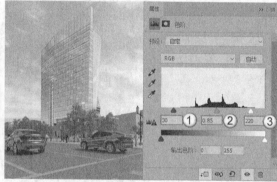

图10-398 图10-399

11 继续为复制的"图层2"添加"色相/饱和度"工具调整图层，设置"色相"为5，"饱和度"为－20，"明度"为-20，如图10-400所示。

12 按照调整玻璃幕墙的方法调整其他细节部分，调整后的效果如图10-401所示。

图10-400 图10-401

提示 由于篇幅有限，具体制作步骤请读者观看教学视频。

13 按快捷键Ctrl+Alt+Shfit+E盖印所有可见图层，并添加"色阶"工具调整图层，设置"阴影"为20，"中间调"为1.1，"高光"为250，如图10-402所示。

14 为盖印的图层添加"色彩平衡"工具调整图层，设置"色调"为"高光"，"青色-红色"为14，"黄色-蓝色"为-18，如图10-403所示。最终效果如图10-404所示。

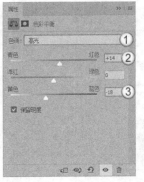

图10-402　　　　　　　　　　　图10-403　　　　　　　　　　图10-404

场景位置	场景文件 >CH10>12.max
实例位置	实例文件 >CH10> 课外练习 82.max
视频名称	课外练习 82.mp4
学习目标	掌握建筑效果图的制作思路及方法

课外练习：现代风格别墅夜景表现

⊟ 效果展示

本案例是制作现代风格的别墅夜景表现。案例效果如图10-405所示。

⊟ 制作提示

案例的灯光布置如图10-406所示。案例材质效果如图10-407所示。

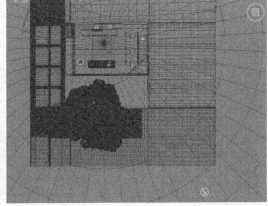

图10-405　　　　　　　　　　　　　　　　　图10-406

玻璃　　　　　铝板　　　　　白乳胶　　　　　窗框　　　　　地面　　　　　石子路面

图10-407

附录A 常用快捷键一览表

A.1 主界面快捷键

操作	快捷键	操作	快捷键
显示降级适配（开关）	O	偏移捕捉	Alt+Ctrl+Space（Space键即空格键）
适应透视图格点	Shift+Ctrl+A	打开一个max文件	Ctrl+O
排列	Alt+A	平移视图	Ctrl+P
角度捕捉（开关）	A	交互式平移视图	I
动画模式（开关）	N	放置高光	Ctrl+H
改变到后视图	K	播放/停止动画	/
背景锁定（开关）	Alt+Ctrl+B	快速渲染	Shift+Q
前一时间单位	.或<	回到上一场景操作	Ctrl+A
下一时间单位	,或>	回到上一视图操作	Shift+A
改变到顶视图	T	撤销场景操作	Ctrl+Z
改变到底视图	B	撤销视图操作	Shift+Z
改变到摄影机视图	C	刷新所有视图	1
改变到前视图	F	用前一次的参数进行渲染	Shift+E或F9
改变到等大的用户视图	U	渲染配置	Shift+R或F10
改变到右视图	R	在XY/YZ/ZX锁定中循环改变	F8
改变到透视图	P	约束到x轴	F5
循环改变选择方式	Ctrl+F	约束到y轴	F6
默认灯光（开关）	Ctrl+L	约束到z轴	F7
删除物体	Delete	旋转视图模式	Ctrl+R或V
当前视图暂时失效	D	保存文件	Ctrl+S
是否显示几何体内框（开关）	Ctrl+E	透明显示所选物体（开关）	Alt+X
显示第一个工具条	Alt+1	选择父物体	PageUp
专家模式，全屏（开关）	Ctrl+X	选择子物体	PageDown
暂存场景	Alt+Ctrl+H	根据名称选择物体	H
取回场景	Alt+Ctrl+F	选择锁定（开关）	Space（Space键即空格键）
冻结所选物体	6	减淡所选物体的面（开关）	F2
跳到最后一帧	End	显示所有视图网格（开关）	Shift+G
跳到第一帧	Home	显示/隐藏命令面板	3
显示/隐藏摄影机	Shift+C	显示/隐藏浮动工具条	4
显示/隐藏几何体	Shift+O	显示最后一次渲染的图像	Ctrl+I
显示/隐藏网格	G	显示/隐藏主要工具栏	Alt+6
显示/隐藏帮助物体	Shift+H	显示/隐藏安全框	Shift+F
显示/隐藏光源	Shift+L	显示/隐藏所选物体的支架	J
显示/隐藏粒子系统	Shift+P	百分比捕捉（开关）	Shift+Ctrl+P
显示/隐藏空间扭曲物体	Shift+W	打开/关闭捕捉	S
锁定用户界面（开关）	Alt+0	循环通过捕捉点	Alt+Space（Space键即空格键）
匹配到摄影机视图	Ctrl+C	间隔放置物体	Shift+I
材质编辑器	M	改变到光线视图	Shift+4
最大化当前视图（开关）	W	循环改变子物体层级	Ins
脚本编辑器	F11	子物体选择（开关）	Ctrl+B
新建场景	Ctrl+N	帖图材质修正	Ctrl+T
法线对齐	Alt+N	加大动态坐标	+
向下轻推网格	小键盘-	减小动态坐标	-
向上轻推网格	小键盘+	激活动态坐标（开关）	X
NURBS表面显示方式	Alt+L或Ctrl+4	精确输入转变量	F12
NURBS调整方格1	Ctrl+1	全部解冻	7
NURBS调整方格2	Ctrl+2	根据名字显示隐藏的物体	5
NURBS调整方格3	Ctrl+3	刷新背景图像	Alt+Shift+Ctrl+B
		显示几何体外框（开关）	F4

操作	快捷键
视图背景	Alt+B
用方框快显几何体（开关）	Shift+B
打开虚拟现实	数字键盘1
虚拟视图向下移动	数字键盘2
虚拟视图向左移动	数字键盘4
虚拟视图向右移动	数字键盘6
虚拟视图向中移动	数字键盘8
虚拟视图放大	数字键盘7
虚拟视图缩小	数字键盘9
实色显示场景中的几何体（开关）	F3
全部视图显示所有物体	Shift+Ctrl+Z
视窗缩放到选择物体范围	E
缩放范围	Alt+Ctrl+Z
视窗放大两倍	Shift++（数字键盘）
放大镜工具	Z
视窗缩小两倍	Shift+-（数字键盘）
根据框选进行放大	Ctrl+W
视窗交互式放大	[
视窗交互式缩小	]

A.2 轨迹视图快捷键

操作	快捷键
加入关键帧	A
前一时间单位	<
下一时间单位	>
编辑关键帧模式	E
编辑区域模式	F3
编辑时间模式	F2
展开对象切换	O
展开轨迹切换	T
函数曲线模式	F5或F
锁定所选物体	Space（Space键即空格键）
向上移动高亮显示	↓
向下移动高亮显示	↑
向左轻移关键帧	←
向右轻移关键帧	→
位置区域模式	F4
回到上一场景操作	Ctrl+A
向下收拢	Ctrl+↓
向上收拢	Ctrl+↑

A.3 渲染器设置快捷键

操作	快捷键
用前一次的配置进行渲染	F9
渲染配置	F10

A.4 示意视图快捷键

操作	快捷键
下一时间单位	>
前一时间单位	<
回到上一场景操作	Ctrl+A

A.5 Active Shade快捷键

操作	快捷键
绘制区域	D
渲染	R
锁定工具栏	Space（Space键即空格键）

A.6 视频编辑快捷键

操作	快捷键
加入过滤器项目	Ctrl+F
加入输入项目	Ctrl+I
加入图层项目	Ctrl+L
加入输出项目	Ctrl+O
加入新的项目	Ctrl+A
加入场景事件	Ctrl+S
编辑当前事件	Ctrl+E
执行序列	Ctrl+R
新建序列	Ctrl+N

A.7 NURBS编辑快捷键

操作	快捷键
CV约束法线移动	Alt+N
CV约束到U向移动	Alt+U
CV约束到V向移动	Alt+V
显示曲线	Shift+Ctrl+C
显示控制点	Ctrl+D
显示格子	Ctrl+L
NURBS面显示方式切换	Alt+L
显示表面	Shift+Ctrl+S
显示工具箱	Ctrl+T
显示表面整齐	Shift+Ctrl+T
根据名字选择本物体的子层级	Ctrl+H
锁定2D所选物体	Space（Space键即空格键）
根据名字选择子物体	H
柔软所选物体	Ctrl+S

A.8 FFD快捷键

操作	快捷键
转换到控制点层级	Alt+Shift+C

附录B 材质属性表

B.1 常见物体折射率

1.材质折射率

物体	折射率	物体	折射率	物体	折射率
空气	1.0003	液体二氧化碳	1.200	冰	1.309
水（20℃）	1.333	丙酮	1.360	30% 的糖溶液	1.380
普通酒精	1.360	酒精	1.329	面粉	1.434
溶化的石英	1.460	Calspar2	1.486	80% 的糖溶液	1.490
玻璃	1.500	氯化钠	1.530	聚苯乙烯	1.550
翡翠	1.570	天青石	1.610	黄晶	1.610
二硫化碳	1.630	石英	1.540	二碘甲烷	1.740
红宝石	1.770	蓝宝石	1.770	水晶	2.000
钻石	2.417	氧化铬	2.705	氧化铜	2.705
非晶硒	2.920	碘晶体	3.340		

2.液体折射率

物体	分子式	密度（g/cm³）	温度（℃）	折射率
甲醇	CH_3OH	0.794	20	1.3290
乙醇	C_2H_5OH	0.800	20	1.3618
丙酮	CH_3COCH_3	0.791	20	1.3593
苯	C_6H_6	1.880	20	1.5012
二硫化碳	CS_2	1.263	20	1.6276
四氯化碳	CCl_4	1.591	20	1.4607
三氯甲烷	$CHCl_3$	1.489	20	1.4467
乙醚	$C_4H_{10}O$	0.715	20	1.3538
甘油	$C_3H_8O_3$	1.260	20	1.4730
松节油	—	0.87	20.7	1.4721
橄榄油	—	0.92	0	1.4763
水	H_2O	1.00	20	1.3330

3.晶体折射率

物体	分子式	最小折射率	最大折射率
冰	H_2O	1.309	1.313
氟化镁	MgF_2	1.378	1.390
石英	SiO_2	1.544	1.553
氢氧化镁	$Mg(OH)_2$	1.559	1.580
锆石	$ZrSiO_4$	1.923	1.968
硫化锌	ZnS	2.356	2.378
方解石	$CaCO_3$	1.486	1.740
钙黄长石	$2CaO \cdot Al_2O_3 \cdot SiO_2$	1.658	1.669
碳酸锌（菱锌矿）	$ZnCO_3$	1.618	1.818
三氧化二铝（金刚砂）	Al_2O_3	1.760	1.768
淡红银矿	$3Ag_2S \cdot As_2S_3$	2.711	2.979

中文版 3ds Max 2016/VRay 效果图制作实战基础教程

B.2 常用家具尺寸

家具	长度	宽度	高度	深度	直径
衣橱	—	700（推拉门）	400~650（衣橱门）	600~650	—
推拉门	—	750~1 500	1 900~2 400	—	—
矮柜	—	300~600（柜门）	—	350~450	—
电视柜	—	—	600~700	450~600	—
单人床	1 800、1 806、2 000、2 100	900、1 050、1 200	—	—	—
双人床	1 800、1 806、2 000、2 100	1 350、1 500、1 800	—	—	—
圆床	—	—	—	—	>1 800
室内门	—	800~950、1 200（医院）	1 900、2 000、2 100、2 200、2 400	—	—
卫生间、厨房门	—	800、900	1 900、2 000、2 100	—	—
窗帘盒	—	—	120~180	120（单层布）、160~180（双层布）	—
单人式沙发	800~95	—	350~420（坐垫）、700~900（背高）	850~900	—
双人式沙发	1 260~1 500	—	—	800~900	—
三人式沙发	1 750~1 960	—	—	800~900	—
四人式沙发	2 320~2 520	—	—	800~900	—
小型长方形茶几	600~750	450~600	380~500（380最佳）	—	—
中型长方形茶几	1 200~1 350	380~500或600~750	—	—	—
正方形茶几	750~900	430~500	—	—	—
大型长方形茶几	1 500~1 800	600~800	330~420（330最佳）	—	—
圆形茶几	—	—	330~420	—	750、900、1 050、1 200
方形茶几	—	900、1 050、1 200、1 350、1 500	330~420	—	—
固定式书桌	—	—	750	450~700（600最佳）	—
活动式书桌	—	—	750~780	650~800	—
餐桌	—	1 200、900、750（方桌）	75~780（中式）、680~720（西式）	—	—
长方桌	1 500、1 650、1 800、2 100、2 400	800、900、1 050、1 200	—	—	—
圆桌	—	—	—	—	900、1 200、1 350、1 500、1 800
书架	600~1 200	800~900	—	250~400（每格）	—

B.3 室内物体常用尺寸

1.墙面尺寸

物体	高度
踢脚板	60~200
墙裙	800~1500
挂镜线	1 600~1 800

2. 餐厅

物体	高度	宽度	直径	间距
餐桌	750~790	—	—	>500（其中，座椅占500）
餐椅	450~500	—	—	—
二人圆桌	—	—	500或800	—
四人圆桌	—	—	900	—
五人圆桌	—	—	1 100	—
六人圆桌	—	—	1 100~1 250	—
八人圆桌	—	—	1 300	—
十人圆桌	—	—	1 500	—
十二人圆桌	—	—	1 800	—
二人方餐桌	—	700×850	—	—
四人方餐桌	—	1 350×850	—	—
八人方餐桌	—	2 250×850	—	—
餐桌转盘	—	—	700~800	—
主通道	—	1 200~1 300	—	—
内部工作道宽	—	600~900	—	—
酒吧台	900~1 050	500	—	—
酒吧凳	600~750	—	—	—

3. 商场营业厅

物体	长度	宽度	高度	厚度	直径
单边双人走道	—	1 600	—	—	—
双边双人走道	—	2 000	—	—	—
双边三人走道	—	2 300	—	—	—
双边四人走道	—	3 000	—	—	—
营业员柜台走道	—	800	—	—	—
营业员货柜台	—	—	800~1 000	600	—
单靠背立货架	—	—	1 800~2 300	300~500	—
双靠背立货架	—	—	1 800~2 300	600~800	—
小商品橱窗	—	—	400~1 200	500~800	—
陈列地台	—	—	400~800	—	—
敞开式货架	—	—	400~600	—	—
放射式售货架	—	—	—	—	2 000
收款台	1 600	600	—	—	—

4. 饭店客房

物体	长度	宽度	高度	面积	深度
标准间	—	—	—	25（大）、16~18（中）、16（小）	—
床	—	—	400~450、850~950（床帏）	—	—
床头柜	—	500~800	500~700	—	—
写字台	1 100~1 500	450~600	700~750	—	—
行李台	910~1 070	500	400	—	—
衣柜	—	800~1 200	1 600~2 000	—	500
沙发	—	600~800	350~400、1 000（靠背）	—	—
衣架	—	—	1 700~1 900	—	—

5. 卫生间

物体	长度	宽度	高度	面积
卫生间	—	—	—	3~5
浴缸	1 220、1 520、1 680	720	450	—
座便器	750	350	—	—
冲洗器	690	350	—	—
盥洗盆	550	410	—	—
淋浴器	—	2 100	—	—
化妆台	1 350	450	—	—

6. 交通空间

单位：mm

物体	宽度	高度
楼梯间休息平台	≥2 100	—
楼梯跑道	≥2 300	—
客房走廊	—	≥2 400
两侧设座的综合式走廊	≥2 500	—
楼梯扶手	—	850~1 100
门	850~1 000	≥1 900
窗	400~1 800	—
窗台	—	800~1 200

7. 灯具

单位：mm

物体	高度	直径
大吊灯	≥2 400	—
壁灯	1 500~1 800	—
反光灯槽	—	≥2倍灯管直径
壁式床头灯	1 200~1 400	—
照明开关	1 000	—

8. 办公用具

单位：mm

物体	长度	宽度	高度	深度
办公桌	1 200~1 600	500~650	700~800	—
办公椅	450	450	400~450	—
沙发	—	600~800	350~450	—
前置型茶几	900	400	400	—
中心型茶几	900	900	400	—
左右型茶几	600	400	400	—
书柜	—	1 200~1 500	1 800	450~500
书架	—	1 000~1 300	1 800	350~450

附录C 常见材质参数设置表

C.1 玻璃材质

材质名称	示例图	贴图	参数设置		用途
普通玻璃材质		—	漫反射	漫反射颜色=红:129, 绿:187, 蓝:188	家具装饰
			反射	反射颜色=红:20, 绿:20, 蓝:20; 高光光泽=0.9; 反射光泽=0.95; 细分=10	
			折射	折射颜色=红:240, 绿:240, 蓝:240; 细分=20; 烟雾颜色=红:242, 绿:255, 蓝:253; 烟雾倍增=0.2	
			其他		
窗玻璃材质		—	漫反射	漫反射颜色=红:193, 绿:193, 蓝:193	窗户装饰
			反射	反射颜色=红:134, 绿:134, 蓝:134; 反射光泽=0.99; 细分=20	
			折射	折射颜色=白色; 光泽度=0.99; 细分=20; 烟雾颜色=红:242, 绿:243, 蓝:247; 烟雾倍增=0.001	
			其他		
彩色玻璃材质		—	漫反射	漫反射颜色=黑色	家具装饰
			反射	反射颜色=白色; 细分=15	
			折射	折射颜色=白色; 细分=15; 烟雾颜色=自定义; 烟雾倍增=0.04	
			其他		
磨砂玻璃材质		—	漫反射	漫反射颜色=红:180, 绿:189, 蓝:214	家具装饰
			反射	反射颜色=红:57, 绿:57, 蓝:57; 反射光泽=0.95	
			折射	折射颜色=红:180, 绿:180, 蓝:180; 光泽度=0.95; 折射率=1.2; 烟雾颜色=自定义; 烟雾倍增=0.04	
			其他	—	
龟裂缝玻璃材质			漫反射	漫反射颜色=红:213, 绿:234, 蓝:222	家具装饰
			反射	反射颜色=红:119, 绿:119, 蓝:119; 高光光泽=0.8; 反射光泽=0.9; 细分=15	
			折射	折射颜色=红:217, 绿:217, 蓝:217; 细分=15; 烟雾颜色=红:247, 绿:255, 蓝:255; 烟雾倍增=0.3	
			其他	凹凸通道=贴图、凹凸强度=20	
镜子材质		—	漫反射	漫反射颜色=红:24, 绿:24, 蓝:24	家具装饰
			反射	反射颜色=红:239, 绿:239, 蓝:239; 菲涅耳折射率=20	
			折射	—	
			其他	—	
水晶材质		—	漫反射	漫反射颜色=红:248, 绿:248, 蓝:248	家具装饰
			反射	反射颜色=红:250, 绿:250, 蓝:250	
			折射	折射颜色=红:200, 绿:200, 蓝:200; 折射率=2	
			其他		

C.2 金属材质

材质名称	示例图	贴图	参数设置		用途
亮面不锈钢材质		—	漫反射	漫反射颜色=红:49, 绿:49, 蓝:49	家具及陈设品装饰
			反射	反射颜色=红:210, 绿:210, 蓝:210; 高光光泽=0.8; 细分=16; 菲涅耳折射率=20	
			折射	—	
			其他	双向反射=微面GTR（GGX）	
亚光不锈钢材质		—	漫反射	漫反射颜色=红:40, 绿:40, 蓝:40	家具及陈设品装饰
			反射	反射颜色=红:180, 绿:180, 蓝:180; 高光光泽=0.815; 反射光泽=0.8; 细分=20; 菲涅耳折射率=20	
			折射	—	
			其他	双向反射=微面GTR（GGX）	

材质名称	示例图	贴图	参数设置		用途
拉丝不锈钢材质			漫反射	漫反射颜色=红:58,绿:58,蓝:58	家具及陈设品装饰
			反射	反射颜色=红:152,绿:152,蓝:152,反射通道=贴图;高光光泽=0.9,高光光泽通道=贴图,反射光泽=0.9;细分=20,菲涅耳折射率=20	
			折射		
			其他	双向反射=微面GTR(GGX)、各向异性=0.6,旋转=15;反射与贴图的混合量=14,高光光泽与贴图的混合量=3;凹凸通道=贴图,凹凸强度=3	
银材质		—	漫反射	漫反射颜色=红:136,绿:141,蓝:146	家具及陈设品装饰
			反射	反射颜色=红:98,绿:98,蓝:98;反射光泽=0.8;细分为20;菲涅耳折射率=10	
			折射		
			其他	双向反射=微面GTR(GGX)	
黄金材质		—	漫反射	漫反射颜色=红:80,绿:23,蓝:0	家具及陈设品装饰
			反射	反射颜色=红:223,绿:164,蓝:50;反射光泽=0.83;细分为15;菲涅耳折射率=10	
			折射		
			其他	双向反射=微面GTR(GGX)	
亮铜材质		—	漫反射	漫反射颜色=红:40,绿:40,蓝:40	家具及陈设品装饰
			反射	反射颜色=红:240,绿:178,蓝:97;高光光泽=0.65;反射光泽=0.9;细分为20;菲涅耳折射率15	
			折射		
			其他	双向反射=微面GTR(GGX)	

C.3 布料材质

材质名称	示例图	贴图	参数设置		用途
绒布材质(注意,材质类型为标准材质)			明暗器	(O) Oren-Nayar-Blin	家具装饰
			漫反射	漫反射通道=贴图	
			自发光	自发光=勾选、自发光通道=遮罩贴图、贴图通道=衰减贴图(衰减类型=Fresnel)、遮罩通道=衰减贴图(衰减类型=阴影/灯光)	
			反射高光	高光级别=10	
			其他	凹凸强度=10、凹凸通道=噪波贴图、噪波大小=2(注意,这组参数需要根据实际情况进行设置)	
单色花纹绒布材质(注意,材质类型为标准材质)			明暗器	(O) Oren-Nayar-Blin	家具装饰
			自发光	自发光=勾选、自发光通道=遮罩贴图、贴图通道=衰减贴图(衰减类型=Fresnel)、遮罩通道=衰减贴图(衰减类型=阴影/灯光)	
			反射高光	高光级别=10	
			其他	漫反射颜色+凹凸通道=贴图、凹凸强度=-180(注意,这组参数需要根据实际情况进行设置)	
麻布材质			漫反射	通道=贴图	—
			反射	—	
			折射	—	
			其他	凹凸通道=贴图、凹凸强度=20	
抱枕材质			漫反射	漫反射通道=抱枕贴图、模糊=0.05	家具装饰
			反射	反射颜色=红:34,绿:34,蓝:34;反射光泽=0.7;细分=20	
			折射	—	
			其他	凹凸通道=凹凸贴图	
毛巾材质			漫反射	漫反射颜色=红:252,绿:247,蓝:227	家具装饰
			反射	—	
			折射	—	
			其他	置换通道=贴图、置换强度=8	
半透明窗纱材质		—	漫反射	漫反射颜色=红:240,绿:250,蓝:255	家具装饰
			反射	—	
			折射	折射通道=衰减贴图、前=红:180,绿:180,蓝:180、侧=黑色;光泽度=0.88;折射率=1.001	
			其他	—	
花纹窗纱材质(注意,材质类型为混合材质)			材质1	材质1通道=VRayMtl材质;漫反射颜色=红:98,绿:64,蓝:42	家具装饰
			材质2	材质2通道=VRayMtl材质;漫反射颜色=红:164,绿:102,蓝:35;反射颜色=红:162,绿:170,蓝:75;高光光泽=0.82;反射光泽=0.82;细分=15	
			遮罩	遮罩通道=贴图	
			其他	—	

材质名称	示例图	贴图	参数设置		用途
软包材质			漫反射	漫反射通道=衰减贴图；前通道=软包贴图、模糊=0.1；侧=红:248，绿:220，蓝:233	家具装饰
			反射	—	
			折射	—	
			其他	凹凸通道=软包凹凸贴图、凹凸强度=45	
普通地毯			漫反射	漫反射通道=衰减贴图；前通道=地毯贴图、衰减类型=Fresnel	家具装饰
			反射	—	
			折射	—	
			其他	凹凸通道=地毯凹凸贴图、凹凸强度=60；置换通道=地毯凹凸贴图、置换强度=8	
普通花纹地毯			漫反射	漫反射通道=贴图	家具装饰
			反射	—	
			折射	—	
			其他	—	

C.4 木纹材质

材质名称	示例图	贴图	参数设置		用途
亮光木纹材质			漫反射	漫反射通道=贴图	家具及地面装饰
			反射	反射颜色=红:100，绿:100，蓝:100；高光光泽=0.8；反射光泽=0.9；细分=15	
			折射	—	
			其他	凹凸通道=贴图、环境通道=输出贴图	
亚光木纹材质			漫反射	漫反射通道=贴图	家具及地面装饰
			反射	反射颜色=红:100，绿:100，蓝:100；反射光泽=0.6	
			折射	—	
			其他	凹凸通道=贴图、凹凸强度=60	
木地板材质			漫反射	漫反射通道=贴图、瓷砖（平铺）U/V=6	地面装饰
			反射	反射颜色=红:55，绿:55，蓝:55；反射光泽=0.8；细分=15	
			折射	—	
			其他	—	

C.5 石材材质

材质名称	示例图	贴图	参数设置		用途
大理石地面材质			漫反射	漫反射通道=贴图	地面装饰
			反射	反射颜色=红:228，绿:228，蓝:228；细分=15	
			折射	—	
			其他	—	
人造石台面材质			漫反射	漫反射通道=贴图	台面装饰
			反射	反射通道=红:228，绿:228，蓝:228；高光光泽=0.65；反射光泽=0.9；细分=20	
			折射	—	
			其他	—	
拼花石材材质			漫反射	漫反射通道=贴图	地面装饰
			反射	反射颜色=红:228，绿:228，蓝:228；细分=15	
			折射	—	
			其他	—	
仿旧石材材质			漫反射	漫反射通道=混合贴图；颜色#1通道=旧墙贴图；颜色#2通道=破旧纹理贴图；混合量=50	墙面装饰
			反射	—	
			折射	—	
			其他	凹凸通道=破旧纹理贴图、凹凸强度=10；置换通道=破旧纹理贴图、置换强度=10	
文化石材质			漫反射	漫反射通道=贴图	墙面装饰
			反射	反射颜色=红:30，绿:30，蓝:30；高光光泽=0.5	
			折射	—	
			其他	凹凸通道=贴图、凹凸强度=50	

材质名称	示例图	贴图	参数设置		用途
砖墙材质			漫反射	漫反射通道=贴图	墙面装饰
			反射	反射颜色=红:18，绿:18，蓝:18；高光光泽=0.5；反射光泽=0.8	
			折射	—	
			其他	凹凸通道=灰度贴图、凹凸强度=120	
玉石材质		—	漫反射	漫反射颜色=红:88，绿:146，蓝:70	陈设品装饰
			反射	反射颜色=红:111，绿:111，蓝:111	
			折射	折射颜色=白色；光泽度=0.9；细分=20；烟雾颜色=红:88，绿:146，蓝:70；烟雾倍增=0.2	
			其他	半透明类型=硬（蜡）模型、背面颜色=红:182，绿:207，蓝:174、散布系数=0.4、正/背面系数=0.44	

C.6 陶瓷材质

材质名称	示例图	贴图	参数设置		用途
白陶瓷材质			漫反射	漫反射颜色=白色	陈设品装饰
			反射	反射颜色=红:131，绿:131，蓝:131；细分=15	
			折射	折射颜色=红:30，绿:30，蓝:30；光泽度=0.95	
			其他	半透明类型=硬（蜡）模型、厚度=0.05mm（该参数要根据实际情况而定）	
青花瓷材质			漫反射	漫反射通道=贴图、模糊=0.01	陈设品装饰
			反射	反射颜色=白色	
			折射	—	
			其他	—	
马赛克材质			漫反射	漫反射通道=马赛克贴图	墙面装饰
			反射	反射颜色=红:100，绿:100，蓝:100；反射光泽=0.95	
			折射	—	
			其他	凹凸通道=灰度贴图	

C.7 漆类材质

材质名称	示例图	贴图	参数设置		用途
白色乳胶漆材质		—	漫反射	漫反射颜色=红:250，绿:250，蓝:250	墙面装饰
			反射	反射颜色=红:30，绿:30，蓝:30；高光光泽=0.8；反射光泽=0.85；细分=20	
			折射	—	
			其他	环境通道=输出贴图、输出量=1.2、跟踪反射=关闭	
彩色乳胶漆材质		—	漫反射	漫反射颜色=自定义	墙面装饰
			反射	反射颜色=红:18，绿:18，蓝:18；高光光泽=0.25；细分=15	
			其他	跟踪反射=关闭	
烤漆材质		—	漫反射	漫反射颜色=黑色	电器及乐器装饰
			反射	反射颜色=红:233，绿:233，蓝:233；反射光泽=0.9；细分=20	
			折射	—	
			其他	—	

C.8 皮革材质

材质名称	示例图	贴图	参数设置		用途
亮光皮革材质			漫反射	漫反射颜色=贴图	家具装饰
			反射	反射颜色=红:79，绿:79，蓝:79；高光光泽=0.65；反射光泽=0.7；细分=20	
			折射	—	
			其他	凹凸通道=凹凸贴图	
亚光皮革材质			漫反射	漫反射颜色=红:250，绿:246，蓝:232	家具装饰
			反射	反射颜色=红:45，绿:45，蓝:45；高光光泽=0.65；反射光泽=0.7；细分=20；菲涅耳反射率=2.6	
			折射	—	
			其他	凹凸通道=贴图	

C.9 壁纸材质

材质名称	示例图	贴图	参数设置		用途
壁纸材质			漫反射	通道=贴图	墙面装饰
			反射	—	
			折射	—	
			其他	—	

C.10 塑料材质

材质名称	示例图	贴图	参数设置		用途
普通塑料材质		—	漫反射	漫反射颜色=自定义	陈设品装饰
			反射	反射颜色=红:200，绿:200，蓝:200； 高光光泽=0.8；反射光泽=0.7；细分=15	
			折射	—	
			其他	—	
半透明塑料材质		—	漫反射	漫反射颜色=自定义	陈设品装饰
			反射	反射颜色=红:200，绿:200，蓝:200；高光光泽=0.4； 反射光泽=0.6；细分=10	
			折射	折射颜色=红:221，绿:221，蓝:221；光泽度=0.9；细分=10； 折射率=1.6；烟雾颜色=漫反射颜色；烟雾倍增=0.05	
			其他	—	
塑钢材质		—	漫反射	漫反射颜色=自定义	家具装饰
			反射	反射颜色=红:233，绿:233，蓝:233；反射光泽=0.9；细分=20	
			折射	—	
			其他	—	

C.11 液体材质

材质名称	示例图	贴图	参数设置		用途
清水材质		—	漫反射	漫反射颜色=红:123，绿:123，蓝:123	室内装饰
			反射	反射颜色=白色；细分=15	
			折射	折射颜色=红:241，绿:241，蓝:241；细分=20；折射率=1.333	
			其他	凹凸通道=噪波贴图、噪波大小=0.3（该参数要根据实际情况而定）	
游泳池水材质		—	漫反射	漫反射颜色=红:15，绿:162，蓝:169	公用设施装饰
			反射	反射颜色=红:132，绿:132，蓝:132；反射光泽=0.97	
			折射	折射颜色=红:241，绿:241，蓝:241； 折射率=1.333；烟雾颜色=漫反射颜色；烟雾倍增=0.01	
			其他	凹凸通道=噪波贴图、噪波大小=1.5该参数要根据实际情况而定）	
红酒材质		—	漫反射	漫反射颜色=红:146，绿:17，蓝:60	陈设品装饰
			反射	反射颜色=红:57，绿:57，蓝:57；细分=20	
			折射	折射颜色=红:222，绿:157，蓝:191；细分=30； 折射率=1.333；烟雾颜色=红:169，绿:67，蓝:74	
			其他	—	

C.12 自发光材质

材质名称	示例图	贴图	参数设置	用途
灯管材质（注意，材质类型为VRay灯光材质）		颜色	颜色=白色、强度=25（该参数要根据实际情况而定）	电器装饰

中文版 3ds Max 2016/VRay 效果图制作实战基础教程

材质名称	示例图	贴图	参数设置		用途
电脑屏幕材质（注意：材质类型为VRay灯光材质）			颜色	颜色=白色、强度=25（该参数要根据实际情况而定）、通道=贴图	电器装饰
灯带材质（注意：材质类型为VRay灯光材质）		—	颜色	颜色=自定义、强度=25（该参数要根据实际情况而定）	陈设品装饰
环境材质（注意：材质类型为VRay灯光材质）			颜色	颜色=白色、强度=25（该参数要根据实际情况而定）、通道=贴图	室外环境装饰

C.13 其他材质

材质名称	示例图	贴图	参数设置		用途
叶片材质（注意：材质类型为标准材质）			漫反射	漫反射通道=叶片贴图	室内/外装饰
			不透明度	不透明度通道=黑白遮罩贴图	
			反射高光	高光级别=40；光泽度=50	
			其他	—	
水果材质			漫反射	漫反射通道=贴图、模糊=15（根据实际情况来定）	室内/外装饰
			反射	反射颜色=红:15，绿:15，蓝:15；高光光泽=0.7；反射光泽=0.65；细分=16	
			折射		
			其他	半透明类型=硬（蜡）模型、背面颜色=红:251，绿:48，蓝:21；凹凸通道=贴图、凹凸强度=15	
草地材质			漫反射	漫反射通道=草地贴图	室外装饰
			反射	反射颜色=红:28，绿:43，蓝:25；反射光泽=0.85	
			折射	—	
			其他	凹凸通道=贴图、凹凸强度=15	
镂空藤条材质（注意：材质类型为标准材质）			漫反射	漫反射通道=藤条贴图	家具装饰
			不透明度	不透明度通道=黑白遮罩贴图	
			反射高光	高光级别=60	
			其他	—	
沙盘楼体材质		—	漫反射	漫反射颜色=红:17，绿:17，蓝:17；加载VRay边纹理贴图、颜色=白色、像素=0.3	陈设品装饰
			反射		
			折射	折射颜色=红:218，绿:218，蓝:218；折射率=1.1	
			其他		
书本材质			漫反射	漫反射通道=贴图	陈设品装饰
			反射	反射颜色=红:80，绿:80，蓝:80；细分=20	
			折射		
			其他		
画材质			漫反射	漫反射通道=贴图	陈设品装饰
			反射	—	
			折射	—	
			其他	—	
毛发地毯材质（注意：该材质用VRay毛皮工具进行制作）		—		根据实际情况，对VRay毛皮的参数进行设定，如长度、厚度、重力、弯曲、结数、方向变量和长度变化。另外，毛发颜色可以直接在"修改"面板中进行选择。	地面装饰

附录D 3ds Max 2016优化与常见问题速查

D.1 软件的安装环境

3ds Max 2016必须在Windows 7或以上的64位系统中才能正确安装。所以，要正确使用3ds Max 2016，首先要将计算机的系统换成Windows 7或更高版本的64位系统，如图D-1所示。

图 D-1

D.2 贴图重新链接的问题

在打开场景文件时，经常会出现贴图缺失的情况，这就需要我们手动链接缺失的贴图。本书所有的场景文件都将贴图整理归类在一个文件夹中，如果在打开场景文件时，提示缺失贴图，读者请在"实用程序"面板 中单击"更多"按钮 更多... ，然后在弹出的"实用程序"对话框中选择"位图/光度学路径"选项，再单击"确定"

按钮 确定 ，如图D-2所示。

在"路径编辑器"卷展栏中单击"编辑资源"按钮 编辑资源 打开"位图/光度学路径编辑器"即可指定贴图路径。

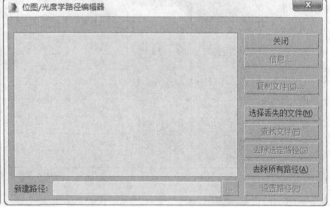

图 D-2

D.3 场景无法重置类异常问题

如果读者发现从某段时间开始，软件会出现以下一些情况，那么代表本机的3ds Max 2016软件中了网络流行的"MAX病毒"。病毒的具体表现有以下几种。

第1种： 重置场景或退出场景，且选择"不保存"的时候，系统会自动保存场景。

第2种： 按快捷键Ctrl+Z时，系统会崩溃退出。

第3种： 在场景中创建灯光或是材质后，系统不显示，偶尔出现软件崩溃退出。

如果读者发现本机的软件出现类似情况，那么代表本机软件已经中毒，且病毒会随着保存的.max文件继续传播。若读者遇到这些问题无须担心，只需要在网络上搜索"MAX病毒"等关键字，下载Autodesk公司提供的杀毒脚本安装在本机，即可清除并防御该类病毒。